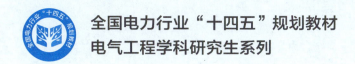

全国电力行业"十四五"规划教材
电气工程学科研究生系列

U0457262

Advanced Power Electronics
现代电力电子技术

王　毅　田艳军　孙玉巍
付　超　李建文　孙丽玲　编著

刘邦银　主审

中国电力出版社
CHINA ELECTRIC POWER PRESS

内 容 提 要

本书为全国电力行业"十四五"规划教材。

全书共 8 章，包括现代电力电子技术的形成与特点、现代电力电子器件、PWM 逆变电路及其在无功补偿与有源滤波中的应用、双 PWM 变流器及其在风力发电机组并网系统中的应用、模块化多电平变流器及其在柔性直流输电中的应用、双向 DC/DC 变换电路及其在蓄电池储能系统中的应用、双有源桥 DC/DC 变换电路在电力电子变压器中的应用、电力电子装置中的控制技术。

本书主要作为高等院校电气工程学科的研究生教材，也可作为本科生拓展教材，同时适用于电力工程人员参考和自学。

图书在版编目（CIP）数据

现代电力电子技术/王毅等编著. --北京：中国电力出版社，2024.12. -- ISBN 978-7-5198-7201-4

Ⅰ. TM1

中国国家版本馆 CIP 数据核字第 2024QQ2118 号

出版发行：中国电力出版社
地　　址：北京市东城区北京站西街 19 号（邮政编码 100005）
网　　址：http://www.cepp.sgcc.com.cn
责任编辑：雷　锦　马玲科
责任校对：黄　蓓　王小鹏
装帧设计：王红柳
责任印制：吴　迪

印　　刷：廊坊市文峰档案印务有限公司
版　　次：2024 年 12 月第一版
印　　次：2024 年 12 月北京第一次印刷
开　　本：787 毫米×1092 毫米　16 开本
印　　张：16.5
字　　数：311 千字
定　　价：58.00 元

　　电力电子技术自诞生至今，一直在蓬勃发展之中，对推动工业现代化、交通电气化、能源绿色化等国民经济各领域的科技进步都起到了重要作用，也必将是未来全球经济去碳化的重要支撑技术。以往电力电子技术在航空航天、工业自动化等领域发展更为活跃，在电压功率等级极高的电力系统发展则相对滞后。但随着全球能源互联网以及我国新型电力系统的加快构建，对突破高压大功率电力变换的瓶颈问题提出迫切要求，电力系统的电力电子化将成为电力电子技术发展新的驱动力。

　　电力电子技术的新型拓扑和控制策略种类繁多，不同应用领域侧重点有所不同。以往教材多以综合性或电源侧应用为主，目前缺乏针对电力系统相关专业研究生的教材。本书主要针对电力系统应用领域的最新发展，在本科"电力电子技术"的基础上，拓展了电力电子器件及电力变换电路的新理论与新技术，并结合现代电力电子技术在电力系统中的应用对其电路原理与控制技术进行论述。

　　根据现代电力电子技术的最新发展，第 2 章介绍了电力电子器件的驱动、保护及散热等器件相关应用技术，以及碳化硅等新型器件的研究进展。在现代电力电子技术中，PWM 变流器首先从工业领域拓展到电力系统中，在动态无功补偿和有源滤波领域获得实际应用，第 3 章结合这两个应用来阐述瞬时无功功率理论及 PWM 逆变电路的矢量控制策略。随着电力电子技术在新能源领域的快速拓展，背靠背 PWM 变流器在风力发电机组并网控制中得到广泛应用，第 4 章介绍了风力发电机组的并网控制策略及双 PWM 变流器间的协调控制。模块化是电力电子变流器增加电压功率等级的主要手段，以适应输配电网中高压大功率交直流电能变换的需求，第 5 章介绍了模块化多电平逆变电路及其在柔性直流输电中的应用。除了交直流之间的电能变化，随着直流能源和负荷以及直流配电网的发展，DC/DC 变流器也逐渐拓展到电力系统中，第 6 章介绍了双向 DC/DC 变换电路及其在蓄电池充放电中的应用，第 7 章介绍了 DAB 电路在电力电子变压器中的应用。控制系统的设计是决定变流器性能的关键，第 8 章介绍了矢量控制及直接功率控制等电力电子变流器主要的控制策略。

　　本书基本涵盖了现代电力技术在电力系统中最具应用前景的电路拓扑及其控制策略，并且从工程实际需求出发，从中提炼出需研究的理论问题再逐一阐述，最后利用仿真算例予以总结分析，有利于培养学生提出问题、分析问题、解决问题的综合研学能力。

　　本书由华北电力大学王毅教授团队编著，其中王毅教授、付超老师撰写了全书大纲、前言以及第 1、5、8 章，孙玉巍老师撰写了第 2、6 章，李建文老师撰写了第 3 章，孙丽玲副教授撰写了第 4 章，田艳军副教授撰写了第 7 章，全书由王毅教授和田艳军副教授共同统稿。华中科技大学刘邦银教授对全书进行了认真仔细地审阅，并提出了很多宝贵意见，在此由衷表示感谢。此外，对参与协助编写的研究生为本书付出的努力表示衷心感谢。

　　限于编者水平，并且电力电子技术日新月异，书中难免存在疏漏和不妥之处，恳请读者批评指正。

编　者

2024 年 10 月

目 录

现代电力电子技术综合资源

第 1 章

概　　述

　　电力电子技术是利用电力电子器件构成的变流器对电能进行变换和控制的一门工程技术，它综合电力学、电子学与控制理论构成了一门强弱电结合的学科。随着电力电子技术的飞速发展，其高效、高功率密度、高可靠性和控制灵活等优点越发突出，因此广泛应用于现代社会的各个行业，并且将成为未来构建新型电力系统的核心技术。本章主要介绍现代电力电子技术的形成、特点和应用。

1.1　现代电力电子技术的形成与特点

1.1.1　现代电力电子技术的形成

　　电力电子技术分为器件制造技术和变流技术。电力电子技术发展首先以器件研发为突破口，相应的变换电路才能获得广泛应用，因而电力电子技术的发展是以电力电子器件的研发历程（如图 1-1 所示）为纲的。1947 年晶体管诞生，开创了基于半导体器件的电子技术时代；1957 年晶闸管的问世，则标志着基于功率半导体器件的电力电子技术作为一门新的学科开始发展；以电力场效应晶体管（MOSFET）、绝缘栅双极晶体管（insulated gate bipolar transistor，IGBT）为代表的集高频、高压和大电流于一身的功率

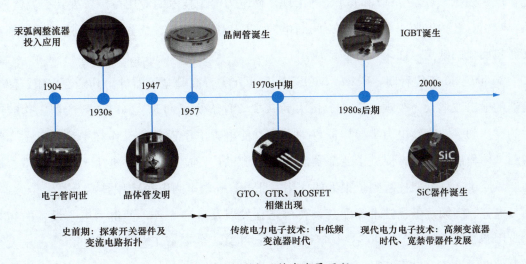

图 1-1　电力电子技术发展历程

半导体复合器件的相继出现，标志着现代电力电子技术时代的到来。一般将 1904 年第一支电子管的问世至 1957 年晶闸管的诞生这段时期称为电力电子技术发展的史前期，在这段时期内，开关器件与变换电路拓扑得到广泛探索；而自 1957 年晶闸管诞生到 20 世纪 80 年代后期 IGBT 出现的这段时期则为传统电力电子技术发展时期，中低频变流器在此期间得到了蓬勃发展与广泛应用；20 世纪 80 年代后期，MOSFET、IGBT 得到了广泛应用，电力电子技术进入高频变流器时代，现代电力电子技术自此形成。

20 世纪 30～50 年代，出现了水银整流器（汞弧阀），可实现大功率电能的控制，用于电气铁路、直流输电等，这些技术的发展在电路拓扑方面为电力电子技术的诞生奠定了基础。1957 年第一支大功率半导体器件——晶闸管的商品元件在美国 GE 公司问世，1958 年获得工业应用，标志着电力电子技术的诞生。1973 年 6 月，美国电气电子工程师学会 IEEE 发起 IEEE 电力电子专家会议 PESC，William E. Newell 博士首次给出电力电子的经典定义。由于半导体器件用于电能变换具有损耗小、体积小、噪声及污染小等显著优点，很快取代了水银整流器和旋转变流机组。到 20 世纪 70 年代，晶闸管开始形成由低压小电流到高压大电流的系列产品。由于自身容量的不断增大和性能的不断完善，晶闸管已经在交流调压与调功、电解电镀、直流调速等领域广泛应用。同时，非对称晶闸管、逆导晶闸管、双向晶闸管、光控晶闸管等晶闸管派生器件相继问世，其派生的半控器件在过去几乎渗透到电力电子技术应用的所有领域，而其功率之大一直都是其他电力半导体器件所无法比拟的。1969 年美国 GE 公司率先研制成功 200A/600V 的门极可关断晶闸管（GTO），从此可自关断的全控型器件受到广泛重视，并迅速发展。电力双极型晶体管（GTR）是 20 世纪 70 年代后期出现的产品，它将双极晶体管的应用领域从弱电扩展到强电领域。GTO 和 GTR 的出现，使电力电子技术的应用范围扩展到交流调速、机车牵引、开关电源、中小功率不间断电源（UPS）等领域。但这两种全控型器件都存在各自明显的缺点，而未得到广泛应用。

20 世纪 80 年代后期，Power MOSFET、IGBT 等高频全控器件得到广泛应用，使变流器的输出波形大为改观，谐波含量大为减少，且解决了 GTO、GTR 变流器工作时产生的噪声问题。高频电力半导体器件的出现，使电力电子设备的工作频率最高已达几兆赫兹，体积成倍缩小，促进了变流器和开关电源的广泛应用，对改进生产工艺水平、提高产品质量、降低能耗起到了很大的作用。此外，高频电力电子应用技术及高频传感器、高频电容、高频抗干扰技术等配套设备的迅猛发展及日趋完善，使电力电子设备的高频化应用领域迅速扩大。20 世纪 90 年代中后期，IGBT 的制造工艺不断改进，在高压大容量电力电子设备中也逐渐得到广泛应用。集高频、高压和大电流于一身的功率半导体复合器件的出现，表明传统电力电子技术已经进入现代电力电子技术时代。传统电力电子技术以晶闸管相控电路的低频变流技术为代表，而现代电力电子技术的发展向着基于全控型器件的高频脉冲宽度调制（PWM）变换技术、高压多电平技术发展。电力电子电路拓扑的研究也随之活跃起来，一些新的电路拓扑形式，如谐振型逆变电路、矩阵式变频电路、多电平逆变电路等不断涌现。

从晶闸管问世到 IGBT 不断更新换代，经过 70 多年的发展，硅材料和硅工艺日趋完善，硅器件的性能逐渐趋近其理论极限。但电力电子技术的不断发展对器件的功率和频率等性能提出更高需求，宽禁带（wide band gap）半导体器件的研发将为电力电子技术的发展带来革命性突破。碳化硅和氮化镓是较早实现商业化的宽禁带半导体器件，有可能将半导体器件的极限温度提高到 600℃，并且大幅降低通态电阻，提高工作频率，从而使电力电子技术应用范围更广、节能优势更明显，是构建未来绿色能源的重要基石。

1.1.2　现代电力电子技术的特点

电力电子技术因应用需求不断向前发展，新技术的出现又会使应用产品更新换代，进而开拓更多更新的应用领域。在电力电子的变流技术研发与应用领域拓展的相互促进中，现代电力电子技术已具备高频化、模块化、数字化、绿色化的特点。

（1）高频化。电气产品的变压器、电感和电容的体积、质量与供电频率的平方根成反比，因此提高变流器功率密度的关键是提高变换频率。当频率从工频 50Hz 提高到 20kHz 后，用电设备的体积、质量下降至工频设计的 5%～10%。为此，曾经掀起所谓的"20kHz 革命"，使全控型器件的开关频率突破了 20kHz 的极限。这标志着电力电子技术已进入高频化时代。随着功率电子器件工作频率上限的不断提高，变流器的高频化将带来显著的经济效益。

（2）模块化。模块化有两方面的含义，包括功率器件的模块化和功率单元的模块化。除了可把多个器件封装到一个模块，也可把开关器件的驱动保护电路封装到功率模块中，构成了"智能化"功率模块（IPM）。器件的模块化封装不但缩小了整机的体积，更重要的是取消了传统连线，把寄生参数降到最小，从而将器件承受的电应力降至最低，提高了系统的可靠性。此外，大功率的变流器，考虑器件容量的限制和增加冗余提高可靠性方面，可采用多个独立的功率模块单元串联或并联而构成高压大功率变流器。采用均压或均流技术，所有模块共同分担负载电压或电流，一旦其中某个模块失效，其他模块再平均分担负载电压或电流。这样，不但在有限的器件容量下满足了高压大功率输出的要求，而且通过增加相对整个系统来说功率很小的冗余功率模块，提高了系统可靠性。

（3）数字化。在传统功率电子技术中，控制部分是按模拟信号来设计和工作的。随着数字信号处理技术日趋完善成熟，显示出越来越多的优点：便于计算机处理控制、避免模拟信号的畸变失真、减小杂散信号的干扰（提高抗干扰能力）、便于软件调试和遥测遥调，也便于自诊断、容错等技术的植入。伴随着微电子技术的迅猛发展，基于微处理器的数字控制技术应用范围越来越广，电力电子电路的控制技术也在逐步实现全方位的数字化和集成化。

（4）绿色化。现代电力电子技术的绿色化包括减少环境污染和电网污染两层含义。首先是对变换效率提出更高要求，通过高效节能减少对环境的污染；其次，传统电力电子设备会向电网注入谐波电流或吸收无功功率，对电网产生谐波和无功污染，这也是现代电力电子技术需要治理解决的。采用有源电力滤波器和静止补偿器，可以使谐波源的谐波和无功功率得到被动抑制；而 PWM 和多电平技术则可主动减小电力电子设备自身产生的谐波和无功功率。

1.2 现代电力电子技术在电力系统中的应用

电力电子技术发展至今，已使高效便捷的电能变换装置遍布于人们生活的每一个角落，如家电、电动汽车、高铁、新能源、电力的生产和输送等。当今社会用户最终使用的电能约有 80% 以上需经过一次以上电力电子变流装置处理，由"粗电"变为"精电"。进入 21 世纪，随着新理论、新器件、新技术的不断涌现，特别是与计算机控制和信息技术的日益融合，现代电力电子技术的应用领域又进一步拓展，尤其是在向新型电力系统转型的进程中，电力电子技术将大展身手。

1.2.1 电力系统特点

过去一百多年来，电力系统已经形成以化石能源为主体的技术体系，"集中发电、远距离输电、辐射型配电"的运行模式技术成熟，保障了可靠的电力供应。但能源危机与气候安全问题使得全球能源体系正在加快"去碳化"步伐，我国也向世界承诺 2030 年实现"碳达峰"、2060 年实现"碳中和"的"双碳"目标。目前，能源行业碳排放占全国总量的 80% 以上，而电力行业碳排放在能源行业中的占比超过 40%，因此能源电力行业在"去碳化"过程中将面临巨大挑战。为应对这一挑战，我国将加快构建新型电力系统，使传统的电力系统向高度数字化、清洁化、智慧化的方向演进。传统电力系统是单向的，系统中各方均有明确的分工定位；新型数字化电力系统（见图 1-2）是多向的、高度集成的，不但可以实现供给侧和需求侧更强的整合，而且可以使系统容纳更多的新能源发电。

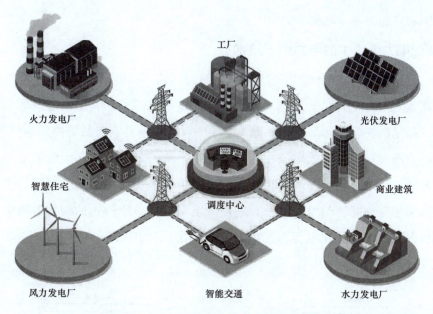

图 1-2　新型数字化电力系统示意图

从电源侧看，新能源的装机容量和发电量将逐步提高。传统电力系统以煤炭、石油、天然气等传统能源作为一次能源。未来，我国甚至全球范围内的能源消费总量将持续增长且波动性日益扩大，传统化石能源将受到资源制约，可再生能源的供应成本将持续下降，加之长期消耗化石能源带来的气候变暖和环境恶化问题越来越严重，发展可再生能源成为世界各国解决能源问题、实现经济可持续发展、应对气候变化的重要途径之一。由于可再生能源的主要利用方式是发电，因此将替代化石能源成为未来电力系统中主要的一次能源。

从电网侧看，作为连接电源和用户的枢纽平台，电网呈现以大电网为主导、多种电网形态相融并存的格局，有效支撑各种新能源的开发利用和高比例并网，从而实现各类能源设施便捷接入、"即插即用"。近年来，电力电子技术、数字技术和储能技术在能源电力系统中日益广泛应用，低碳能源技术、先进输电技术和先进信息通信技术、控制技术深度融合，不断提升电网全息感知能力和灵活控制能力，实现源、网、荷、储全要素可观、可测、可控，加快了电网向能源互联网升级。

从用户侧看，用户与电网的互动进一步加强，可以及时响应电网需求，提高电网调节能力。新型电力系统的加快推进让用户侧发生了翻天覆地的变化，用户不仅可以用电，还可以发电，发用电一体的"产消者"大量涌现。随着分布式电源、多元负荷和储能快速发展，很多用户侧主体兼具发电和用电双重属性，既是电能消费者也是电能生产者，终端负荷特性由传统的刚性、纯消费型，向柔性、生产与消费兼具型转变，网荷互动能力和需求侧响应能力将不断提升。

1.2.2　新型电力系统中的电力电子技术

新型电力系统是清洁低碳、安全可控、灵活高效、智能友好、开放互动的系统，而作为电能高效变换与控制的电力电子技术将越来越多地渗透到其中，形成电力电子化的电力系统。高比例新能源和高比例电力电子的"双高"电力系统的结构形态将发生变化，即从高碳电力系统变为深度低碳或零碳电力系统，从确定性可控连续电源变为不确定性随机波动电源，从以机械电磁系统为主变为以电力电子器件为主的多时间尺度系统，从高转动惯量系统变为弱转动惯量系统。适用于新型电力系统构建的现代电力电子技术正在不断发展完善之中，其在电力系统的发电、输配电和用电等各环节中的应用如图 1-3 所示，下面分别予以介绍。

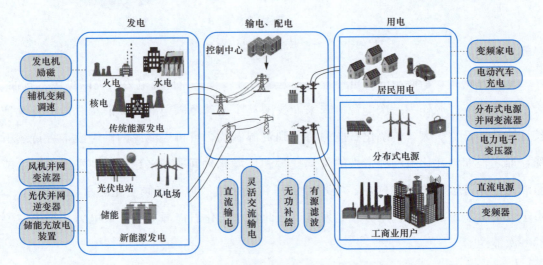

图 1-3　电力电子技术在电力系统中的应用

（1）新能源发电系统。传统的发电方式主要是火力和水力发电，发电机虽然直接并网发电，但其励磁系统和电厂辅机变频调速系统需采用电力电子装置。进入 21 世纪后，随着煤、石油及天然气等不可再生资源的逐渐消耗，人们日益感受到能源危机的逼近，越来越重视各种可再生能源构成的新型发电方式。其中风力发电、光伏发电已进入大规模发展阶段，在电网中的渗透率不断增加。由于可再生能源的能量密度低、稳定性差，这些新型的发电方式都需要经过电力电子变流器才能接入电网，如风力发电机组的背靠背 PWM 变流器、光伏发电的逆变器等。如果说电力电子技术在传统发电方式中只起到辅助作用，那么在新能源发电中对其并网性能起着关键作用。

（2）智能输配电系统。高压直流输电在长距离、大容量输电中有很大的优势，其送电端和受电端的换流站均采用晶闸管变流装置。近年来，直流输电技术又有新的进展，基于电压源型变流器（voltage source converter，VSC）的柔性直流输电是一种以电压源变流器和多电平输出波形为基础的新型直流输电技术，解决了用直流输电向无交流电源的负荷点送电的问题，可用于孤岛供电、城市配电网增容改造、交流系统间互联和大规模风力发电厂并网等。柔性直流输电即为以全控型器件和模块化变换电路为代表的现代电力电子技术在电力系统中的典型应用，为新能源提供了更为高效和灵活的直流汇集和传输方式。

智能电网对电能质量和电网稳定性有较高要求，这些要求的实现需要电力系统无功补偿和谐波抑制技术的密切配合。智能电网概念出现之前就已经发展起来的柔性交流输电（FACTS）技术也是依靠电力电子装置得以实现的，可提高电网的输送容量和可靠性，由基于半控器件的静止无功补偿器（SVC）及基于可关断器件的静止同步补偿器（STATCOM）、统一潮流控制器（UPFC）、有源电力滤波器（APF）等新型电力电子装置构成，具有更为优越的无功功率补偿和谐波抑制的性能。在配电网系统，目前广泛采用的用户定制电力技术装置主要有有源电力滤波器、动态电压调节器（DVR）及配电网静止同步补偿器等电力电子装置，可用于防止电网瞬间停电、瞬时电压跌落、电压闪变等，以改善供电效果，进行电能质量控制。这些也是智能电网中配电网自动化的重要组成部分。

直流配电网不存在交流系统固有的稳定问题，在输送容量、可控性及电能质量等方面具有比交流配电网更为优越的性能，是分布式电源理想的组网形式。从配电网和微电网层面来讲，未来的直流负荷将占相当高的比重。在以交流为主导的配电系统中引入直流配电网，有利于采用"分层分区运行、总体协调互动"的模式，以充分实现广域范围内各种资源的优化互补利用和区域电网间互为备用和支撑。用于直流电压变换的电力电子变压器、交直流转换接口的模块化多电平变流器（MMC）将是直流配电系统中的核心设备，其拓扑结构和控制策略也是现代电力电子技术的研究热点。

能源互联网如图 1-4 所示，是综合运用先进的电力电子技术、信息技术和智能管理技术，将大量由分布式能量采集装置、分布式能量储存装置和各种类型负荷构成的新型电力网络、石油网络、天然气网络等能源节点互联起来，以实现能量双向流动的能量对等交换与共享网络。基于先进传感器和通信技术的信息技术是能源互联网的"物联基础"，大数据分析、机器学习等人工智能技术是能源互联网优化调控的重要技术支撑，而电力电子技术则是通过信息技术与能源互联系统深度融合的执行手段。

（3）用户侧综合能源利用。建设综合能源系统有利于提高能源利用效率、降低能源消耗总量。该系统包括基于各类清洁能源、满足用户多元需求的区域综合能源系统，主

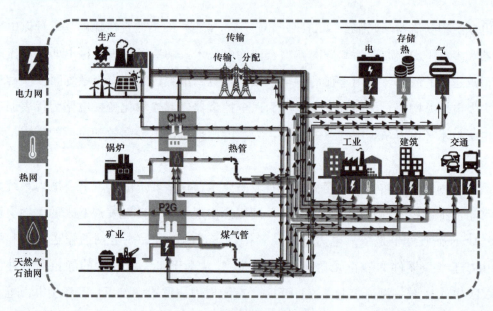

图 1-4　能源互联网示意图

动配电网架构下直接面向各类用户的分布式能源加各类储能的微电网。由于可再生能源具有分散性，就地利用资源的分布式发电和面向终端用户的微电网也将会大量出现，因此未来电网的结构将呈现大电网和微电网并存的格局。分布式发电指满足终端用户的特殊要求、接在用户侧附近的小型发电系统，能够就地高效利用各种可再生能源，并对未来大电网提供有力补充和有效支撑，是未来电力系统的重要组成部分。但是分布式电源多具不稳定性，需要配备储能系统，分布式电源和储能系统都需要通过电力电子变流器并网并进行合理调控，才能充分体现分布式能源的价值和效益。

第 2 章

现 代 电 力 电 子 器 件

电力电子器件是电力电子技术的基础，决定了相应电力电子电路的关键性能。本章首先对全控型电力电子器件的发展过程及应用现状进行简要阐述，然后介绍现代电力电子技术常用器件和具有广泛应用前景的宽禁带电力电子器件的基本特性及工程应用，最后简述电力电子系统通常涉及的驱动与缓冲电路，以及散热与保护措施。

2.1 概 述

电力电子装置一般由控制电路、驱动电路和主电路组成，以实现电能变换与控制功能。其中主电路在电气设备中直接承担电能变换任务。而以开关方式应用于主电路之中，对电能进行变换和控制的功率半导体器件称为电力电子器件。全控型器件则是相较于以晶闸管为代表的半控型器件而言，可以通过控制信号实现主动开通和关断的电力电子器件，在多个领域得到了广泛应用，其典型器件主要有功率场效应管（Power MOSFET）、绝缘栅双极晶体管（IGBT）、集成门级换流晶闸管（integrated gate commutated thyristor，IGCT）等。另外，以碳化硅（SiC）、氮化镓（GaN）为代表的宽禁带半导体器件由于具有比硅器件更优越的器件性能，在未来功率器件市场中具有良好的发展前景。

2.1.1 全控型电力电子器件的发展过程及应用现状

随着半导体技术的不断发展，电力电子器件从早期的小功率、半控型、低频器件发展为现在的大功率、全控型、高频器件。与传统的半控型晶体管相比，全控型器件的出现充分实现了在开关频率及电路性能等方面的优化。图 2-1 给出了现代电力电子器件的

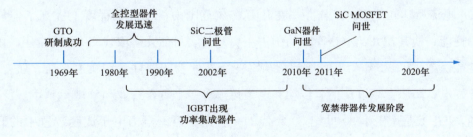

图 2-1 现代电力电子器件的发展时间轴

发展时间轴，其主要分为全控型器件及宽禁带半导体器件的发展过程。从 20 世纪 70 年代后期开始，GTO、GTR 器件及模块相继实用化。此后，各种高频全控型器件不断问世并得到迅速发展，如 MOSFET、IGBT、IGCT 器件等。

随着现代科技的进步，半导体技术的研究和开发已经进入了一个非常稳定的时期。20 世纪 70 年代，在半控型器件的基础上延伸而来的全控型器件得到了非常迅速的发展。1969 年美国 GE 公司研制成功的门级可关断晶闸管（GTO）标志着全控型电力电子产品的出现，其是在晶闸管基础上发展起来的全控型电力电子器件。从当前市场产品来看，GTO 容量可达 3、4.5kV，在可控关断的基础上保留了晶闸管耐高压、流通电流大的特点；并且该器件使用寿命较长，在变频调速、逆变电源等领域应用较多。但由于工作频率较低、损耗大及驱动电路复杂等原因，逐渐被 IGBT、IGCT 等器件所取代。20 世纪 70 年代后期出现的电力双极型晶体管（GTR）将双极晶体管的应用领域从弱电扩展至强电领域，但由于其存在热容量小、过电流能力低等问题，逐渐被其他全控型器件取代。自 1975 年美国 IR 公司推出 VVMOS 以来，电力场效应晶体管（POWER MOSFET）得到了快速发展，已成为中小功率应用领域的主流功率半导体开关器件。POWER MOSFET 由于具有开关速度快、工作频率高（可达兆赫兹）且驱动电路简单、驱动功率小的特点，在高频应用领域具有不可替代的地位。但由于其通态电阻大、器件导通时压降大，使得器件电流容量小、耐压低，故主要应用于低电压小容量领域。而近年来新兴的宽禁带半导体材料的加入，实现了 MOSFET 向更高电压及功率领域发展的可能。例如 SiC MOSFET 是目前最为成熟、应用最广的 SiC 功率开关器件，其实现了远低于同电压等级硅 MOSFET 的比导通电阻且相较于同电压等级的硅 IGBT 具有更高的开关频率和功率密度，具有良好的发展前景。

由于 MOSFET 存在高压环境下设备导通电阻过大的问题，1982 年美国无线电公司 RCA 与美国 GE 公司联合研发了绝缘栅双极晶体管（IGBT），并于 1986 年正式开始投入生产。IGBT 是电力双极晶体管（BJT）与 MOSFET 的有机复合，其集合了 MOSFET 开关速度快、驱动功率小及 BJT 载流能力大、通态压降小等方面的优势，电压等级可达 6.5kV，电流可达几千安，工作频率在几万赫兹范围内，在极大程度上提高了器件的实际应用性能，使其在大、中频率应用中占主要地位，目前几乎取代 GTR 的应用。由于其综合性能优越，IGBT 作为电机控制和功率变流器的首选器件，在轨道交通、航空航天、新能源发电、高压变频以及工业传动和电力传输等多个重要行业和领域得到了广泛应用。相应地，IGCT 是产生于 20 世纪 90 年代的一种用于巨型电力电子成套装置中的开关器件，其结合了功率 MOSFET 和晶闸管的优势，具有高阻断能力和低通态压降的特点。

另外，IGCT 还具备允许流通电流大、工作频率高、造价低、结构紧凑等优点，并且耐压性强于 IGBT，主要应用于高压大容量领域，如柔性直流输电等。但由于 IGBT 的高压大容量化，IGCT 的一些传统应用领域也逐步被 IGBT 替代。

目前，以功率 MOSFET、IGBT、IGCT 为代表的高频全控型器件的研发具有十分高的水平，已经在高技术应用领域、传统产业以及照明、家电等量大面广的日常生活领域得到了广泛应用。这些全控型电力电子器件具有非常成熟的技术和制造工艺，待开发的应用空间及应用市场十分广阔。

2.1.2 宽禁带半导体器件的发展现状和趋势

进入 21 世纪以来，基于宽禁带半导体材料的电力电子器件在工业应用领域，尤其是新能源应用场合，包括光伏发电、电动汽车、智能电网等，应用潜力逐渐显现，在突破变换效率瓶颈和提升变流器功率密度方面被寄予厚望。宽禁带半导体相对硅材料具有诸多优良特性，使得宽禁带电力电子器件在耐压、开关频率、导通压降、热导率等方面极具优势。目前最受关注的两种宽禁带半导体材料是碳化硅（SiC）和氮化镓（GaN），基于这两种材料的电力电子器件已有商业化产品，并在某些领域得到了应用。

2001 年，德国英飞凌（Infineon）公司推出首个商业化的 SiC 肖特基二极管，拉开了 SiC 功率器件商业化的序幕。随后，国际上各大半导体器件制造厂商都相继推出自己的 SiC 功率器件，国内外的很多科研机构与高等院校也开展了 SiC 功率器件研究，为其进一步的发展和完善奠定了基础。与 Si 器件相比，SiC 半导体的优异性能使得基于 SiC 的电力电子器件具备导通电阻低、击穿电压高、极限工作温度有望达到 600℃以上等优点，并且在几千瓦功率等级能够工作于更高的开关频率（>20kHz），可使器件的功率和频率得到更高程度的兼顾。现如今，市场上 1200V 的 SiC 肖特基二极管、SiC MOSFET 和 SiC JFET 已经实现商业化应用，而耐压超过 10kV 的 SiC 器件也已见诸报道，高压 SiC IGBT 的商业化应用还有待时日。

宽禁带半导体材料 GaN 具有禁带宽度大、饱和电子漂移速度高、临界击穿电场大及化学性质稳定等特点，因此基于该材料的电力电子器件具备通态电阻小、开关速度快、高耐压及耐高温性能好等优点。另外，GaN 的制造成本较低，故更有利于商业化应用的实现。美国国际整流器 IR 公司于 2010 年推出了第一款 GaN 商用集成功率级产品 iP2010 和 iP2011，其所集成的功率级器件相较于 SiC 器件拥有更高的效率以及 2 倍以上的开关频率。随后国际上各大电力电子厂商以及科研机构都对 GaN 电力电子器件技术展开重点研究与商品开发。由于对 GaN 功率器件的研究起步较晚，故受技术水平限制，目前主要应用于低压小功率场合，利用其超快速开关特性，实现变流器的小型化和轻量化，在便携式电子设备、汽车电子和光伏逆变器等应用场合受到广泛关注。

由于宽禁带半导体器件相较于硅器件的商业化应用还不够成熟且成本较高，故在未来一定时期内硅器件仍会主导功率电子市场。但针对一些对效率、工作温度及功率密度要求较高的场合，例如优先考虑效率因素的光伏逆变器以及对可靠性要求较高的航空航天或井下作业领域等，宽禁带半导体器件将更具应用优势。随着成本的降低和材料质量的提高，宽禁带半导体器件的市场会逐渐打开，在电力电子市场更充分地发挥其优势。

2.2　全控型电力电子器件

自 20 世纪 60 年代末门极可关断晶闸管（GTO）研制成功以来，各种全控型电力电子器件的出现极大地促进了现代电力电子技术的发展，以全控型电力电子器件为基础的各种先进功率变换技术使电力电子技术的应用领域扩展到现代能源生产和消费的诸多领域，如新能源并网发电、柔性交直流输配电、电动汽车等。本节重点介绍当前应用最为广泛的功率场效应晶体管和绝缘栅双极晶体管，以及在柔性直流输电和轨道交通领域极具应用前景的集成门极换流晶闸管。

2.2.1　功率场效应晶体管（Power MOSFET）

功率场效应晶体管（Power MOSFET），是由多数载流子参与导电的半导体器件，没有少数载流子存储现象，属于单极型电压控制器件，通过栅极电压来控制漏极电流。其显著优点是驱动电路简单、输入阻抗高、驱动电流小、驱动功率小，同时开关速度快（低压器件的开关时间为 10ns 数量级，高压器件的开关时间为 100ns 数量级），工作频率可达 1MHz，是所有全控型电力电子器件中工作频带最宽的一种，相对于 GTR 不存在二次击穿问题，器件耐压水平更高，安全工作区较大；其缺点是导通电阻大、电流容量小、耐压低、通态压降大、导通损耗大。因而功率场效应晶体管适用于开关电源、高频感应加热等高频场合，但不适用于大功率装置。

1. 结构

MOS 的含义为金属氧化物半导体（metal oxide semiconductor），而 FET 为场效应晶体管（field effect transistor）。MOSFET 即以金属层（M）的栅极隔着氧化层（O）利用电场的效应来控制半导体（S）的场效应晶体管。功率场效应晶体管分为结型和绝缘栅型，但多数为绝缘栅型。其栅极是由多晶硅制成的，同基片之间隔着 SiO_2 薄层，因此它同其他两个极之间是绝缘的。这样一来，只要 SiO_2 层不被击穿，栅极对源极之间的阻抗是非常高的。结型功率场效应晶体管一般称作静电感应晶体管（static induction transistor，SIT）。

　　根据载流子的性质，功率 MOSFET 可分为 P 沟道和 N 沟道两种类型，符号如图 2-2 所示，它有三个电极，即栅极 G、源极 S 和漏极 D。N 沟道中的载流子是电子，P 沟道中的载流子是空穴。其中每一种类型又可以分为增强型和耗尽型。增强型 MOSFET 在 $U_{GS}=0$ 时，无导电沟道，漏极电流 $I_D=0$；耗尽型 MOSFET 在 $U_{GS}=0$ 时，导电沟道已存在。功率 MOSFET 多数是 N 沟道增强型。

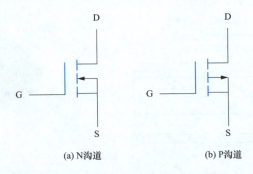

(a) N沟道　　　　　　　　　(b) P沟道

图 2-2　功率 MOSFET 的符号

　　早期的功率 MOSFET 结构采用平面结构，即 Positive MOS（PMOS）。器件的三个电极（源极 S、栅极 G、漏极 D）均置于硅片一侧，因而 MOSFET 中的电流是横向流动的，虽然漏极电流可达几安培，漏、源极电压可达 100V 以上，但此结构存在通态电阻大、频率特性差、硅片利用率低等缺点，限制了其电流容量，所以 PMOS 属小功率 MOSFET。为提高耐压和耐电流能力，功率 MOSFET 大都采用垂直导电结构，称为 VMOS（Vertical MOSFET）。20 世纪 70 年代中期，应用于大规模集成芯片（Large Scale Integreted Chip，LSIC）的垂直导电结构被移植到功率 MOSFET 中，出现了功率 MOSFET 领域的 VMOS 结构，这种结构不但保持原来平面结构的优点，而且具有短沟道、高电阻漏极漂移区和垂直导电等特点，因此大幅度提高了器件的耐压能力、载流能力和开关速度，目前 VMOS 的耐压水平已提高到 1000V 以上，电流处理能力达到几百安培，使功率 MOSFET 真正进入了大功率电力电子器件的领域。

　　VDMOSFET（Vertical Doulde-diffused MOSFET）的结构与外形如图 2-3 所示。在高掺杂、低电阻率的 N^+ 型单晶硅片的衬底上衍生 N^- 型高阻层（最终成为漂移区，该层电阻率及外延厚度决定器件的耐压水平），N^+ 区和 N^- 区共同组成 VDMOSFET 的漏区；在 N^- 区经过 P 型和 N 型的两次扩散，先形成 P 型体区，再形成 N^+ 型源区，形成 $N^+N^-PN^+$ 结构，由两次扩散的深度差形成沟道体区，因而沟道的长度可以精确控制。栅极为零偏压时，i_D 被 P 型区阻隔，漏、源极之间的电压 U_{DS} 加在反向 PN^- 结上，整个器件处于阻断状态；当栅极正偏压超过阈值电压 U_T 时，沟道由 P 型变成 N^+ 型，这个反型的沟道成为 i_D 电流的通道，整个器件又处于导通状态，它靠 N^+ 型沟道来导电，故称为 N 沟道 VDMOSFET，在 MOSFET 中只有一种载流子（N 沟道时是电子，P 沟道时是空穴）。由于电子的迁移率 μ（电子在电场作用下的运动情况，μ 越大，同等电场强度时电子的平均漂移速度越大）比空穴高三倍左右，从减小导通电阻、增大导通电流方面考虑，一般用 N 沟道器件。

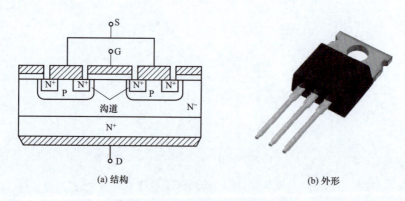

(a) 结构　　(b) 外形

图 2-3　VDMOSFET 的结构与外形

由于 N^+ 型源区与 P 型体区被源极 S 短路，所以源区 PN 结常处于零偏置状态，漏区的 PN 结形成源极和漏极之间的寄生二极管，与功率 MOSFET 组成了一个整体。因而它无反向阻断能力，可视为一个逆导器件。从图 2-3 可以看出，VDMOSFET 还寄生了一个晶体管（双极 NPN 型），因此有产生二次击穿的潜在危险，可以通过把基极和发射极用金属膜短路的方法使晶体管失效，这样形成了 PN^-N^+ 的体二极管与 MOSFET 反并联，消除了二次击穿的隐患，提高了器件耐压水平，同时也提供了一个反并联二极管。有些场合该二极管速度不够快，还需在外部反并联一个快恢复二极管。通常一个 VDMOSFET 是由许多元胞并联组成的，一个高压芯片的元胞密集度可达每立方英寸 140000 个元胞，可见它也是一种功率集成器件。

2. 工作原理

当栅、源极间 $U_{GS}=0$ 时，P 基区与 N 漂移区之间形成的 PN 结 J1 反偏，栅极下的 P 型区表面呈现空穴的堆积状态，无法沟通漏源极，此时即使在漏、源极间加正向电压 U_{DS}，也不会形成 P 型区内载流子的移动，漏、源极之间无电流流过。

当栅源极间加正电压 U_{GS} 时，因为栅极是绝缘的，所以不会有栅极电流流过，但栅极的正电压会将其下面 P 区中的空穴推开，而将 P 区中的少子——电子吸引到栅极下面的 P 区表面。当 $U_{GS}>U_T$（U_T 为开启电压或阈值电压）时，栅极下 P 区表面的电子浓度将超过空穴浓度，使 P 型半导体反型成 N 型半导体而成为反型层（原来的反偏的 PN 结 J1 消失），该反型层形成 N 型表面层（称为导电沟道）把漏源沟通，此时漏极和源极之间施加电压，电子从源极通过沟道移动到漏极，形成漏极电流 I_D。

3. 静态特性

功率 MOSFET 的静态特性主要包括输出特性与转移特性。功率 MOSFET 的漏极伏安特性（输出特性）是以栅、源极间电压 U_{GS} 为参变量，反映漏极电流 I_D 与漏、源极间电压 U_{DS} 间关系的曲线族，如图 2-4 所示，它可分为四个区域，即截止区 Ⅰ、线性导电区 Ⅱ（恒定电阻区）、饱和恒流区（可调电阻区）Ⅲ 和雪崩击穿区 Ⅳ。当 $U_{GS} < U_T$ 时，功率 MOSFET 处于截止状态，$I_D = 0$。在线性导电区，由于 U_{DS} 较小，它对导电沟道的影响可以忽略，一定的 U_{GS} 对应的导电沟道宽度和漏、源极间电阻 R_{DS} 一定，$I_D \approx U_{DS}/R_{DS}$，因而 I_D 随 U_{DS} 线性增大。在饱和恒流区，对于一定的 U_{GS}，当 U_{DS} 较大时，I_D 达到饱和值，不会随 U_{DS} 的增大而再增加，这相当于漏、源极间电阻 R_{DS} 随 U_{DS} 的增大而增大。当电压 U_{DS} 超过击穿转折电压时，器件将被击穿，使 I_D 急剧增大。电力 MOSFET 漏、源极之间有寄生二极管，漏、源极间加反向电压时器件导通。

漏、源极间电压 U_{DS} 为常数时，漏极电流 I_D 和栅、源极间电压 U_{GS} 的关系称为 MOSFET 的转移特性，如图 2-5 所示，它表征 U_{GS} 对 I_D 的控制能力。I_D 较大时，I_D 与 U_{GS} 的关系近似线性，曲线的斜率定义为跨导 g_m，表示为

$$g_m = dI_D / dU_{GS} \tag{2-1}$$

图 2-5 为功率 MOSFET 的转移特性。功率 MOSFET 的典型开启电压 U_T 为 2~4V，但为保证通态时漏、源极之间的等效电阻、管压降尽可能小，栅、源极间电压 U_{GS} 通常设计为大于 10V。功率 MOSFET 的通态电阻具有正温度系数，对器件并联时的均流有利。

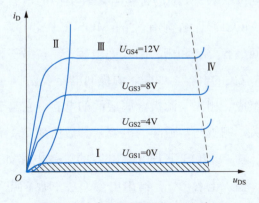

图 2-4 功率 MOSFET 的输出特性

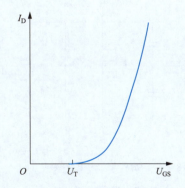

图 2-5 功率 MOSFET 的转移特性

功率 MOSFET 是场控器件，绝缘栅极的输入电阻很高而等效于一个电容，故仅在

突加 U_{GS} 时需要不大的输入电流，形成电场后栅极电流基本上为 0，因此功率 MOSFET 的驱动功率很小。

4. 动态特性

功率 MOSFET 的动态特性主要分析其开关过程，输入电压（u_{GS}）和输出电压（u_{DS}）的关系如图 2-6 所示。它与 GTR 相似，但由于功率 MOSFET 是单极型器件，依靠多数载流子导电，没有少数载流子的存储效应，因此其开关速度高、开关时间很短。通常功率 MOSFET 的开关时间为 10~100ns，而双极性型器件的开关时间为几微秒至几百微秒。

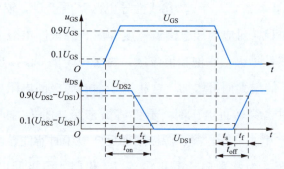

图 2-6　功率 MOSFET 输入电压和输出电压的波形

定义开通时间 t_{on} 为从输入信号上升到 10% 开始到输出电压的波形下降到其幅值的 10% 为止所需的时间；定义关断时间 t_{off} 为从输入信号下降到 90% 开始到输出电压的波形上升到其幅值的 90% 为止所需的时间。开通时间与功率 MOSFET 的开启电压 U_T 和栅、源极间电容 C_{GS} 与栅、漏极间电容 C_{GD} 有关，也受信号上升时间和内阻的影响。关断时间则由功率 MOSFET 的漏、源极间电容 C_{DS} 和负载电阻 R_D 决定。

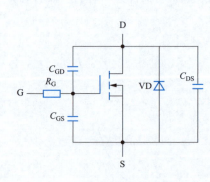

图 2-7　功率 MOSFET 极间
电容的等效电路

功率 MOSFET 内寄生着两种类型的电容：一种是与 MOSFET 结构有关的 MOSFET 电容，如栅、源极间电容 C_{GS} 和栅、漏极间电容 C_{GD}；另一种是与 PN 结有关的电容，如漏、源极间电容 C_{DS}。C_{GS} 由两部分组成：栅极与源极金属层间的电容，它与工作电压无关；栅极与沟道间的电容，其数值随 U_{DS} 有很大变化。功率 MOSFET 极间电容的等效电路如图 2-7 所示。输入电容 C_{iss}、输出电容 C_{oss} 和反馈电容 C_{rss} 是应用中常用的参数，这些参数从电路分析角度出发，使用并不方便，所以厂商按共源接法提供数据，而且各电容值随 U_{DS} 升高而降低，

这是因为 U_{DS} 越高，PN 结厚度增加，极间电容量减小。它们与极间电容的关系为

$$C_{iss} = C_{GS} + C_{GD} \quad (\text{DS 间短接}) \tag{2-2}$$

$$C_{oss} = C_{DS} + C_{GD} \quad (\text{GS 间短接}) \tag{2-3}$$

$$C_{rss} = C_{GD} \tag{2-4}$$

5. 主要参数

除上述已介绍的开启电压 U_T、跨导 g_m、开关时间和极间电容外，功率 MOSFET 的其他主要参数如下。

（1）漏源击穿电压。漏源击穿电压 U_{BDS} 决定了功率 MOSFET 的最高工作电压，是为了避免器件进入雪崩击穿区而设的极限参数。U_{BDS} 随温度的升高而增大。

（2）栅源击穿电压。由于栅极氧化层极薄，栅源击穿电压 U_{BGS} 是为了防止绝缘层因电压过高发生介质击穿而设定的参数，其极限值一般为 $\pm 20V$。

（3）正向通态电阻。通常规定，在确定的栅、源极间电压 U_{GS} 下，功率 MOSFET 由可调电阻区进入恒流区时的直流电阻为通态电阻 R_{on}。它的 R_{on} 比结型功率二极管和 GTR 都大。通态电阻决定了器件的通态损耗，是影响最大输出功率的重要参数。在相同的条件下，耐压等级越高的器件通态电阻越大，且器件的通态压降越大，这是功率 MOSFET 的弱点。与 GTR 不同，功率 MOSFET 通态电阻具有正的温度系数，当电流增大时，附加发热使 R_{on} 增加，对电流的正向增量有抑制作用，有利于器件并联时的均流。

（4）漏极连续电流和漏极峰值电流。漏极连续电流 I_D 和漏极峰值电流 I_{DM} 表征功率 MOSFET 的电流容量，它们主要受结温的限制。由于功率 MOSFET 工作在开关状态，因此漏极连续电流 I_D 通常没有直接的用处，仅作为一个基准，其最大漏极电流由额定峰值电流 I_{DM} 定义。只要不超过额定结温，额定峰值电流 I_{DM} 就可以超过连续电流，是连续电流额定值的 2～4 倍。

（5）最大功耗。最大功耗 P_{DM} 与管壳温度有关，随管壳温度的增高而下降，因此散热是否良好对于器件正常工作来讲极其重要。

2.2.2 绝缘栅双极晶体管（IGBT）

全控型电力半导体器件 GTR、GTO、功率 MOSFET 均各具特色又各有所限。例如，功率 MOSFET 的优点是开关速度快、驱动功率小、热稳定性好、输入阻抗高，缺点是耐压低、导通压降高、载流密度小；GTR、GTO 的优点是耐压高、导通压降小、载流密度大，缺点是开关速度低、驱动功率大。综合单极型器件和多极型器件的特点，取长补短，便形成了具有双导电机制的新型器件——复合型电力电子器件，其中最具代表性

的器件就是绝缘栅双极晶体管（IGBT）。

绝缘栅双极晶体管是一种复合型电力半导体器件。它将 MOSFET 和 GTR 的优点集于一身，具有耐压高、电流大、工作频率高、通态压降低、驱动功率小、无二次击穿、安全工作区宽、热稳定性好等优点。自 20 世纪 80 年代复合型电力电子器件投入市场后，发展迅速，已成为电机驱动、中频电源等中小功率电力电子设备的主导器件，随着其电压和电流容量的不断升高，在机车牵引、电力系统等大功率领域也已经逐步取代了 GTO 和 GTR。IGBT 的工作频率和电压、电流容量的适用范围最宽，已成为应用最广泛的电力电子器件。

1. 结构

目前多数 IGBT 为 N 沟道型，图 2-8 给出了一种由 N 沟道 MOSFET 与双极型晶体管复合而成的 IGBT 的结构、简化等效电路和电气图形符号。和图 2-3 比较可知，IGBT 与 N 沟道 MOSFET 结构十分类似，不同之处是 IGBT 多一个 P^+ 层发射极，形成一个大面积的 P^+N^+ 结J1，这样整个单胞成为四层结构并存在 J1、J2、J3 三个 PN 结，二者上半部分基本相同（命名和 MOSFET 一样，凡电子从发射极流出的称 N 沟道型，而空穴从发射极流出的称 P 沟道型，IGBT 的外部电极端子名称沿用 GTR，内部结构名称沿用 MOSFET），并由此引出集电极 C、发射极 E、栅极 G。

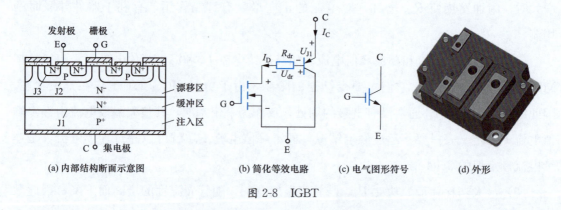

(a) 内部结构断面示意图 (b) 简化等效电路 (c) 电气图形符号 (d) 外形

图 2-8　IGBT

当采用外延工艺在注入区与漂移区之间加入 N^+ 高掺杂缓冲层时，对器件性能会产生多方面影响，其一是反向阻断电压耐量降低，器件正反向耐压不同，故称为非对称型，其特点是反向阻断能力弱，但正向压降低、关断时间短、关断尾部电流小；相反对于无缓冲层或采用其他工艺形成缓冲层的器件，由于正反向耐压相同，称为对称型器件，其特点是具有正、反向阻断能力，但特性不及非对称的 IGBT。

从图 2-8（a）中可以看出，IGBT 相当于一个由 N 沟道 MOSFET 驱动的厚基区 GTR（PNP 型），其简化等效电路如图 2-8（b）所示，图中 R_{dr} 是厚基区 GTR 基区内的扩展电阻。IGBT 是以 GTR 为主导元件、N 沟道 MOSFET 为驱动元件的达林顿结构。图 2-8（c）为以 GTR 形式表示的 IGBT 电气图形符号，若以 MOSFET 形式表示，也可将 IGBT 的集电极称为漏极，发射极称为源极。

以上所述 PNP 晶体管与 N 沟道 MOSFET 组合而成的 IGBT 称为 N 沟道 IGBT，相应的，改变半导体的类型可制成 P 沟道 IGBT，即 MOSFET 为 P 沟道，GTR 为 NPN 型，其符号和 N 沟道 IGBT 箭头方向相反。

2. 工作原理

当 IGBT 端压 $U_{CE}<0$ 时，由于 J1 结处于反偏，因而不管 MOSFET 的沟道体区中是否形成沟道，电流均不能在集电极至发射极间流过，这是由于 IGBT 存在 J1 结而具有反向阻断能力，阻断能力的高低取决于 J1 结的雪崩击穿电压。IGBT 的正向阻断电压主要由 J2 结的雪崩击穿电压决定。

当 IGBT 端压 $U_{CE}>0$、$U_{GE}=0$ 时，由于 J2 结处于反偏，MOSFET 的沟道体区中未能形成导电沟道，所以集电极电流 $I_C=0$；当 $U_{CE}>0$、$U_{GE}>U_T$（栅阀电压）时，栅极下面 P 沟道体区表面反型并形成导电沟道，IGBT 进入正向导通状态，电子由 N^+ 源区（发射区）经沟道进入漂移区，同时由于 J1 结处于正偏，P^+ 衬底向漂移区注入空穴，当栅压升高时，空穴密度也相应升高，因此在有源区（放大区）中，I_C 的值由栅压 U_{GE} 值决定，而与 U_{CE} 无关。

由于来自 P^+ 区的部分空穴与来自沟道的电子复合，其余部分被处于反偏的 J2 结收集到沟道体区，这些载流子将显著调制 N^- 漂移区的电导率，降低器件的导通电阻，从而提高器件的电流密度。反之，如果栅压重新下降到低于 U_T（栅阀电压），栅极下 P 区表面的反型层消失，其导电沟道也不复存在，从而切断 N^+ 源区（发射区）对漂移区的电子供给，器件由导通状态转为阻断状态。

3. 静态特性

IGBT 的静态特性包括输出特性、转移特性等。

（1）对称的 N 沟道 IGBT 正向输出特性如图 2-9（a）所示，可分为饱和区、放大区、截止区和击穿区。当 $U_{GE}<U_T$（开启电压）时，IGBT 处于截止区，仅有极小的漏电流存在。当 $U_{GE}>U_T$ 且为一定值时，IGBT 处于放大区，在该区中，集电极电流 I_C 大小几乎不变，其大小取决于 U_{GE}，正常情况下不会进入击穿区。当 $U_{GE}>U_T$ 且集电极电流 I_C 不随 U_{GE} 而变化时，IGBT 处于饱和区，导通压降较小，此时集电极电流 I_C 与 U_{GE} 不再呈线性关系。

（2）IGBT 的转移特性表示集电极电流 I_C 与栅、射极间电压 U_{GE} 的关系，如图 2-9（b）

所示，它与 MOSFET 的转移特性类似。开启电压 U_T 是 IGBT 能实现电导调制而导通的最低栅、射极间电压。当 $U_{GE}<U_T$ 时，IGBT 处于关断状态；当 $U_{GE}>U_T$ 时，IGBT 开通，导通后，在大部分集电极电流范围内，I_C 与 U_{GE} 呈线性关系。开启电压随温度的升高而略有下降，在＋25℃时，开启电压一般为 2～6V。一般栅、射极间电压 U_{GE} 的最佳值可取 15V 左右。

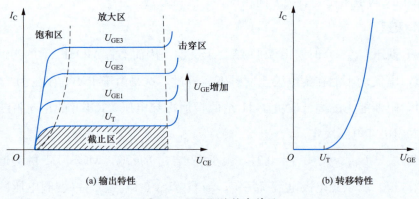

(a) 输出特性　　　　　　　　(b) 转移特性

图 2-9　IGBT 的静态特性

4. 动态特性

IGBT 的动态特性包括开通过程和关断过程两个方面，如图 2-10 所示。

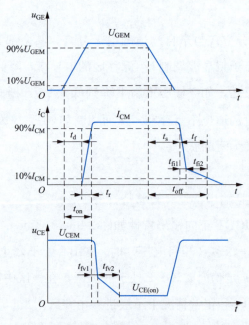

图 2-10　IGBT 的动态特性

IGBT 的开通过程与 MOSFET 的开通过程相似，这是因为 IGBT 在开通过程中大部分时间是作为 MOSFET 来运行的。如图 2-10 所示，从驱动电压 u_{GE} 的前沿上升至其幅值的 10％的时刻起，到集电极电流 i_C 上升至其幅值的 10％的时刻止，这段时间称为开通延迟时间 t_d。i_C 从 10％I_{CM} 上升至 90％I_{CM} 所需时间为电流上升时间 t_r。开通时间 t_{on} 为开通延迟时间与电流上升时间之和。集射电压 u_{CE} 的下降过程分为 t_{fv1} 和 t_{fv2} 两段。其中 t_{fv1} 段为 IGBT 中 MOSFET 单独工作时的电压下降时间；t_{fv2} 段为 MOSFET 和 PNP 晶体管同时工作的电压下降时间。t_{fv2} 时间的长短受两个因素的影响。其一是在集射电压降低时，IGBT 中 MOSFET 的栅、漏极间电容增加，致使电压下降时间变长，这与 MOSFET 相似；其二是 IGBT 的 PNP 晶体管从放大状态转为饱和状态需要一个过程，这段时间也使下降时间变长。由上述可知，只有在 t_{fv2} 段结束时，IGBT 才完全进入饱和状态。

IGBT 关断时，从驱动电压 u_{GE} 的脉冲后沿下降到其幅值的 90％的时刻起，到集电极电流下降到 90％I_{CM} 止，这段时间称为关断延迟时间 t_s。集电极电流从 90％I_{CM} 下降至 10％I_{CM} 的这段时间为电流下降时间 t_f。关断时间 t_{off} 为关断延迟时间与电流下降时间之和。电流下降时间可分为 t_{fi1} 和 t_{fi2} 两段。其中 t_{fi1} 对应 IGBT 内部的 MOSFET 的关断过程，这段时间集电极电流 i_C 下降较快；t_{fi2} 对应 IGBT 内部的 PNP 晶体管的关断过程，这段时间内 MOSFET 已经关断，IGBT 又无反向电压，所以 N 基区内的少数载流子复合缓慢，造成集电极电流 i_C 下降较慢。由于此时集射电压已经建立，过长的下降时间会产生较大的功耗，使结温升高，所以下降时间越短越好。为了解决这个问题，可以通过减轻饱和程度来缩短电流下降时间，但是这样需要与通态压降折中。对称型 IGBT 下降时间较短，非对称型 IGBT 下降时间较长。

IGBT 的开关时间与集电极电流、门极电阻等参数有关，集电极电流越大、门极电阻越大，则开通时间、上升时间、关断时间、下降时间都趋向增加。与 MOSFET 比较可以看出，由于 PNP 晶体管的存在，虽然带来了电导调制效应的好处，但是也引入了少数载流子储存现象，因此 IGBT 的开关速度低于 MOSFET。

5. IGBT 的主要参数

除了上述的一些参数外，IGBT 还包括以下四个主要参数。

（1）集射极击穿电压。集射极击穿电压 U_{CES} 决定了器件的最高工作电压，它是栅极、发射极短路时，由器件内部的 PNP 晶体管所能承受的雪崩击穿电压确定，具有正温度系数。

（2）最大栅射极电压。栅射极电压 U_{GES} 由栅氧化层的厚度和特性所限制，为了限制故障下的电流和确保长期使用的可靠性，应将栅射极电压限制在 20V 之内，其最佳值一般取 15V 左右。

（3）集电极连续电流和峰值电流。集电极连续电流 I_C 为 IGBT 的额定电流，表征其电流容量，I_C 主要受结温限制；峰值电流 I_{CM} 是为了避免擎住效应的发生。只要不超过额定结温，IGBT 可以工作在比连续电流额定值大的峰值电流范围内，通常 $I_{CM} \approx 2I_C$。

（4）最大集电极功率。最大集电极功率 P_{CM} 为在正常工作温度下允许的最大耗散功率。

6. IGBT 的擎住效应与安全工作区

从图 2-8（a）可以看出，在 IGBT 内部寄生着一个由 N^-PN^+ 晶体管和作为主开关器件的 P^+N^-P 晶体管组成的寄生晶体管。其中 NPN 晶体管的基极与发射极之间存在体区短路电阻，P 形体区的横向空穴电流会在该电阻上产生压降。对 J3 结来说，相当于加上一个正偏置电压，在额定集电极电流范围内，这个正向偏置电压较小，不足以使 J3 结开通，即 NPN 晶体管不起作用，但当集电极电流大到一定程度，这个正偏置电压足够大时，J3 结便会开通，进而使 NPN 和 PNP 晶体管处于饱和导通状态，于是寄生晶体管开通，IGBT 栅极就会失去对集电极电流的控制作用，导致集电极电流增大，造成器件功率过高而损坏。这种电流失控现象被称为擎住效应或自锁效应。引发擎住效应的原因可能是静态擎住效应（集电极电流过大），也可能是动态擎住效应（du_{CE}/dt 过大），由于动态擎住效应比静态擎住效应所允许的集电极电流小，因此 IGBT 所允许的最大集电极电流实际上是根据动态擎住效应而确定的。当然，为了避免动态擎住效应的发生，还应适当加大栅极电阻以延长 IGBT 关断时间，这就是 IGBT 要求设计慢速关断电路的原因。此外，温度升高也会增加发生擎住效应的危险，因此必须设置过热保护电路。

可以看出擎住效应是限制 IGBT 电流容量的主要原因之一，20 世纪 90 年代中后期，IGBT 的研究和制造水平迅速提高，此问题有了很大的改善。

IGBT 有规范其开通过程和通态工作点额定值的正向偏置安全工作区（forward biased safe operating area，FBSOA）以及规范其关断过程和断态工作点的反向偏置安全工作区（reverse biased safe operating area，RBSOA）等。正向偏置安全工作区由最大集电极电流 I_{CM}、最大集射极电压 U_{CEM} 和最大集电极功耗 P_{CM} 确定。正向偏置安全工作区与 IGBT 的导通时间密切相关，随着导通时间的增加，IGBT 发热越严重，安全工作区逐步减小。反向偏置安全工作区由最大集电极电流 I_{CM}、最大集射极电压 U_{CEM} 和最大允许电压上升率 du_{CE}/dt 确定。因为过高的 du_{CE}/dt 会使 IGBT 发生动态擎住效应，所以 du_{CE}/dt 越高，反向偏置安全工作区越小。

2.2.3 集成门极换流晶闸管（IGCT）

目前中电压大功率应用领域，占主导地位的电力电子器件主要有晶闸管、GTO 和 IGBT 等，这些器件在应用方面还存在各自缺陷。晶闸管是半控型器件；GTO 关断不均匀，需要笨重而昂贵的缓冲电路，并且由于其门极驱动电路复杂，所需控制功率大，这就使得设计复杂、制造成本高、电路损耗大；IGBT 虽然吸收电路简单，但其通态损耗大，在高电压应用场合需多个串联使用，增加了系统的损耗。

为了适应高电压大功率的需要，20 世纪 90 年代中后期国内外开展了新型功率开关器件 IGCT 的研究工作，其全称是集成门极换向型晶闸管，是专门为高电压大功率场合而设计的功率开关器件，它将 GTO 芯片与反并联二极管和门极驱动电路集成在一起，再与其门极驱动器在外围以低电感方式连接，结合了晶体管和晶闸管两种器件的优点，即晶体管的稳定关断能力和晶闸管的低通态损耗。IGCT 在导通期间发挥晶闸管的性能，在关断阶段呈类似晶体管的特性。IGCT 具有电流大、电压高、开关频率较高（比 GTO 高 10 倍）、可靠性高、结构紧凑、损耗低、制造成本低和成品率高的特点，有极好的应用前景。

IGCT 是门极换向型晶闸管（GCT）和集成门极驱动电路的合称。当 GCT 工作在导通状态时，是一个类似于晶闸管的正反馈开关，其特点是携带电流能力强和通态压降低。在关断状态时，GCT 门—阴极 PN 结提前进入反向偏置，并有效地退出工作，整个器件呈晶体管方式工作。

GCT 关断时，通过打开一个与阴极串联的开关（通常是 MOSFET），使 P 基极-N 发射极反偏，从而迅速阻止阴极注入，将整体的阳极电流强制转化成门极电流（通常在 1μs 内），这样便把 GTO 转化成为一个无接触基区的 NPN 晶体管，消除了阴极发射极的正反馈作用，GTO 也就均匀关断，而且没有载流子收缩效应。这样，它的最大关断电流比传统 GTO 的额定电流高出许多。由于 GCT 在增益接近 1 时关断，因此，保护性的吸收电路可省去。

IGCT 的典型应用有：①串联应用。与 GTO 相比，IGCT 一个突出的优点是存储时间短，因而在串联应用时，各 IGCT 关断时间的偏差极小，其分担的电压会较为均衡，所以适合大功率应用。在铁路用 100MVA（已商业化）转换控制网络的输出级中，采用了 12 个 IGCT，每组 6 个串联，直流中间电路电压额定值为 10kV，输出电流为 1430A。②牵引逆变器。由于牵引领域的广泛需要，逆导 IGCT 发展很快，IGCT 可无吸收关断，比 GTO 逆变器更加紧凑。在目前已成功应用的 IGCT 三相逆变器中，只需要 di/dt 限制电路，门极驱动电源在中心放置，进一步减小了逆变器的体积。

IGCT 在 GTO 技术的基础上进行了重大改进，采用硬驱动技术，在整体结构上集成了门极驱动电路和反并联二极管，省去了吸收电路，易于串联应用。IGCT 兼具了 GTO 和 IGBT 的优点，即电流容量大、阻断电压高、开关频率高、可靠性高、结构紧凑、便于集成、损耗低，适合于中电压大功率应用场合。IGCT 的生产工艺与 GTO 完全兼容，是极具发展潜力的新一代功率器件，至今已研制成功 4kA/4.5kV 的 IGCT，并已在电力系统中应用，目前研制水平已达 6kA/6kV，今后 IGCT 有可能广泛应用于电力系统高压直流输电系统，以及静止无功补偿和谐波抑制等装置中。

2.3 宽禁带电力电子器件

基于硅（Si）半导体的电力电子器件一直是工业应用领域的主角，但随着硅材料和硅工艺的日趋完善，各种硅器件的性能逐渐趋近其理论极限，已无法适应电力变换装备不同应用场景下日益提高的能源转换效率和功率密度要求。通过采用宽禁带半导体，新型电力电子器件替代硅基器件可以显著提升电力变换装备的节能效率，同时在诸如提高装备功率密度等功能需求方面也具有较大优势。

2.3.1 宽禁带半导体材料的基本特点

由于固体中电子的能量具有不连续的量值，因此电子都分布在一些相互之间不连续的能带（energy band）上。所谓禁带是指价电子所在的能带（价带）与自由电子所在的能带（导带）之间的间隙，也可以称为带隙（band gap）。被束缚的价电子要成为自由电子，必须从外部获得足够的能量从价带跃迁到导带，其最小值就是禁带宽度，通常用电子伏特（eV）表征。

一般而言，禁带宽度为零的是金属，禁带宽度很大（一般大于 4.5eV）的是绝缘体，禁带宽度居中的是半导体。宽禁带半导体是相对硅材料而言，禁带宽度相对较大。硅的禁带宽度为 1.12eV，而宽禁带半导体材料是指禁带宽度在 3.0eV 及以上的半导体材料，典型的是碳化硅（SiC）、氮化镓（GaN）、金刚石、氧化锌（ZnO）等。几种常见半导体材料的物理性能见表 2-1。

表 2-1　　　　　几种常见半导体材料的物理性能

半导体材料	Si	GaAs	3C-SiC	4H-SiC	6H-SiC	GaN
禁带宽度（eV）	1.12	1.43	2.4	3.26	3.0	3.4
相对介电常数	11.8	12.5	9.72	10	9.66	9.5
热导率 [W/（K·cm）]	1.5	0.54	3.2	3.7	4.9	1.3
击穿电场（10^6 V/cm）	0.3	0.4	2.12	2.2	2.5	2.0
电子迁移率 [cm²/（s·V）]	1500	8800	800	1000	400	1000
空穴迁移率 [cm²/（s·V）]	425	400	40	115	100	200
最大电子饱和速度（10^7 cm/s）	0.9	1.3	2.2	2	2	2.5

宽禁带半导体之所以受到关注，其原因在于对于多数载流子器件，导通电阻与器件掺杂浓度、载流子迁移率及击穿场强关系密切。以功率 MOSFET 为例，根据雪崩击穿电压 U_B 与漂移区电阻率和宽度的关系，其最小通态比电阻（单位：$\Omega \cdot cm^2$）可表示为

$$R_{on,min} = \frac{4U_B^2}{\varepsilon_0 \varepsilon \mu E_T^3} \tag{2-5}$$

式中：E_T 为器件材料的临界击穿场强；μ 为电子迁移速率；ε_0 和 ε 分别是真空电容率和材料的介电常数。

由式（2-5）可以看出，使用击穿场强大的半导体可以降低高耐压要求下的导通电阻，图 2-11 所示为根据每个半导体材料的物理特性值计算得到的导通电阻和击穿电压的关系。低的导通电阻使得 SiC 器件通态损耗大幅降低，提升功率变换效率的同时，降低系统散热的要求。

宽禁带半导体除了临界击穿电场高之外，一般还具有高熔点、高热导率、高电子饱和漂移速度等其他优良特性。其中，良好的导热和高熔点特性，使得宽禁带器件允许工作结温较高，降低系统散热要求，有利于实现装置轻量化。而高的电子迁移率和饱和漂移速度则有利于提高器件的开关频率，进而实现高频化，减少无源器件容量，提高功率密度，也有利于实现装置轻量化。相对于 Si 材料，SiC 和 GaN 在高压、高温和高频三大特性方面的显著优势（见图 2-12），使得人们对宽禁带器件替代硅器件寄予厚望。

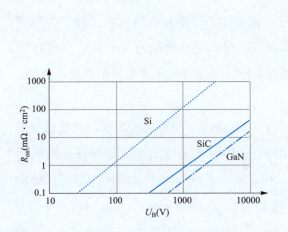

图 2-11　导通电阻与击穿电压的关系

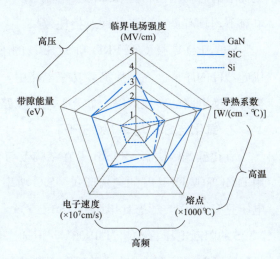

图 2-12　SiC、GaN 与 Si 性能比较

2.3.2　氧化硅 SiC 器件

氧化硅 SiC 是最先实现商业化电力电子器件应用的宽禁带半导体。使用 SiC 制造电力电子器件，有可能将半导体器件的极限工作温度提高到 600℃ 以上，并在额定阻断电

压相同的前提下，大幅降低通态电阻，提高工作频率，有助于提高器件的功率密度和集成度，改善整机性能和环境适应能力。

1. 氧化硅 SiC 肖特基势垒二极管

用于功率变换电路的传统（硅基）电力二极管主要有普通二极管（整流二极管）、快恢复二极管（FRD）和肖特基二极管（SBD）三种类型。整流二极管漏电流小、通态压降较高（1.0～1.8V）、反向恢复时间较长（一般在 5μs 以上），多用于对开关频率要求不高的场合；FRD 反向恢复时间短（百纳秒～5μs），通态压降较高（1.6～4.0V），通常用于斩波、逆变等高频场合，与主开关器件反并联充当旁路二极管；SBD 兼有反向恢复时间短（10～40ns）和正向导通压降较低（0.3～0.6V）的优点，但漏电流较大、耐压能力低。

由于氧化硅 SiC PN 结二极管的启动电压高达 2～3V，一般会使得正向导通压降升高，因此，600V～2kV 高耐压二极管通常使用 SBD 结构。SiC SBD 具有非常优异的高温特性和零恢复电流特性，Si 二极管的上限工作温度为 150～175℃，由于 SiC 禁带宽度大，SiC SBD 可以在 200℃ 以上的高温下工作，同时，由于 SBD 为单极型器件，没有反向恢复过程，反向恢复电流很小。因此，SiC SBD 可以获得高温下优异的低开关损耗性能。此外，采用沟槽结构和减少衬底厚度技术，可以进一步有效改善 SiC SBD 在低电流工况下的启动电压特性和降低大电流工况下的导通电阻，从而使得 SiC SBD 在任何工作电流下均具有良好的降低通态损耗效果。

SiC SBD 克服了 Si FRD 和 Si SBD 的不足，揭开了 SiC 器件在电力电子技术领域替代硅器件的序幕。在高压高频功率电路中，采用 SiC SBD 替代常用的 Si FRD，能够显著提升变换电路的转换效率，如开关电源电路的功率因数校正和光伏逆变器的斩波电路等。

2. 氧化硅 SiC 功率 MOSFET

氧化硅 SiC 功率 MOSFET 在结构上与 Si 功率 MOSFET 没有太大区别，一般也都采用 DMOS 或 UMOS 的结构形式。SiC 功率 MOS 于 1994 年首次问世，研发样品的阻断电压只有 260V，通态比电阻为 $18m\Omega \cdot cm^2$。1998 年，采用 UMOS 结构的 4H-SiC 功率 MOS 的阻断电压首次超过 1000V，但通态比电阻高达 $311m\Omega \cdot cm^2$。2004 年，10000V 4H-SiC DMOS 研制成功，随后漏极电流达到 20A，通态比电阻降至 $91m\Omega \cdot cm^2$，关断时间为 75ns，具备了商业应用价值。

由于氧化硅 SiC 功率 MOSFET 耐压水平和通流能力已经和中小功率应用领域常用的 Si IGBT 相当，而其导通压降和通态电阻却远低于 Si IGBT，同时也具有良好的高频特性，在对变换效率和功率密度（轻量化）要求较高的应用场合，如新能源并网、电动汽车，如图 2-13 所示，SiC MOSFET 已经成为极具竞争力的电力电子器件。但是，鉴于 SiC MOSFET 较高的成本，考虑电压和功率等级的限制，其还将与 Si IGBT 长期共存。

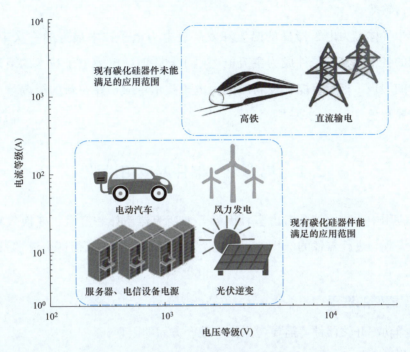

图 2-13　SiC 器件的应用领域

2.3.3　氮化镓 GaN 器件

氮化镓 GaN 同样作为典型宽禁带半导体材料，具有高饱和电子漂移速度、高热导率和高结温等物理特性，保证其功率器件拥有在高功率、高频率、高效率和高温高压条件下的工作能力，近年来在电力电子领域快速发展。和 SiC 相比，GaN 有更好的高频特性而较受关注。而且，GaN 材料除其本身可以制成器件，还可以利用其异质结构使用在 Si、SiC 等其他材料衬底上，且后者是 GaN 器件目前的主要生产方式。在 Si 衬底上生长的 GaN 具有低成本和高性能的特点，具有优良的市场竞争力。

氮化镓 GaN 晶体管以 GaN 异质结场效应管为主，即 GaN 高电子迁移率晶体管（GaN HEMT）。常规 GaN HEMT 为常开型器件，即使不施加栅极电压，器件也处于导通状态，但实际应用中，从安全和节能角度考虑通常希望功率器件为常关型。因此，现在大量的研究致力于增强型 GaN HEMT 或采用高压常开型 GaN HEMT 与低压 Si MOSFET 级联的结构实现器件常关。目前，GaN HEMT 耐压水平已达到 600V，工作频率超过 10MHz。

随着氮化镓 GaN 器件技术的不断进步，其在电力电子器件市场所占比重逐步增大，应用领域也逐渐拓宽。氮化镓 GaN 器件利用其良好的高频特性优势，能够大幅提高电路的功率密度，特别适合高频、超高频小功率场合，如便携电子设备的充电电源、移动终端无线电能传输等。

宽禁带半导体电力电子器件的诞生和发展是电力电子技术最近的一次革命性进展，当性能优越的各种宽禁带器件成为主流电力电子器件时，电力电子技术的节能优势将得以更加充分的展现，极有可能引发新的电力电子技术革命，并在新的能源革命中扮演不可或缺的重要角色。

2.4 电力电子器件的应用设计

在实际应用中，需要综合考虑多种因素，如变流器拓扑和容量、变换效率、功率密度、应用环境等，进行器件的选择、驱动电路及散热的设计，以保证变流器长期、可靠、安全地运行。

2.4.1 功率器件的选择

通常选择功率开关器件，需要考虑如下几个方面的因素。

（1）器件的额定电压、额定电流和允许开关频率。这三个参数是选择器件类型和型号时首先需要确定的参数，与变流器所采用的拓扑和运行容量有关，通常设计时均留有较大裕量。在高压大功率应用场合，当单个器件的额定电压和电流不能满足应用需求时，通常采用器件串联和并联的方式，以实现更高的阻断电压和导通电流，但对器件的一致性也提出了更高的要求。开关频率的选择通常和设备的效率、体积和质量的约束相关，均直接影响装置的经济性，因此要根据具体应用选择功率 MOSFET 或 IGBT 等开关器件，可参考 2.1 节对器件应用领域的介绍。

（2）器件的安全工作区（SOA）。功率器件在使用过程中应防止过电压、过电流而损坏或工作不稳定，运行点的选择应在安全工作区以内。IGBT 有规范其开通过程和通态工作点额定值的正向偏置安全工作区（FBSOA）以及规范其关断过程和断态工作点的反向偏置安全工作区（RBSOA）等。功率 MOSFET 数据表中通常给出的是由导通电阻、漏源击穿电压、漏极峰值电流和最大功率损耗共同约束的正偏直流安全工作区。

（3）基于降低器件失效率的降额系数。相同的开关器件在具体的不同应用场景中，工作应力（包括电气、温度、振动）不同，器件失效的机理也不尽相同。为了提升应用的可靠性，降低失效概率，在使用时也需要考虑降额使用。降额程度除考虑可靠性外，还应考虑体积、质量、成本等因素。大部分功率器件的基本失效率取决于电应力和热应力，一般电压降额系数在 0.6 以下，电流降额系数在 0.5 以下。同时还应考虑先进的控制技术和电路优化设计技术降低器件的工作应力，提升系统的可靠性。

（4）功率损耗。考虑功率损耗主要基于变流器的运行效率、环境温度以及体积和质量等方面的约束。就器件层面而言，功率损耗通常包括通态损耗、开关损耗和断态损耗，与器件的导通压降（导通电阻）和开关频率密切相关，一般以前两者为主。不同的器件和不同的应用场合，通态损耗和开关损耗所占比例不同。例如对于 IGBT 应用，通常导通电流较大使得通态损耗较大，如果开关频率不加以限制，开关损耗的增加就会进一步增加总体功率损耗，使变换效率降低，同时增加散热需求。但是，开关频率过低，会使得无源滤波器件容量增加，增加设备的体积和滤波成本。采用软开关技术和宽禁带器件成为降低器件功率损耗的重要技术手段。

由此可见，功率器件的选择是多方面因素约束下的优选问题，既受器件自身特性参数的制约，也与应用场景的拓扑和控制差异化有关，技术成熟度和成本也是综合考虑的因素。因此，器件的选择通常也是一个与拓扑和控制方案交叉优化迭代的过程。此外，在器件选择时应优先考虑选择功率集成模块，以降低设备的复杂度，提升可靠性。

2.4.2　驱动与保护电路

1. 驱动电路

驱动电路是控制电路与主电路中电力电子器件之间的接口，将信息电子电路传来的信号按控制目标的要求，转换为加在电力电子器件控制端和公共端之间，可以使其开通或关断的信号。对半控型器件只需提供开通控制信号；对全控型器件则既要提供开通控制信号，又要提供关断控制信号。对器件或整个装置的一些保护措施也往往设在驱动电路中，通过驱动电路实现。驱动电路的合理设计对缩短器件开关时间，提高装置的运行效率、可靠性和安全性都有重要的意义。

为了保护控制电路以及防止驱动信号被干扰，在驱动电路中需提供控制电路与主电路之间的电气隔离环节。隔离方法分为采用脉冲变压器的电磁隔离以及采用光耦或光纤的光电隔离，如图 2-14 所示。

MOSFET 的栅、源极间和 IGBT 的栅、射极间有几千皮法的电容，为快速建立驱动电压，要求驱动电路输出电阻小。MOSFET 开通的驱动电压一般在 $10 \sim 15\text{V}$ 之间，而 IGBT 开通的驱动电压一般在 $15 \sim 20\text{V}$ 之间。关断时施加一定幅值的负驱动电压（一般取 $-5 \sim -15\text{V}$）有利于减小关断时间和关断损耗。在栅极串入一只低值电阻（几十欧姆左右）可以减小寄生振荡，该电阻阻值随被驱动器件电流额定值的增大而减小。

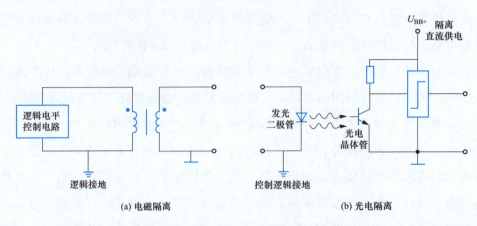

(a) 电磁隔离　　　　　　　　(b) 光电隔离

图 2-14　隔离电路类型

　　IGBT 多采用专用的混合集成驱动器，如三菱公司的 M579 系列（如 M57962L 和 M57959L）和富士公司的 EXB 系列（如 EXB840、EXB841、EXB850 和 EXB851）。驱动电压的上升率和下降率要充分大，正向驱动电压要保证 IGBT 不退出饱和，栅、射极施加负偏压有利于 IGBT 快速关断，一般取 $-10V$。驱动电路与整个控制电路在电位上严格隔离，不同 IGBT 的驱动信号也要相互隔离，一般采用光电隔离。栅极配线走向应与主电流尽可能远，同时驱动电路到 IGBT 模块栅、射极引线尽可能短，多采用双绞线或同轴电缆屏蔽线。

　　M57962L 型 IGBT 驱动器的原理和接线图如图 2-15 所示。

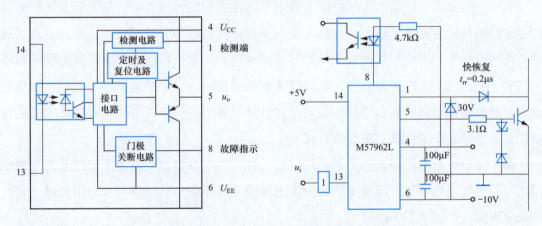

图 2-15　M57962L 型 IGBT 驱动器的原理和接线图

2. 保护电路

（1）过电压保护。器件关断过程中，电流急剧变化，线路电感的存在使得器件产生内部过电压（浪涌电压），可能直接损坏器件，或者此电压尖峰通过结间电容耦合到驱动控制回路，进而引起器件误动作，甚至损坏器件。

器件过电压保护可以通过以下措施：①加装缓冲电路来抑制器件的过电压；②主电路合理布局，器件采用四端子形式，即两个驱动端子、两个主电路端子，以尽量减少杂散电感值；③驱动电路合理布线、连线以减少寄生电容；④为保证 IGBT、MOSFET 的驱动电压稳定可靠，在靠近 IGBT 的 G-E 之间、MOSFET 的 G-S 之间加稳压二极管，以箝位 du/dt 引起的耦合到栅极的电压尖峰；⑤选择适当的栅极驱动电阻，折中考虑开关速度、浪涌电压的影响。

（2）过电流保护。电力电子电路运行不正常或者发生故障时，会发生过电流。过电流分过载和短路两种情况。晶闸管和二极管应用在对开关速度要求不高的场合，可以通过在主电路中加装快速熔断器来实现过电流保护；而对于全控型器件，其开关速度很高，需要在微秒级实现保护，熔断器式的被动式保护不容易实现，此时可以采用主动式保护方案，通过串联小电阻取电压的方式（见图 2-16）或者采用电流传感器（见图 2-17）检测电流，短路可以通过检测饱和压降（见图 2-18），并配合驱动电路来实现过电流保护。

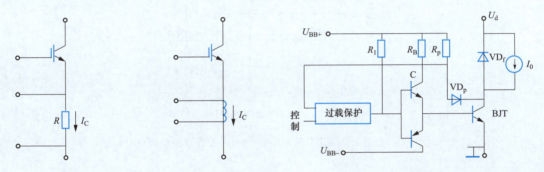

图 2-16　串联小电阻电路　　图 2-17　电流传感器电路　　图 2-18　检测饱和压降电路

1）串联小电阻取电压的方式。当有过电流情况发生时，即检测出电阻上产生的电压信号超过阈值，直接调节器件的触发或者控制电路以关断被保护的器件。该过电流保护直接对通过电阻的电流进行检测，无延迟，输出电路简单，成本低；但检测电路与主电路不隔离（检测电阻 R 串联接至主电路中检测 I_C），且检测电阻上有功耗。

为了减小电阻产生功耗和发热产生的影响，可将带散热器的取样电阻固定在散热器上，以便于测量更大的电流。另外，有些器件将取样电阻直接内置在模块基板上，不仅易于散热，还可节省 PCB 板空间，且检测电流精度高，从而实现了电流测量和对过载电流、短路电流保护的功能，可以应用到中小功率场合。

2）采用电流传感器。对于大功率的器件，过电流保护采用电流传感器与电流检测电路来实现，如图 2-17 所示。但所配电流传感器响应速度要满足器件所需，保护电路动作时间须在微秒内完成，该保护检测电路与主电路隔离，适用于大功率场所。

3）检测饱和压降。当器件被短路时，电流 I_C 迅速增加，通过查器件的技术手册可知，器件的饱和压降 $U_{ce(sat)}$ 随电流 I_C 的增加而增加，因此可以通过检测 U_{ce} 进行短路保护，如图 2-18 所示。图 2-19 为三菱公司 CM300DY-24NF 型 IGBT（300A，1200V）的 $U_{ce(sat)}$ 与 I_C 关系的典型曲线。通过快速二极管 VD_p 检测集电极电位，即检测器件的饱和压降 $U_{ce(sat)}$，当 $U_{ce(sat)}$ 两次大于预先设定的阈值时，则过电流保护电路迅速动作，在微秒数量级，器件通过触发脉冲的改变而关断，实现器件的短路保护。

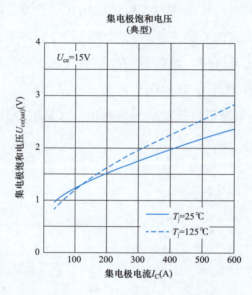

图 2-19 IGBT 的 $U_{ce(sat)}$ 与 I_C 关系的典型曲线

通常集成驱动电路均留有与外围保护电路连接的接口，图 2-15 中 M57962L 型 IGBT 驱动器的第 1 管脚即为短路和过电流保护引脚，当功率器件过电流或短路时，集电极电位升高，内部检测电路检测到这一变化将对 IGBT 实施软关断，并输出过电流故障信号。

2.4.3 缓冲电路与电磁兼容性设计

1. 缓冲电路

载流子存储电荷 Q 在换流时可能在电感上产生很大的过电压，如不吸收可能击穿 PN 结而损坏器件。因此，需要缓冲电路作用（吸收电路）抑制器件的内因过电压和 du/dt、过电流和 di/dt，减小器件的开关损耗。

缓冲电路分为关断缓冲电路（du/dt 抑制电路）、开通缓冲电路（di/dt 抑制电路）和复合缓冲电路。du/dt 抑制电路吸收器件的关断过电压和换相过电压，抑制 du/dt，串联时抑制电压分配不均匀，减小关断损耗，通常缓冲电路专指关断缓冲电路；di/dt 抑制电路抑制器件开通时的电流过冲和 di/dt，减小器件的开通损耗；将关断缓冲电路和开通缓冲电路结合在一起即为复合缓冲电路。

耗能式缓冲电路原理如图 2-20 所示，L_i 和 C_s 分别使开通电流和关断电压缓升，R_i 和 R_s 分别释放 L_i 和 C_s 中的储能。V 开通时，C_s 通过 R_s 向 V 放电，使 i_C 先上一个台阶，后因有 L_i，i_C 上升速度减慢；V 关断时，负载电流通过 VD_s 向 C_s 分流，减轻了 V 的负担，抑制了 du/dt 和过电压。

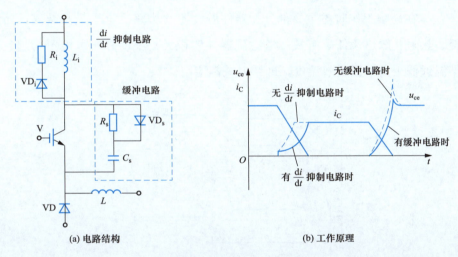

(a) 电路结构　　　　　　　(b) 工作原理

图 2-20　耗能式缓冲电路

缓冲电路需要注意的问题是，VD_s 必须选用快恢复二极管，额定电流不小于主电路器件的 1/10。

尽量减小线路电感，且选用内部电感小的吸收电容；中小容量场合，若线路电感较小，可只在直流侧设一个 du/dt 抑制电路，对 IGBT 甚至可以仅并联一个吸收电容。

2. 电磁兼容性设计

电力电子器件通常工作在复杂的电磁环境中，而且自身由于快速通断形成大脉冲电流也会引起电磁干扰。上述缓冲电路由于减小了电路的 du/dt 和 di/dt，除了可以降低开关损耗，也一定程度起到了减小电磁干扰的作用。

为了保证电力电子器件可靠稳定工作，需要从多个方面考虑电路的电磁兼容性设计。对控制电路而言，要考虑控制电源的抗干扰设计，主要措施是采用滤波器和去耦电容，保证驱动电路的供电品质；合理进行印制电路板（PCB）的线路设计和接地设计，减少其接收外来的射频能量；采用屏蔽设计，确保功率器件周围的静电场能量、交直流磁场能量不侵入控制、驱动电路，同时控制、驱动电路产生的高频磁场能量不扩散出去；对主电路设计，要尽量减小杂散电感，通常采用叠层母线技术，以降低器件开关过程产生的瞬态电压。

2.4.4 散热设计

1. 电力电子器件的损耗

电力电子器件工作时的电压、电流和功率波形如图 2-21 所示，总的损耗 P_T 包括通态损耗 P_{on}、断态损耗 P_{off} 和开关损耗 $P_{sw,on}$、$P_{sw,off}$，可分别由式（2-6）～式（2-9）计算。其中一般 P_{off} 可以忽略不计，通态损耗 P_{on} 在低频工作时占主要部分，开关损耗 $P_{sw,on}$、$P_{sw,off}$ 在高频工作时占主要部分。器件最大耗散功率决定于最高结温，而结温与内部功耗、热阻、散热条件等有关。考虑到器件体积大，温度分布可能不均匀，一般最高允许结温远低于其本征失效温度，即结温减额使用。

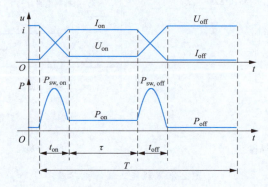

图 2-21　电力电子器件的工作工程中的功率损耗

$$P_{on} = \frac{1}{T} \int^{T} U_{on} I_{on} \mathrm{d}t \tag{2-6}$$

$$P_{sw,on} = \frac{1}{T} \int^{ton} ui \, \mathrm{d}t \tag{2-7}$$

$$P_{sw,off} = \frac{1}{T} \int^{toff} ui \, \mathrm{d}t \tag{2-8}$$

$$P_T = P_{on} + P_{sw,on} + P_{sw,off} \tag{2-9}$$

2. 散热措施

器件工作时的损耗大部分转变成热量，采取散热措施可以避免管芯温度超过允许结温而损坏器件。散热措施包括自然冷却、风冷和水冷。自然冷却是将功率器件安装在散热器上，散热器示意图如图 2-22 所示。利用空气自然对流将散热器热量散到周围空间。风冷是加上散热风扇，以一定的风速加强冷却散热，风扇的噪声大。水冷采用流动冷水冷却板，散热效果更好，但设备复杂。

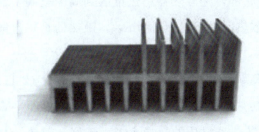

图 2-22　散热器及应用

将功率器件安装在散热器上，利用散热器将热量散到周围空间，必要时再加上散热风扇，以一定的风速加强冷却散热。在某些大型设备的功率器件上还采用流动冷水冷却板，它有更好的散热效果。它的主要热流方向是由管芯传到器件的底部，经散热器将热量散到周围空间。若没有风扇以一定风速冷却，这称为自然冷却或自然对流散热。散热器采用指状或枝状结构，可增加散热面积。强迫风冷是降低散热器热阻的一种有效形式，常用的风冷和自然冷却散热器由铝板或铝型材料制成。使用液体作为散热介质的液冷方式对于降低热阻的效力更高，所用的散热器体积更小，特别适用于特大功率耗散情况。

3. 散热计算

在一定的工作条件下，通过计算耗散功率和热阻来确定合适的散热措施及散热器，以确保器件的管芯温度不高于额定结温 T_{JM}。两点存在温度差时，热能从高温点流向低温点，根据器件内热量的传导过程可得出等效热回路，如图 2-23 所示。热量在传递过程有一定热阻。温差 ΔT 看成电压，器件功耗 P 看成电流，它们之间的比值即为热阻（单位：℃/W），表示为

$$R_{T} = \Delta T/P = (T_{j} - T_{a})/P \tag{2-10}$$

式中：T_{j} 为器件管芯温度；T_{a} 为流动介质温度。

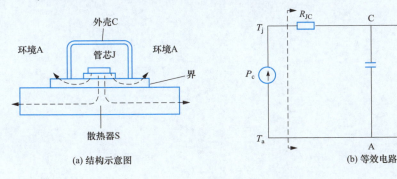

(a) 结构示意图　　　　　　(b) 等效电路

图 2-23　等效热回路

器件的主要热流方向是由管芯传到器件的底部，经散热器将热量散到周围空间。器件管芯到器件底部的热阻为 R_{JC}，器件底部与散热器之间的热阻为 R_{CS}，散热器将热量散到周围空间的热阻为 R_{SA}，总的热阻为

$$R_{JA} = R_{JC} + R_{CS} + R_{SA} \tag{2-11}$$

结-壳热阻固定，管壳与散热器之间的接触热阻取决于器件的封装形式、界面平整度、散热器的安装压力、绝缘垫片和导热脂。散热器材质的热导率越大越好，散热器与空气的接触面积越大越好。散热器热阻为

$$R_{SA} \leqslant R_{JA} - R_{JC} - R_{CS} = (T_{j\_max} - T_a)/P - R_{JC} - R_{CS} \tag{2-12}$$

图 2-24 为常见的铝板散热器的热阻特性。

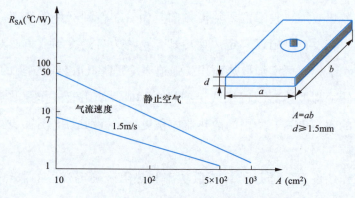

图 2-24　铝板散热器的热阻特性

第 3 章

PWM逆变电路及其在无功补偿与有源滤波中的应用

电力系统中存在大量的感性与非线性负载，从而引起无功与谐波问题。随着电力电子技术迅猛发展，基于 PWM 逆变电路的静止无功补偿装置与有源电力滤波器已成为电力系统无功补偿与谐波抑制的有效手段。本章结合 PWM 逆变电路在无功补偿与有源滤波中的应用，阐述其工作原理及控制策略。

3.1 概　　述

由 PWM 逆变电路构成的静止型动态无功补偿装置称为静止同步补偿器（static synchronous compensator，STATCOM），又称为静止无功发生器（static var generator，SVG）。由于 PWM 逆变器可使无功功率在三相之间循环流动，无须大的电感或电容即可达到无功调节的目的，并且调节范围不依赖于交流侧电压，故其已广泛应用于提高输配电网稳定性、改善电能质量、对冲击性负荷的电压波动和闪变抑制等领域。

应用瞬时无功功率理论，PWM 逆变电路还可用于动态谐波抑制，称为有源电力滤波器（active power filter，APF）。其基本思想是从补偿对象中检测出谐波电流等分量，由补偿装置产生一个与该分量大小相等而极性相反的补偿电流分量来抵消谐波电流分量，从而使流入电网的电流只含基波分量。该装置克服了传统 LC 无源滤波器的缺点，具有动态响应快、补偿功能多样化、可以同时滤除多次谐波及不易引起谐振等优点，是电力系统谐波抑制的理想手段。

3.1.1　无功与谐波的产生及危害

电力系统中的负载以感性为主，吸收感性无功功率；而输电线路中存在分布电容，吸收容性无功功率。此外，电力系统中的非线性设备日益增多，成为无功功率与谐波产生的主要源头，如含铁磁材料的非线性设备、电弧类设备、电力电子装置、电气化铁路等。

电力系统中负荷拖动、电能转换与传输都广泛使用变压器与电机，这些含铁磁材料的设备需借助磁场进行能量转换，因此会吸收无功功率来建立磁场。铁磁非线性设备同时是谐波源，如变压器产生的谐波是由磁化曲线的非线性引起的，与铁芯的饱和程度有关。

电弧炉利用电弧的热效应加热炉料进行熔炼，是炼钢的重要手段，但对于电网电弧炉既为无功源又为谐波源。为得到稳定的电弧，电弧炉需要特制的降压变压和串联大容量电抗器以限制短路电流，因此电弧炉等效为非线性阻感负载，吸收无功；而工作在熔化期时其电弧电阻为非线性，使得电弧变化不规则且具有随机性，因而产生大量谐波，并伴随三相不平衡。

作为新能源、柔性输配电技术、用户定制电力的核心设备，电力电子装置已广泛渗透到电力系统之中。作为一种非线性设备，在高效完成电能变换的同时，会产生不同频率的谐波而污染电网。而半控型器件构成的相控整流电路不仅产生谐波，而且电流波形畸变和相位延迟还会消耗大量无功，如高压直流输电采用的十二脉波整流电路注入到交流侧谐波电流次数为 $12k \pm 1$（k 为整数），同时吸收无功功率为传输有功的 $40\% \sim 60\%$。

电气化铁路中电力机车也是一个庞大的谐波源与无功源，为其电力机车供电的单相桥式半控整流电路含有奇次谐波，其功率因数的大小也直接与触发延迟角度相关。

无功功率对电力系统的安全稳定运行以及电能质量、电气设备的损耗及寿命等均会造成一定影响，无功产生的主要影响有如下三方面。

（1）无功功率增加会导致电流增大，视在功率增加，使发电机、变压器、导线、用户设备容量增大。

（2）无功功率增加也会使得输电线路的线路损耗增加，无功功率对电网电压质量的影响严重。

（3）一般输电线路中电抗远大于电阻，有功功率的波动对电网电压影响较小，而无功功率的波动对电网电压影响很大；冲击性无功功率会使电网电压剧烈波动，严重影响电网的供电质量。

而谐波对电力系统及电气设备等的主要影响有如下五方面。

（1）谐波使电网中的电气设备产生附加损耗，降低了发电、输电及用电设备的效率。

（2）谐波影响各种电气设备，如电机、变压器、电容、电缆等的正常工作。

（3）谐波会引起公用电网发生局部并联谐振和串联谐振，引起严重事故。

（4）谐波会引起继电保护和自动装置的误动作、计量误差。

（5）谐波会对通信产生干扰，使通信系统无法正常工作。

在电力系统中，无功功率与谐波的产生不可避免，而其危害不容忽视，因此需要对无功功率进行补偿、对谐波进行滤除，从而避免其污染电网。

3.1.2 无功补偿措施

早期无功补偿装置有同步调相机（synchronous condenser，SC）和并联电容器。同步调相机是专门用来产生无功功率的同步电动机，在过励磁或欠励磁的情况下，分别能够发出感性或容性无功功率。同步调相机在电力系统无功功率控制中一度发挥着重要作用。然而，由于同步调相机是旋转电动机，其在运行中的损耗和噪声都比较大，运行维护也比较复杂，响应速度慢，因此在很多情况下无法满足快速动态补偿的要求。并联电容器补偿无功功率具有结构简单、经济方便等优点，但其阻抗是固定的，故不能跟踪负荷无功功率需求的变化，即不能实现对无功功率的动态补偿。在系统中有谐波时，电容器还有可能与系统阻抗发生并联谐振，使谐波放大，造成烧毁电容器等事故。

20 世纪 70 年代以来，同步调相机和并联电容器逐渐被静止无功补偿装置所取代。静止无功补偿装置与调相机相比，没有旋转部件，是一种利用电容器和可控类型的电抗器进行无功补偿的装置。早期的静止无功补偿装置是饱和电抗器（saturated reactor，SR）。1967 年，英国 GEC 公司推出了世界上第一批饱和电抗器型静止无功补偿装置。此后，各国厂家纷纷推出各自的产品。与同步调相机相比，饱和电抗器具有静止、响应速度快等优点，但其铁芯需磁化到饱和状态，因而损耗和噪声还是很大，并且其还存在非线性电路的一些特殊问题，又不能分相调节以补偿负荷的不平衡，所以未能占据静止无功补偿装置的主流地位。随着晶闸管技术的成熟及其在电力系统中的逐步应用，使用晶闸管的静止无功补偿装置逐渐占据了静止无功补偿的主导地位。1977 年美国 GE 公司首次在实际电力系统中演示运行了使用晶闸管的静止无功补偿装置。1978 年，在美国电力研究院（EPRI）的支持下，西屋电气公司制造的使用晶闸管的静止无功补偿装置投入实际运行。由于使用晶闸管的静止无功补偿装置具有优良的性能，所以在世界范围内其市场一直在迅速而稳定地增长，成为应用最广泛的无功补偿装置。因此静止无功补偿装置（SVC）这个词往往是专指使用晶闸管控制的静止无功补偿装置。SVC 包括晶闸管控制电抗器（thyristor controlled reactor，TCR）和晶闸管投切电容器（thyristor switching capacitor，TSC），以及这两者的混合装置（TCR＋TSC），或者晶闸管控制电抗器与固定电容器（fixed capacitor，FC）或机械式动作投切的电容器（mechanically switched capacitor，MSC）混合使用的装置，如 TCR＋FC、TCR＋MSC 等。

20 世纪 80 年代以来，随着全控型电力电子器件及 PWM 电路的发展，出现了一种更为先进的静止无功补偿装置，这就是采用自换相变换电路的静止无功补偿装置——静止无功发生器（SVG）。SVG 和 SVC 的主要差别在于：SVC 需要大容量的电抗器、电容器等储能元件，电力电子器件只是用来对这些电容器或电抗器的阻抗进行控制；而 SVG 则可通过逆变电路使无功功率在三相电路之间循环流动，无须大的电抗或电容即可达到调节功率因数的目的；SVG 的直流侧只需要较小容量的电容器来稳定直流电压；SVG 既可发出无功功率也可吸收无功功率；并采用 PWM 控制、多电平及多重化来改进自身的谐波特性。

近年来级联 H 桥多电平结构凭借各逆变器独立，易于模块化扩展，无须多重变压器，谐波含量低，输出相同电平所需开关元件少等优点成为中高压无功补偿领域的主要拓扑，但由于直流侧电容相互独立，实际运行过程中逆变器存在损耗，直流侧电容电压的不平衡影响 SVG 输出电压和电流的谐波含量，级联 H 桥直流侧电压平衡控制是其难点。而基于三电平中点箝位（neutral-point clamped，NPC）结构的 SVG，性能介于两电平与级联多电平的 SVG 之间，适用于中低压配电网。

3.1.3 谐波抑制措施

抑制电网谐波污染一般采取两种方法：一种是主动方式，即应用先进的电力变换技术将电力电子装置自身产生的谐波降低至最低水平；另外一种是被动方式，即装设滤波装置来滤除谐波，适用于对已经投入运行的谐波源的治理。而被动方式又分为无源滤波和有源滤波两种。早期使用的补偿装置是 LC 无源滤波器，其主要思想是根据 LC 的串联谐振原理，为谐波电流提供一个低阻通路，避免其流入电网。无源滤波器同时为电网提供一定的基波无功补偿。无源滤波器可分为单调谐滤波器、双调谐滤波器和高通滤波器。实际应用中常用几组单调谐滤波器和一组高通滤波器组成滤波装置，从而滤除特定次谐波以及高次谐波。在一些工程中还用到双调谐滤波器，它可以同时滤除两个频率的谐波，等同于两个并联的单调谐滤波器。LC 无源滤波器由于其构造简单一直被广泛使用，但其只能补偿固定频率的谐波，而且补偿特性易受电网阻抗和运行状态的影响，容易与系统发生谐振。为解决无源滤波器的局限性，1969 年 B. M. Bird 和 J. F. Marsh 等提出了有源电力滤波的想法，即向交流电网注入三次谐波电流来减少电源电流中的谐波成分，从而改善电源电流波形的新方法。虽然这种方法还不足以使电源波形成为正弦波，但可以认为是有源电力滤波器的诞生。1971 年，日本长岗科技大学 H. Sasaki 和 T. Machida 发表的论文中首次完整地描述了有源电力滤波器的基本原理。1976 年，美国西屋电气公司的 L. Gyugyi 等人提出了用四象限 PWM 变流器构成有源电力滤波器，他们还讨论了有源电力滤波器的实现方法和相应的控制原理，确立了有源电力滤波器的基本概念，并建立了当今有源电力滤波器的基本拓扑结构，这标志着有源电力滤波器基本概念的形成。但在 20 世纪 70 年代，由于受半导体功率器件研制水平的制约，有源电力滤波器的研究没有取得突破，仅限于实验研究。

　　进入 20 世纪 80 年代，有两大因素促进了有源电力滤波器的研究进展。一是大功率可关断器件的研制和应用，如大功率门极可关断晶闸管（GTO）和绝缘栅极双极型晶体管（IGBT）等的逐步应用，使其性价比不断提高，使大功率逆变器生产成为可能；二是 1983 年 H. Akagi（赤木泰文）等人提出了"三相电路瞬时无功功率理论"，为三相系统畸变电流的实时检测提供了理论依据，该理论在有源电力滤波器中得到了成功的应用。随后，H. Akagi 等又研制出 7kVA 的有源电力滤波器，用于补偿 20kVA 的三相整流器在交流侧产生的高次谐波和无功电流，使有源电力滤波器开始进入工业应用阶段。

　　20 世纪 80 年代末至今，有源电力滤波器一直是电力电子技术领域的研究热点之一，为适应不同的补偿对象和实现补偿的多功能化，先后提出了并联型结构、串联型结构和混合型结构等。与传统的无源滤波器相比，有源电力滤波器有如下特点。

　　（1）具有自适应能力，能自动跟踪补偿频率和大小都变化的谐波和无功分量，响应速度快，可控性能较高，补偿效果好。有源电力滤波器采用瞬时谐波检测理论，能快速检测出所要补偿的谐波和无功分量，并通过有效的控制进行补偿，其实时性好，而且在理想的情况下，可以实现完全补偿。

　　（2）补偿特性受电网系统参数的影响不大，不易与电网阻抗发生谐振，且能抑制由于外电路的谐振产生的谐波过电流。相比于无源滤波器在某些条件下可能与系统发生谐振，导致事故，有源电力滤波器从根本上解决了这个问题，这是有源电力滤波器受到重视的原因。

　　（3）补偿功能、补偿方式多样化。有源电力滤波器不仅可以补偿谐波、无功和负序电流，还可以抑制电压闪变，平衡三相电压等，有一机多能的特点，在性价比上较为合理。另外，有源电力滤波器不仅可以对单独的谐波和无功源进行补偿，也可以对多个谐波和无功源进行集中补偿。

　　（4）装置所占的空间小，初期投资较大，电磁干扰较大。有源电力滤波器主电路中采用全控型器件，目前全控型电力电子器件的价格相对于无源滤波器中的电感、电容高，并且随着容量的增大，耐压等级的提高而增加，因此初期投资比较大，但电力电子器件的体积比较小，目前已有模块化的产品，使得有源电力滤波器装置的体积减小，另外通常有源电力滤波器的电力电子开关换相为硬开关，存在着较大的电磁干扰。

　　（5）有源电力滤波器控制快速，不存在过载问题，即当系统中谐波较大时，装置仍可以运行，无须断开。

　　为满足高电压下的谐波补偿，混合有源滤波器（hybrid active power filter，HAPF）近年来得到广泛的关注，其拓扑结构由无源滤波器和有源电力滤波器串联所构成，它结合了无源滤波器和有源电力滤波器的优点，无源滤波器承担了大部分电网基波电压，有源电力滤波器只专注于谐波电流的补偿，从而大幅提升了装置的适用电压等级。有源电力滤波器部分普遍采用的是一个两电平三相电压源型逆变器，但是随着中高压大功率非线性负荷的增加和电力系统电力电子化进程的深入，中高压系统所需要的谐波补偿容量也在快速增长，受到器件容量的限制，采用传统两电平三相逆变器的 HAPF 也难以满足谐波补偿容量的需求。解决这一困境的方案是用级联 H 桥变流器来代替两电平三相逆变器，从而在有限的器件容量下实现有源电力滤波器补偿容量的自由扩展。其中无变压器的 HAPF 克服了成本和体积问题，具有很大的实际应用价值。另外多电平和多重化结构成为有效的解决方案，也大幅提高 APF 功率等级和稳定性。随着电力电子及技术的发展以及用户对电能质量问题的关注，有源电力滤波器有着良好的发展前景和潜在的技术经济效益。

静止无功发生器和有源电力滤波器的拓扑结构均基于 PWM 逆变电路，控制策略则是基于瞬时无功功率理论。本章首先讲述 PWM 逆变电路的工作原理和瞬时无功功率理论，然后分别阐述其应用于 SVG 与 APF 时的控制方法与仿真算例。

3.2 电压型 PWM 逆变电路

脉冲宽度调制（pulse width modulation，PWM）是指对脉冲宽度进行调制的技术，即通过对一系列脉冲宽度进行调制，来等效获得所需的波形。其理论基础是面积相等原理，即大小、波形不相同的窄脉冲变量作用于惯性系统时，只要它们的冲量（即变量对时间的积分）相等，其作用效果基本相同。PWM 可以有效地抑制低次谐波，而且动态响应好，在功率因数、谐波、效率等诸方面都有着明显的优势，已成为电力电子变流器最主要的开关调制技术，并仍在不断完善之中。

在交流系统中，期望逆变器输出的是可以变压变频的正弦电压。为此可以把一个正弦半波分成 N 等份〔见图 3-1（a）〕，把正弦半波看成由 N 个彼此相连的脉冲组成的波形。这些脉冲宽度相等，都等于 π/N；但幅值不等，且脉冲顶部都不是水平直线，各脉冲的幅值按正弦规律变化。如果把上述脉冲序列用同样数量

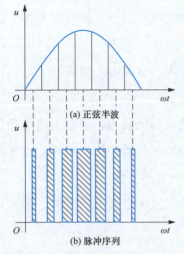

图 3-1 与正弦波等效的等幅矩形脉冲序列

的等幅而不等宽的矩形脉冲序列代替，矩形脉冲和相应正弦部分的面积（冲量）相等，就得到图 3-1（b）所示的脉冲序列，这就是 PWM 波形。可以看出，各脉冲的宽度是按正弦规律变化的。像这种脉冲的宽度按正弦规律变化的 PWM 波形，也称为 SPWM（sinusoidal PWM）波形。

3.2.1 三相桥式电压型 PWM 逆变电路的工作原理

三相桥式逆变电路的主电路及波形如图 3-2 所示。A、B 和 C 三相的 PWM 控制通常共用一个三角波载波 u_c，而三相的调制信号 u_{rA}、u_{rB} 和 u_{rC} 依次相差 120°。A、B 和 C 各相功率开关器件的控制规律相同，现以 A 相为例进行说明。为便于分析，将直流侧电压 U_d 等分，并设其中点为 N′。

当 $u_{rA} > u_c$ 时，给上桥臂 V1 以导通信号，给下桥臂 V4 以关断信号，则 A 相相对于直流电源假象中点 N′ 的输出电压 $u_{AN'} = U_d/2$。当 $u_{rA} < u_c$ 时，给下桥臂 V4 以导通信号，给上桥臂 V1 以关断信号，则 A 相相对于直流电源中点 N′ 的输出电压 $u_{AN'} = -U_d/2$。V1 和 V4 的驱动信号始终是互补的。当给 V1（V4）加导通信号时，可能是 V1（V4）导通，也可能是二极管 VD1（VD4）导通续流，这要由感性负载中原来电流的方向和大小来决定，与单相半桥逆变电路控制时的情况相同。B 相和 C 相的控制方式和 A 相相同。电路的波形如图 3-2（b）所示，$u_{AN'}$、$u_{BN'}$ 和 $u_{CN'}$ 的 PWM 波形都只有 ±$U_d/2$ 两种电平。

图 3-2（b）中线电压 u_{AB} 的波形可由 $u_{AN'} - u_{BN'}$ 得出。可以看出，当桥臂 1 和桥臂 6 导通时，$u_{AB} = U_d$；当桥臂 3 和桥臂 4 导通时，$u_{AB} = -U_d$；当桥臂 1 和桥臂 3 或桥臂 4 和桥臂 6 导通时，$u_{AB} = 0$。因此，逆变器的输出线电压 PWM 波由 ±U_d 和 0 三种电平构成。

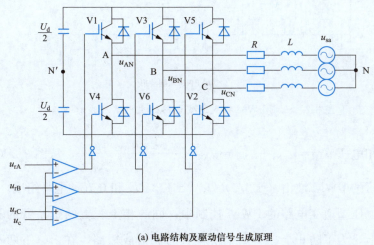

(a) 电路结构及驱动信号生成原理

图 3-2　三相 PWM 桥式逆变电路的主电路及波形（一）

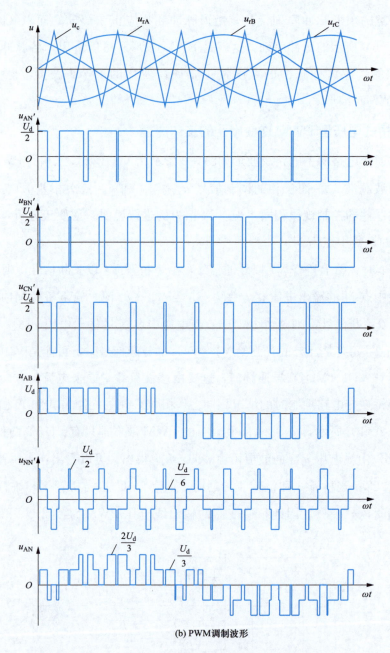

(b) PWM调制波形

图 3-2　三相 PWM 桥式逆变电路的主电路及波形（二）

由于负载相电压 $u_{AN} = u_{AN'} - u_{NN'} = u_{AN'} - \dfrac{u_{AN'} + u_{BN'} + u_{CN'}}{3}$，从图 3-2（b）上可以看出，负载相电压的 PWM 波由 $(\pm 2/3)U_d$、$(\pm 1/3)U_d$ 和 0 五种电平组成。

理论上，电压型逆变电路的 PWM 控制中，同一相上、下两个桥臂的驱动信号是互补的。但实际上，为了防止上、下两个桥臂直通而造成短路，在上、下两臂通断切换时要留一小段上、下臂都施加关断信号的死区时间。死区时间长短主要由功率开关器件的关断时间来决定。这个死区时间将会给输出的 PWM 波形带来一定的影响，使其稍稍偏离正弦波。

3.2.2 PWM 变流器的数学模型

为了更好地分析 PWM 三相桥式电压型逆变器的工作过程，需建立其动态数学模型。首先给出 PWM 逆变器并网示意图，如图 3-3 所示，设滤波电感及变压器的总阻抗为 $R_c + j\omega L_c$。

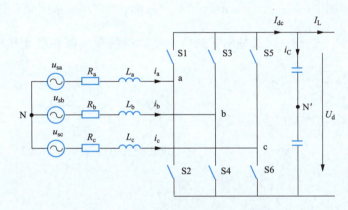

图 3-3 PWM 变流器主电路简化模型

设三相交流系统电压为

$$\begin{bmatrix} u_{sa} \\ u_{sb} \\ u_{sc} \end{bmatrix} = \begin{bmatrix} U_s\cos\omega t \\ U_s\cos(\omega t - 120°) \\ U_s\cos(\omega t + 120°) \end{bmatrix} \tag{3-1}$$

根据 SPWM 调制的原理，PWM 变流器交流侧输出电压的开关函数模型为

$$\begin{cases} u_{an} = (S_a - 0.5)U_d \\ u_{bn} = (S_b - 0.5)U_d \\ u_{cn} = (S_c - 0.5)U_d \end{cases} \tag{3-2}$$

式中：S_x 为第 x（$x=$a、b、c）相的开关函数。

将 S_x 表示成如下的形式：

$$S_x = \begin{cases} 1 & x \text{ 相上桥臂导通} \\ 0 & x \text{ 相下桥臂导通} \end{cases} \tag{3-3}$$

利用平均状态空间法，可得式（3-3）在一个调制周期 T_s 内按照开关函数变换的电压的等效平均值为

$$\begin{cases} \bar{u}_{an} = \lambda M \dfrac{U_d}{2}\cos(\omega t + \delta) = \lambda M_a \dfrac{U_d}{2} \\[2mm] \bar{u}_{bn} = \lambda M \dfrac{U_d}{2}\cos(\omega t - 120° + \delta) = \lambda M_b \dfrac{U_d}{2} \\[2mm] \bar{u}_{cn} = \lambda M \dfrac{U_d}{2}\cos(\omega t + 120° + \delta) = \lambda M_c \dfrac{U_d}{2} \end{cases} \tag{3-4}$$

式中：λ 是与调制方式有关的定值（当采用 SPWM 调制时，$\lambda=1$；当采用 SVPWM 调制时，$\lambda = 2/\sqrt{3}$）；M 为调制比，$M = \dfrac{U_s}{U_{dc}/2}$；$\delta$ 为 VSC 交流侧输出电压与系统交流电压的夹角。

根据式（3-1）、式（3-4）及基尔霍夫电路定律得到变流器在静止坐标系下的数学模型为

$$L_c \frac{d}{dt}\begin{bmatrix} i_a \\ i_b \\ i_c \end{bmatrix} = \begin{bmatrix} U_s\cos\omega t \\ U_s\cos(\omega t - 120°) \\ U_s\cos(\omega t + 120°) \end{bmatrix} - \begin{bmatrix} \lambda M \dfrac{U_{dc}}{2}\cos(\omega t + \delta) \\[2mm] \lambda M \dfrac{U_{dc}}{2}\cos(\omega t - 120° + \delta) \\[2mm] \lambda M \dfrac{U_{dc}}{2}\cos(\omega t + 120° + \delta) \end{bmatrix} - R\begin{bmatrix} i_a \\ i_b \\ i_c \end{bmatrix} \tag{3-5}$$

abc 静止坐标系下 PWM 逆变器数学模型为时变系数的微分方程，解析分析较困难。

为实现功率解耦控制，将其转化为 $\alpha\beta$ 静止坐标系下数学模型、dq 同步旋转坐标系下数学模型。abc 静止坐标系与 $\alpha\beta$ 静止坐标系的关系如图 3-4 所示，三相电压和电流瞬时值通过 C_{32} 变化到 $\alpha\beta$ 静止坐标系上，计算公式为

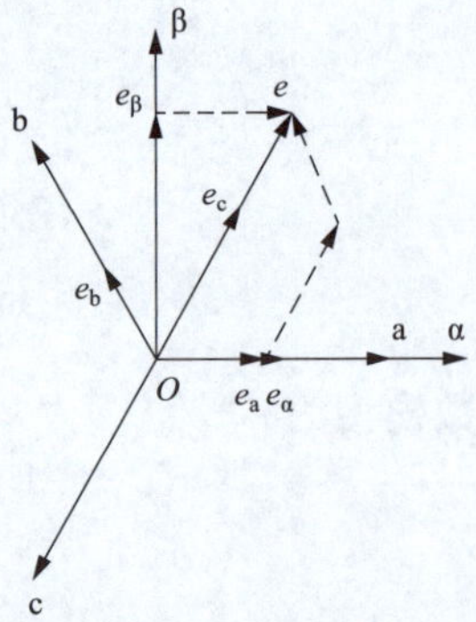

图 3-4　abc 静止坐标系与 $\alpha\beta$ 静止坐标系的关系

$$\begin{bmatrix} u_\alpha \\ u_\beta \end{bmatrix} = C_{32}\begin{bmatrix} u_a \\ u_b \\ u_c \end{bmatrix}$$

$$\begin{bmatrix} i_\alpha \\ i_\beta \end{bmatrix} = C_{32}\begin{bmatrix} i_a \\ i_b \\ i_c \end{bmatrix} \tag{3-6}$$

其中，$C_{32} = \sqrt{\dfrac{2}{3}}\begin{bmatrix} 1 & -\dfrac{1}{2} & -\dfrac{1}{2} \\[2mm] 0 & \dfrac{\sqrt{3}}{2} & -\dfrac{\sqrt{3}}{2} \end{bmatrix}$。

因此，abc 静止坐标系下的 PWM 逆变器数学模型转化到 $\alpha\beta$ 静止坐标系下为

$$L_{\mathrm{c}} \begin{bmatrix} \dfrac{\mathrm{d}i_{\alpha}(t)}{\mathrm{d}t} \\ \dfrac{\mathrm{d}i_{\beta}(t)}{\mathrm{d}t} \end{bmatrix} = \begin{bmatrix} u_{\mathrm{s}\alpha}(t) \\ u_{\mathrm{s}\beta}(t) \end{bmatrix} - \begin{bmatrix} u_{\alpha}(t) \\ u_{\beta}(t) \end{bmatrix} - R \begin{bmatrix} i_{\alpha}(t) \\ i_{\beta}(t) \end{bmatrix} \tag{3-7}$$

式中：i_{α}、i_{β} 分别为 PWM 逆变器交流侧电流矢量的 α、β 轴分量；$u_{\mathrm{s}\alpha}$、$u_{\mathrm{s}\beta}$ 分别为交流电网矢量的 α、β 轴分量；u_{α}、u_{β} 分别为 PWM 逆变器输出电压矢量的 α、β 轴分量。

abc 静止坐标系与 dq 同步旋转坐标系的关系如图 3-5 所示。根据等量坐标变换，Park 变换矩阵 $T_{3\mathrm{s}/2\mathrm{r}}$ 为

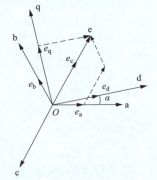

$$T_{3\mathrm{s}/2\mathrm{r}} = \sqrt{\dfrac{2}{3}} \begin{bmatrix} \cos\alpha & \cos(\alpha-120°) & \cos(\alpha+120°) \\ -\sin\alpha & -\sin(\alpha-120°) & -\sin(\alpha+120°) \\ 1/\sqrt{2} & 1/\sqrt{2} & 1/\sqrt{2} \end{bmatrix} \tag{3-8}$$

假设三相交流系统是对称的，无零序分量，将式（3-8）代入式（3-5），abc 静止坐标系下的数学模型转化到 dq 同步旋转坐标系下可得

图 3-5 abc 静止坐标系与 dq 同步旋转坐标系的关系

$$L\dfrac{\mathrm{d}}{\mathrm{d}t}\begin{bmatrix} i_{\mathrm{d}} \\ i_{\mathrm{q}} \end{bmatrix} = \begin{bmatrix} -R & \omega L \\ -\omega L & -R \end{bmatrix} \begin{bmatrix} i_{\mathrm{d}} \\ i_{\mathrm{q}} \end{bmatrix} + \begin{bmatrix} u_{\mathrm{sd}} \\ u_{\mathrm{sq}} \end{bmatrix} - \begin{bmatrix} u_{\mathrm{d}} \\ u_{\mathrm{q}} \end{bmatrix} \tag{3-9}$$

式中：i_{d}、i_{q} 分别为 PWM 逆变器交流电流矢量 I_{dq0} 的 d、q 轴分量；u_{sd}、u_{sq} 分别为交流电网电压矢量 U_{sdq0} 的 d、q 轴分量；$u_{1\mathrm{d}}$、$u_{1\mathrm{q}}$ 分别为 PWM 逆变器输出电压矢量 $U_{1\mathrm{dq0}}$ 的 d、q 轴分量。在 dq 同步旋转坐标系下，上述电压、电流的 d、q 轴分量为直流值，可采用 PI 调节器来控制。

由上述 PWM 变流器模型，可以得到其在同步旋转坐标系下的等效电路，如图 3-6 所示。在该等效模型中，PWM 电路的交流侧等效为可控电压源，直流侧等效为可控电流源，在变流过程中交直流侧的有功功率是相等的。

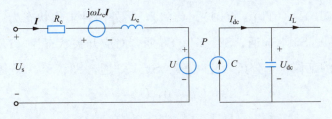

图 3-6 PWM 变流器在同步旋转坐标系下的等效电路

为表述简便，可将 dq 同步旋转坐标系下的变流器交流侧及直流侧模型以矢量的形式表示为

$$
\begin{cases}
L_\mathrm{c}\dfrac{\mathrm{d}\boldsymbol{I}}{\mathrm{d}t} = \boldsymbol{U}_\mathrm{s} - R_\mathrm{c}\boldsymbol{I} - \mathrm{j}\omega_\mathrm{e}L_\mathrm{c}\boldsymbol{I} - \lambda\boldsymbol{M}\dfrac{U_\mathrm{d}}{2} \\[2mm]
p + \mathrm{j}q = -\dfrac{3}{2}\boldsymbol{U}\hat{\boldsymbol{I}} \\[2mm]
C\dfrac{\mathrm{d}U_\mathrm{dc}}{\mathrm{d}t} = I_\mathrm{dc} - I_\mathrm{L} = \lambda\boldsymbol{M}\boldsymbol{I} - I_\mathrm{L} \\[2mm]
P_\mathrm{dc} = U_\mathrm{dc}I_\mathrm{dc} = p - \dfrac{3}{2}I^2 R_\mathrm{c}
\end{cases}
\tag{3-10}
$$

3.3　空间矢量 PWM 调制

基于载波的正弦波脉宽调制（SPWM）和空间矢量脉宽调制（space vector PWM method，SVPWM）是目前最常用的两种脉宽调制方法。SVPWM 使得电机不仅具有转矩脉动小、电流畸变小等特点，而且相对于 SPWM 可以减少器件开关次数，具有更高的直流电压利用率，能够获得较好的谐波抑制效果，在电机控制领域得到了广泛的关注和应用。与 SPWM 的控制原理不同，SVPWM 是以三相对称正弦电压供电时交流电动机定子理想磁链圆为参考标准，通过对三相逆变器不同的开关模型作适当切换，使其所产生的实际磁通去逼近基准圆形磁通，对应逆变器开关模型进行切换的触发信号形成了 PWM 波形。

传统三相 PWM 逆变电路的拓扑如图 3-2（a）所示。对三相桥臂上、下开关管定义一开关函数 S_x（$x=$a、b、c），即

$$
S_x = \begin{cases} 1, & \text{上桥臂导通} \\ 0, & \text{下桥臂导通} \end{cases}
\tag{3-11}
$$

由前述分析可知，三相 PWM 逆变电路在正常工作时对应 6 种工作状态，即 S6、S1、S2 通，S1、S2、S3 通，S2、S3、S4 通，S3、S4、S5 通，S4、S5、S6 通，S5、S6、S1 通，采用（S_a、S_b、S_c）来表示逆变器三相桥臂的开关状态，则可以依次表示为（100）、（110）、（010）、（011）、（001）、（101），另外两种工作状态为三相桥臂上管直通及下管直通，即 S1、S3、S5 通，S2、S4、S6 通，对应开关状态为（111）、（000）。取开关状态为（100）的工作状态分析，此时 S6、S1、S2 通，S3、S4、S5 断，有

$$
\left.\begin{aligned}
&U_\mathrm{ab} = U_\mathrm{d},\ U_\mathrm{bc} = 0,\ U_\mathrm{ac} = U_\mathrm{d} \\
&U_\mathrm{aN} - U_\mathrm{bN} = U_\mathrm{d},\ U_\mathrm{aN} - U_\mathrm{cN} = U_\mathrm{d} \\
&U_\mathrm{aN} + U_\mathrm{bN} + U_\mathrm{cN} = 0
\end{aligned}\right\}
\tag{3-12}
$$

求解得到 $U_{aN}=\dfrac{2}{3}U_d$、$U_{bN}=-\dfrac{1}{3}U_d$、$U_{cN}=-\dfrac{1}{3}U_d$。

分别对开关管另外 7 种工作状态采用相同方式，计算得到相应 U_{aN}、U_{bN}、U_{cN}，见表 3-1。

表 3-1　　　　　　　　　　开关状态与相电压的对应关系

S_a	S_b	S_c	矢量符号	相电压		
				U_{aN}	U_{bN}	U_{cN}
0	0	0	$\boldsymbol{U_0}$	0	0	0
1	0	0	$\boldsymbol{U_4}$	$\dfrac{2}{3}U_d$	$-\dfrac{1}{3}U_d$	$-\dfrac{1}{3}U_d$
1	1	0	$\boldsymbol{U_6}$	$\dfrac{1}{3}U_d$	$\dfrac{1}{3}U_d$	$-\dfrac{2}{3}U_d$
0	1	0	$\boldsymbol{U_2}$	$-\dfrac{1}{3}U_d$	$\dfrac{2}{3}U_d$	$-\dfrac{1}{3}U_d$
0	1	1	$\boldsymbol{U_3}$	$-\dfrac{2}{3}U_d$	$\dfrac{1}{3}U_d$	$\dfrac{1}{3}U_d$
0	0	1	$\boldsymbol{U_1}$	$-\dfrac{1}{3}U_d$	$-\dfrac{1}{3}U_d$	$\dfrac{2}{3}U_d$
1	0	1	$\boldsymbol{U_5}$	$\dfrac{1}{3}U_d$	$-\dfrac{2}{3}U_d$	$\dfrac{1}{3}U_d$
1	1	1	$\boldsymbol{U_7}$	0	0	0

对于 a、b、c 三相的相电压，8 种开关状态下的合成矢量为

$$\begin{cases} \boldsymbol{U_4}=\dfrac{2}{3}\left(\dfrac{2}{3}U_d-\dfrac{1}{3}U_d\mathrm{e}^{\mathrm{j}2\pi/3}-\dfrac{1}{3}U_d\mathrm{e}^{\mathrm{j}4\pi/3}\right)=\dfrac{2}{3}U_d \\[3mm] \boldsymbol{U_6}=\dfrac{2}{3}\left(\dfrac{1}{3}U_d+\dfrac{1}{3}U_d\mathrm{e}^{\mathrm{j}2\pi/3}-\dfrac{2}{3}U_d\mathrm{e}^{\mathrm{j}4\pi/3}\right)=\dfrac{2}{3}U_d\mathrm{e}^{\mathrm{j}\pi/3} \\[3mm] \boldsymbol{U_2}=\dfrac{2}{3}\left(-\dfrac{1}{3}U_d+\dfrac{2}{3}U_d\mathrm{e}^{\mathrm{j}2\pi/3}-\dfrac{1}{3}U_d\mathrm{e}^{\mathrm{j}4\pi/3}\right)=\dfrac{2}{3}U_d\mathrm{e}^{\mathrm{j}2\pi/3} \\[3mm] \boldsymbol{U_3}=\dfrac{2}{3}\left(-\dfrac{2}{3}U_d+\dfrac{1}{3}U_d\mathrm{e}^{\mathrm{j}2\pi/3}+\dfrac{1}{3}U_d\mathrm{e}^{\mathrm{j}4\pi/3}\right)=-\dfrac{2}{3}U_d \\[3mm] \boldsymbol{U_1}=\dfrac{2}{3}\left(-\dfrac{1}{3}U_d-\dfrac{1}{3}U_d\mathrm{e}^{\mathrm{j}2\pi/3}+\dfrac{2}{3}U_d\mathrm{e}^{\mathrm{j}4\pi/3}\right)=\dfrac{2}{3}U_d\mathrm{e}^{\mathrm{j}4\pi/3} \\[3mm] \boldsymbol{U_5}=\dfrac{2}{3}\left(\dfrac{1}{3}U_d-\dfrac{2}{3}U_d\mathrm{e}^{\mathrm{j}2\pi/3}+\dfrac{1}{3}U_d\mathrm{e}^{\mathrm{j}4\pi/3}\right)=\dfrac{2}{3}U_d\mathrm{e}^{\mathrm{j}5\pi/3} \\[3mm] \boldsymbol{U_0}=U_7=0 \end{cases} \tag{3-13}$$

在 $\alpha\beta$ 静止坐标系下绘制上述矢量如图 3-7 所示。

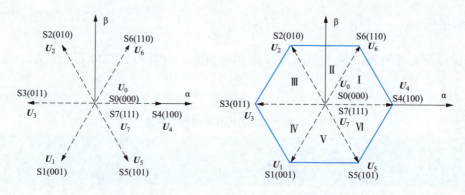

图 3-7 $\alpha\beta$ 静止坐标系下开关状态对应矢量及扇区

零矢量 U_0、U_7 对应坐标原点，非零矢量 U_4、U_6、U_2、U_3、U_1、U_5 幅值相等，均为 $\dfrac{2}{3}U_d$，角度分别相差 $60°$。将 6 个非零矢量顶点连接起来为正六边形，如图 3-7 所示，分别用 Ⅰ～Ⅵ 表示六个扇区。

已知调制的目标是对于给定的输入信号，通过调制策略生成 PWM 信号驱动开关管的导通与关断，使得三相输出电压与参考输入电压相同。以正弦参考信号为例，令三相输出电压的参考值为

$$\begin{cases} U_a(t) = U_m\cos(\theta) \\ U_b(t) = U_m\cos(\theta - 2\pi/3) \\ U_c(t) = U_m\cos(\theta + 2\pi/3) \end{cases} \tag{3-14}$$

$$\theta = \int 2\pi f\, d\tau$$

式中：U_m 为相电压峰值。

由 a、b、c 三相电压合成的电压矢量为

$$U_\delta = U_\alpha + jU_\beta = \frac{2}{3}(u_a + u_b e^{j2\pi/3} + u_c e^{j4\pi/3}) = U_m e^{j\theta} \tag{3-15}$$

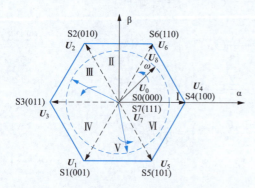

图 3-8 参考电压 U_δ 的顶点经过的路径

三相参考电压的合成矢量 U_δ 的顶点所经过的路径为图 3-8 中的圆。开关状态对应 6 个非零矢量和 2 个零矢量，而参考电压合成矢量所经过的路径为一个圆，利用有限的矢量合成后使得其顶点走过的轨迹与参考矢量 U_δ 相同。

将参考矢量 U_δ 的轨迹圆划分为 n 等分的扇形，在每个扇形中对采样所得的 U_δ 利用矢

量合成，使其顶点在圆上。显然，当采样周期足够短，n 足够大时，将每个小扇区中等效矢量的顶点相连，形成的轨迹即为圆，如图 3-9 所示。

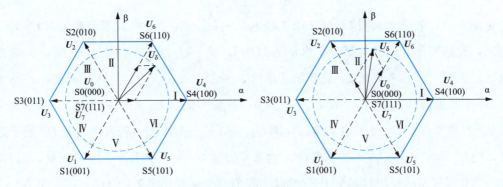

图 3-9　基本矢量合成参考矢量 U_δ 示意图

设某一采样时刻所得 U_δ 在第Ⅰ扇区，即可以用矢量 U_4、U_6 合成，若在第Ⅱ扇区，可用矢量 U_6、U_2 合成，需注意，虽然此时同样可以利用 U_6、U_3 合成，但开关状态从（110）切换至（011）时，a、c 两相桥臂的开关管都需要动作，而开关状态从（110）切换至（010）时，只需要 a 相桥臂开关管动作，考虑到开关管导通与关断时损耗较大，合成矢量时动作的开关管越少越好，因此利用矢量 U_6、U_2 合成第Ⅱ扇区中的参考矢量是比较合适的。对于某一小扇区内的参考矢量 U_δ 而言，通常采用该小扇区的两个边上的矢量合成，即最近矢量法。传统的 αβ 坐标系下需要计算三角函数，由于每个扇区各占 60°，因此在 60°坐标系下，参考矢量的扇区判断和作用时间计算更为简单。

图 3-10 所示 gh 坐标系，即为 60°坐标系。设 OB 长度为 1，则 $OA=\dfrac{1}{\sqrt{3}}$，$OC=\dfrac{2}{\sqrt{3}}$。因此，gh 坐标系与 αβ 坐标系的关系为

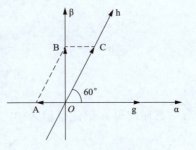

图 3-10　60° gh 坐标系与 αβ 坐标系示意图

$$\begin{bmatrix} U_g \\ U_h \end{bmatrix} = \begin{bmatrix} 1 & -\dfrac{1}{\sqrt{3}} \\ 0 & \dfrac{2}{\sqrt{3}} \end{bmatrix} \begin{bmatrix} U_\alpha \\ U_\beta \end{bmatrix} \tag{3-16}$$

结合等幅值 Clark 变换，得到 gh 坐标系与 abc 坐标系的关系为

$$\begin{bmatrix} U_g \\ U_h \end{bmatrix} = \frac{2}{3} \cdot \begin{bmatrix} 1 & -1 & 0 \\ 0 & 1 & -1 \end{bmatrix} \cdot \begin{bmatrix} U_a \\ U_b \\ U_c \end{bmatrix} \tag{3-17}$$

在前面的计算中，非零矢量的幅值均为 $\frac{2}{3}U_\mathrm{d}$，将它们均除以 $\frac{2}{3}U_\mathrm{d}$ 得到单位坐标的形式。

见图 3-11，若参考矢量 U_δ 处于第 I 扇区，则 $U_\mathrm{h} \geqslant 0$，$U_\mathrm{g} \geqslant 0$；若参考矢量 U_δ 处于第 II 扇区，观察到第 II 扇区与第 III 扇区的界线为 $U_\mathrm{h} = -U_\mathrm{g}$，当 $U_\mathrm{h} + U_\mathrm{g} \geqslant 0$ 时，矢量在第 II 扇区。因此，若参考矢量 U_δ 处于第 II 扇区，则 $U_\mathrm{h} \geqslant 0$，$U_\mathrm{g} + U_\mathrm{h} \geqslant 0$；同理，若参考矢量 U_δ 处于第 III 扇区，则 $U_\mathrm{h} \geqslant 0$，$U_\mathrm{g} + U_\mathrm{h} \leqslant 0$；若参考矢量 U_δ 处于第 IV 扇区，则 $U_\mathrm{h} \leqslant 0$，$U_\mathrm{g} \leqslant 0$；若参考矢量 U_δ 处于第 V 扇区，则 $U_\mathrm{g} \geqslant 0$，$U_\mathrm{g} + U_\mathrm{h} \leqslant 0$；若参考矢量 U_δ 处于第 VI 扇区，则 $U_\mathrm{g} \geqslant 0$，$U_\mathrm{g} + U_\mathrm{h} \geqslant 0$。某些扇区的参考矢量 U_δ 并非仅由 6 个非零矢量（S1~S6）合成，当非零矢量的作用时间小于开关周期 T_s 时，便需要用零矢量（U_0，U_7）补齐。

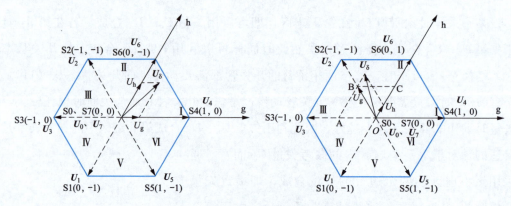

图 3-11　参考矢量 U_δ 扇区判断示意图

方便起见，记任意扇区中的零矢量为 U_0，两个非零矢量依次为 U_1、U_2，则有

$$\begin{cases} U_{1\mathrm{g}} \cdot T_1 + U_{2\mathrm{g}} \cdot T_2 = U_\mathrm{g} \cdot T_\mathrm{s} \\ U_{1\mathrm{h}} \cdot T_1 + U_{2\mathrm{h}} \cdot T_2 = U_\mathrm{h} \cdot T_\mathrm{s} \\ T_0 + T_1 + T_2 = T_\mathrm{s} \end{cases} \tag{3-18}$$

式中：T_0、T_1、T_2 依次为矢量 U_0、U_1、U_2 作用的时间；$U_{1\mathrm{g}}$、$U_{2\mathrm{g}}$ 为矢量 U_1、U_2 在 g 轴的投影；$U_{1\mathrm{h}}$、$U_{2\mathrm{h}}$ 为矢量 U_1、U_2 在 h 轴的投影；U_g、U_h 为参考矢量 U_δ 在 g、h 轴的投影。

以第 I 扇区为例，将 U_0（0，0）、U_1（1，0）、U_2（0，1）代入式（3-18），可得

$$\begin{cases} T_1 = U_\mathrm{g} \cdot T_\mathrm{s} \\ T_2 = U_\mathrm{h} \cdot T_\mathrm{s} \\ T_0 = T_\mathrm{s} - T_1 - T_2 \end{cases} \tag{3-19}$$

若 $T_0 < 0$，则需要对式（3-19）进行过调制处理，得到

$$\begin{cases} T_{\text{sum}} = T_1 + T_2 \\[2mm] T_1 = T_s \cdot \dfrac{T_1}{T_{\text{sum}}} \\[2mm] T_2 = T_s \cdot \dfrac{T_2}{T_{\text{sum}}} \\[2mm] T_0 = T_s - T_1 - T_2 \end{cases} \tag{3-20}$$

为了简化计算，当参考矢量位于扇区Ⅱ～扇区Ⅵ时，可将其转换至第Ⅰ扇区，继而可以用式（3-19）和式（3-20）计算矢量作用时间。

以第Ⅱ扇区为例，设 U_δ 在 gh 坐标系下的坐标为 (U_g, U_h)，将其分解至第Ⅱ扇区，得到 U_g'、U_h' 两个矢量，如图 3-12 所示。利用简单的三角关系，可以将计算出 $U_g' = U_g + U_h$，$U_h' = -U_g$。同理可得其他扇区与第Ⅰ扇区的关系，得到表 3-2。

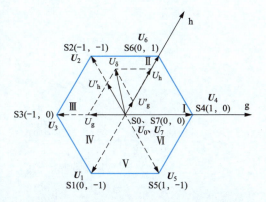

图 3-12 参考矢量 U_δ 位于第Ⅱ扇区时其坐标轴投影分量幅值与Ⅰ扇区的关系

表 3-2　　　　　　　　其他扇区与第Ⅰ扇区的映射关系

扇区	U_g'	U_h'
Ⅱ	$U_g + U_h$	$-U_g$
Ⅲ	U_h	$-U_g - U_h$
Ⅳ	$-U_g$	$-U_h$
Ⅴ	$-U_g - U_h$	U_g
Ⅵ	$-U_h$	$U_g + U_h$

以第Ⅰ扇区为例，为保证调制算法的连续性，将零矢量 U_0 均匀安排在起始阶段与结束阶段。即：在经过时长为 $0.5T_0$ 的 U_0 矢量后，依次安排 T_1 时长的 U_1 矢量（U_g）、T_2 时长的 U_2 矢量（U_h），最后续 $0.5T_0$ 时长的 U_0 矢量，如图 3-13 所示。这种方法的问题在于，从 U_h（110）切换至 U_0（000）有两个桥臂的开关管需要动作。

如图 3-14 所示，可以将 U_g 矢量平均分为两份，从而形成五段式矢量序列，如图 3-15 所示，这种序列可以保证每个状态切换时只有一相桥臂的开关动作。

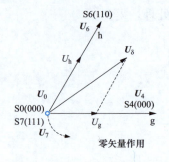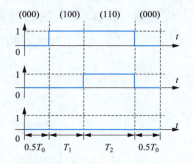

图 3-13　四段式矢量序列

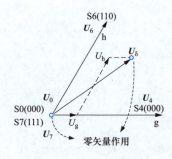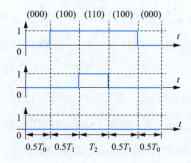

图 3-14　五段式矢量序列

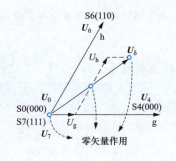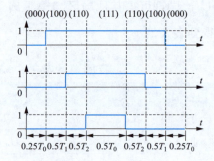

图 3-15　七段式矢量序列

　　在五段式矢量序列中，零矢量被均匀安排在起始和结束阶段。也可以在中间穿插零矢量构成图 3-15 所示的七段式矢量序列。根据矢量序列中矢量的出现顺序，可以将Ⅰ扇区绘制为图 3-16。

　　其含义为：第 1 个出现的矢量为零矢量，第二个出现的矢量为 U_4，第三个出现的矢量为 U_6，然后再根据具体选择的矢量序列决定后续矢量顺序。

　　采用相同的方法，可以绘制出第Ⅱ～Ⅵ扇区的图，如图 3-17 所示。

　　观察到第Ⅱ、Ⅳ、Ⅵ扇区矢量序列是顺时针，而第Ⅰ扇区的矢量是顺时针，因此对于第Ⅱ、Ⅳ、Ⅵ扇区而言，利用前述表达计算出的 U'_g、U'_h，需要交换 T_1、T_2 的值。图 3-17 所对应的矢量序列，可以整理表 3-3 所示内容。

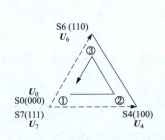
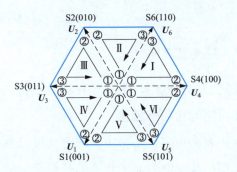

图 3-16　Ⅰ扇区矢量序列动作顺序　　　图 3-17　各扇区矢量序列动作顺序

表 3-3　　　　　　　　　不同扇区下的矢量序列

扇区	五段式序列	七段式序列
Ⅰ	…(000)-(100)-(110)-(110)-(100)-(000)…	…(000)-(100)-(110)-(111)-(110)-(100)-(000)…
Ⅱ	…(000)-(010)-(110)-(110)-(010)-(000)…	…(000)-(010)-(110)-(111)-(110)-(010)-(000)…
Ⅲ	…(000)-(010)-(011)-(011)-(010)-(000)…	…(000)-(010)-(011)-(111)-(011)-(010)-(000)…
Ⅳ	…(000)-(001)-(011)-(011)-(001)-(000)…	…(000)-(001)-(011)-(111)-(011)-(001)-(000)…
Ⅴ	…(000)-(001)-(101)-(101)-(001)-(000)…	…(000)-(001)-(101)-(111)-(101)-(001)-(000)…
Ⅵ	…(000)-(100)-(101)-(101)-(100)-(000)…	…(000)-(100)-(101)-(111)-(101)-(100)-(000)…

3.4　瞬时功率计算与谐波电流检测

3.4.1　瞬时功率的计算

1. 传统功率的概念

传统电力系统的交流电流和电压的有效值、有功功率、无功功率的概念都是建立在工频周期的基础上的。如对于单相交流电路，设其电压和电流分别为

$$\begin{cases} u(t) = \sqrt{2}U\sin\omega t \\ i(t) = \sqrt{2}I\sin(\omega t - \varphi) \end{cases} \tag{3-21}$$

功率的瞬时值为

$$p = u(t)i(t) = UI\cos\varphi(1 - \cos2\omega t) - UI\sin\varphi\sin2\omega t \tag{3-22}$$

有功功率为其平均值，即

$$P = \frac{1}{T}\int_0^T p\,\mathrm{d}t = UI\cos\varphi \tag{3-23}$$

而 $UI\sin\varphi\sin2\omega t$ 为正负波动的二倍频功率，定义该交换功率的幅值为无功功率，即

55

$$Q = UI\sin\varphi \tag{3-24}$$

其中，$T = \dfrac{2\pi}{\omega}$ 为其周期。

对于三相交流电路，定义其有功功率为三个单相电路有功功率之和，无功功率为其三个单相电路无功功率之和。

从上述有功功率、无功功率的定义可以看出，它们只能表征一周期内功率变化的情况。而新型的基于电力电子开关的补偿装置的时间常数在毫秒以至微秒级，如有源电力滤波器的时间常数约为 1ms，远小于电力系统 20ms（对 50Hz 系统而言）的工频周期。对于此类电力电子装置，采用上述功率定义无法正确地描述装置在一小段时间内有功功率和无功功率的意义，因而发展新的能准确描述与功率、电压瞬时值相对应的瞬时有功功率、瞬时无功功率等概念是必要的。

2. 瞬时功率计算

三相电路瞬时无功功率理论于 1983 年由日本赤木泰文首先提出，此后该理论经过不断研究，逐渐完善，在许多方面得到了成功的应用。该理论突破了传统的以平均值为基础的功率定义，系统地定义了瞬时无功功率、瞬时有功功率等瞬时功率量。以该理论为基础，可以得出谐波和无功电流实时检测方法。

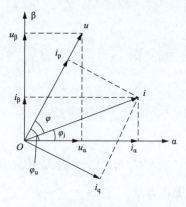

图 3-18　瞬时电流量和瞬时功率量相量图

［定义 1］　三相电路瞬时有功电流 i_p 和瞬时无功电流 i_q 分别为矢量 i 在矢量 u 及其法线上的投影，即 $i_p = i\cos\varphi$，$i_q = i\sin\varphi$，如图 3-18 所示。

［定义 2］　三相电路瞬时有功功率 p 和瞬时无功功率 q 分别为矢量 e 和有功电流 i_p 的乘积、矢量 u 和无功电流 i_q 的乘积，即 $p = ui_p$，$q = ui_q$，如图 3-18 所示。

矢量 u 和 i 投影到 $\alpha\beta$ 坐标系中，则瞬时功率 p、q 的 $\alpha\beta$ 坐标系表达式为

$$\begin{bmatrix} p \\ q \end{bmatrix} = \begin{bmatrix} u_\alpha & u_\beta \\ u_\beta & -u_\alpha \end{bmatrix} \begin{bmatrix} i_\alpha \\ i_\beta \end{bmatrix} = C_{pq} \begin{bmatrix} i_\alpha \\ i_\beta \end{bmatrix} \tag{3-25}$$

其中

$$C_{pq} = \begin{bmatrix} u_\alpha & u_\beta \\ u_\beta & -u_\alpha \end{bmatrix}$$

在 $\alpha\beta$ 坐标系下，消除三相之间的耦合，这是瞬时有功功率与无功功率计算的核心思想。下面从三种坐标系下推导瞬时功率计算公式。

（1）abc 静止坐标系下瞬时功率计算。瞬时有功功率 p 定义为瞬时相电压矢量 $\boldsymbol{U}_{abc}$ 与瞬时相电流矢量 $\boldsymbol{I}_{abc}$ 的标量积，瞬时无功功率 q 定义为瞬时相电压矢量 $\boldsymbol{U}_{abc}$ 与瞬时相电流矢量 $\boldsymbol{I}_{abc}$ 的矢量积的模，即

$$\begin{cases} p = \boldsymbol{U}_{abc} \cdot \boldsymbol{I}_{abc} = u_a i_a + u_b i_b + u_c i_b = |\boldsymbol{U}_{abc}| |\boldsymbol{I}_{abc}| \cos\varphi = |\boldsymbol{U}_{abc}| |\boldsymbol{i}_p| \\ q = |\boldsymbol{U}_{abc} \times \boldsymbol{I}_{abc}| = (u_a^* i_a + u_b^* i_b + u_c^* i_c) = |\boldsymbol{U}_{abc}| |\boldsymbol{I}_{abc}| \sin\varphi = |\boldsymbol{U}_{abc}| |\boldsymbol{i}_q| \end{cases} \tag{3-26}$$

式中，u_a^*、u_b^*、u_c^* 为

$$\begin{bmatrix} u_a^* \\ u_b^* \\ u_c^* \end{bmatrix} = \frac{1}{\sqrt{3}} \begin{pmatrix} u_c - u_b \\ u_a - u_c \\ u_b - u_a \end{pmatrix} = \frac{1}{\sqrt{3}} \begin{pmatrix} u_{cb} \\ u_{ac} \\ u_{ba} \end{pmatrix} \tag{3-27}$$

由于电压矢量 $\boldsymbol{U}_{abc}$ 与电流矢量 $\boldsymbol{I}_{abc}$ 的矢量积依然是矢量，所以三相静止坐标系下的无功功率矢量 $\boldsymbol{Q}$ 可以表示为

$$\boldsymbol{Q} = \begin{pmatrix} q_a \\ q_b \\ q_c \end{pmatrix} = \left(\begin{vmatrix} u_b & u_c \\ i_b & i_c \end{vmatrix} \begin{vmatrix} u_c & u_a \\ i_c & i_a \end{vmatrix} \begin{vmatrix} u_a & u_b \\ i_a & i_b \end{vmatrix} \right)^T \tag{3-28}$$

则瞬时无功功率可以表示为

$$q = |\boldsymbol{Q}| = \sqrt{q_a^2 + q_b^2 + q_c^2} \tag{3-29}$$

另外，瞬时有功功率和无功功率可由定义在复平面上瞬时复功率获得，瞬时复功率为电压矢量和电流共轭矢量的标量积，即

$$\bar{S} = \boldsymbol{U}_{abc} \cdot \boldsymbol{I}_{abc}^* = \text{Re}[\bar{S}] + \text{Im}[\bar{S}] = p + jq \tag{3-30}$$

由此可以看出，在复平面上瞬时复功率的实轴分量为有功分量，虚轴分量为无功分量，且有功分量超前于无功分量 $90°$。

（2）$\alpha\beta$ 静止坐标系下瞬时功率的计算。将三相坐标系中的矢量 $\boldsymbol{U}_{abc}$ 与 $\boldsymbol{I}_{abc}$ 经 $\boldsymbol{C}_{32}$ 变换后，可得到在两相坐标系中电压、电流矢量 $\boldsymbol{U}_{\alpha\beta}$ 与 $\boldsymbol{I}_{\alpha\beta}$ 的表达式为

$$\begin{cases} \boldsymbol{U}_{\alpha\beta} = \boldsymbol{C}_{32} \boldsymbol{U}_{abc} = [u_\alpha \quad u_\beta]^T \\ \boldsymbol{I}_{\alpha\beta} = \boldsymbol{C}_{32} \boldsymbol{I}_{abc} = [i_\alpha \quad i_\beta]^T \end{cases} \tag{3-31}$$

由此可得在 $\alpha\beta$ 坐标系下瞬时有功功率 p、瞬时无功功率 q 的计算式为

$$p = \boldsymbol{U}_{\alpha\beta} \cdot \boldsymbol{I}_{\alpha\beta} = u_\alpha i_\alpha + u_\beta i_\beta$$
$$q = |\boldsymbol{U}_{\alpha\beta} \times \boldsymbol{I}_{\alpha\beta}| = u_\beta i_\alpha - u_\alpha i_\beta \tag{3-32}$$

则计算瞬时功率的矩阵表达式为

$$\begin{bmatrix} p \\ q \end{bmatrix} = \begin{bmatrix} u_\alpha & u_\beta \\ u_\beta & -u_\alpha \end{bmatrix} \begin{bmatrix} i_\alpha \\ i_\beta \end{bmatrix} = \boldsymbol{C}_{pq} \begin{bmatrix} i_\alpha \\ i_\beta \end{bmatrix} \tag{3-33}$$

其中

$$\boldsymbol{C}_{\mathrm{pq}} = \begin{bmatrix} u_{\alpha} & u_{\beta} \\ u_{\beta} & -u_{\alpha} \end{bmatrix}$$

式（3-33）与式（3-25）相同。

（3）dq 同步旋转坐标系下瞬时功率的计算。考虑三相的对称性，三相静止坐标系到两相旋转坐标系的 Park 变换矩阵 $\boldsymbol{T}_{3\mathrm{s}/2\mathrm{r}}$ 为

$$T_{3\mathrm{s}/2\mathrm{r}} = \sqrt{\frac{2}{3}} \begin{bmatrix} \cos\omega t & \cos(\omega t - 120°) & \cos(\omega t + 120°) \\ \sin\omega t & \sin(\omega t - 120°) & \sin(\omega t + 120°) \end{bmatrix} \tag{3-34}$$

可得到在两相旋转坐标系中电压、电流矢量 $\boldsymbol{U}_{\mathrm{dq}}$ 与 $\boldsymbol{I}_{\mathrm{dq}}$ 的表达式

$$\begin{cases} \boldsymbol{U}_{\mathrm{dq}} = T_{3\mathrm{s}/2\mathrm{r}} \boldsymbol{U}_{\mathrm{abc}} = \begin{bmatrix} u_{\mathrm{d}} & u_{\mathrm{q}} \end{bmatrix}^{\mathrm{T}} \\ \boldsymbol{I}_{\mathrm{dq}} = T_{3\mathrm{s}/2\mathrm{r}} \boldsymbol{I}_{\mathrm{abc}} = \begin{bmatrix} i_{\mathrm{d}} & i_{\mathrm{q}} \end{bmatrix}^{\mathrm{T}} \end{cases} \tag{3-35}$$

由此可得在 dq 坐标系下瞬时有功功率 p 和瞬时无功功率 q 的计算式为

$$p = \boldsymbol{U}_{\mathrm{dq}} \cdot \boldsymbol{I}_{\mathrm{dq}} = u_{\mathrm{d}} i_{\mathrm{d}} + u_{\mathrm{q}} i_{\mathrm{q}}$$
$$q = |\boldsymbol{U}_{\mathrm{dq}} \times \boldsymbol{I}_{\mathrm{dq}}| = u_{\mathrm{q}} i_{\mathrm{d}} - u_{\mathrm{d}} i_{\mathrm{q}} \tag{3-36}$$

下面以三相对称的电压和电流为例，求取 $\alpha\beta$ 坐标系下瞬时有功功率与无功功率的表达式。设三相电压、电流分别为

$$u_{\mathrm{a}} = U_{\mathrm{m}} \sin\omega t \quad u_{\mathrm{b}} = U_{\mathrm{m}} \sin(\omega t - 2\pi/3) \quad u_{\mathrm{c}} = U_{\mathrm{m}} \sin(\omega t + 2\pi/3)$$
$$i_{\mathrm{a}} = I_{\mathrm{m}} \sin(\omega t - \varphi) \quad i_{\mathrm{b}} = I_{\mathrm{m}} \sin(\omega t - 2\pi/3 - \varphi) \quad i_{\mathrm{c}} = I_{\mathrm{m}} \sin(\omega t + 2\pi/3 - \varphi)$$
$$\tag{3-37}$$

通过 $\boldsymbol{C}_{32}$ 变换到 $\alpha\beta$ 坐标系中，可得

$$\begin{bmatrix} u_{\alpha} \\ u_{\beta} \end{bmatrix} = \sqrt{3/2}\, U_{\mathrm{m}} \begin{bmatrix} \sin\omega t \\ -\cos\omega t \end{bmatrix} \quad \begin{bmatrix} i_{\alpha} \\ i_{\beta} \end{bmatrix} = \sqrt{3/2}\, I_{\mathrm{m}} \begin{bmatrix} \sin(\omega t - \varphi) \\ -\cos(\omega t - \varphi) \end{bmatrix} \tag{3-38}$$

代入式（3-25），可得

$$\begin{cases} p = \dfrac{3}{2} U_{\mathrm{m}} I_{\mathrm{m}} \cos\varphi = 3UI\cos\varphi \\ q = \dfrac{3}{2} U_{\mathrm{m}} I_{\mathrm{m}} \sin\varphi = 3UI\sin\varphi \end{cases} \tag{3-39}$$

从结果可以看出，式（3-39）与传统的有功功率、无功功率计算公式相同。所以瞬时无功功率理论包容了传统的无功功率理论，比传统理论适用范围更宽。

3.4.2　三相电路谐波和有功、无功电流的实时检测

以瞬时无功功率理论为基础，三相电路谐波和无功电流的检测主要有 p、q 运算方

式和 i_p、i_q 运算方式两种方法。

1. p、q 运算方式

该方法的原理图如图 3-19 所示，图中上标－1 表示矩阵的逆。根据定义计算出 p，经低通滤波器 LPF 得 p、q 的直流分量 $\bar{p}$、$\bar{q}$。电网电压无畸变时，$\bar{p}$ 由基波有功电流与电压作用所产生，$\bar{q}$ 由基波无功电流与电压作用所产生。由 $\bar{p}$、$\bar{q}$ 即可计算出被检测电流 i_a、i_b、i_c 的基波分量 i_{af}、i_{bf}、i_{cf}，将 i_{af}、i_{bf}、i_{cf} 与 i_a、i_b、i_c 相减，即可得出 i_a、i_b、i_c 的谐波分量 i_{ah}、i_{bh}、i_{ch}，表示为

$$\begin{bmatrix} i_{af} \\ i_{bf} \\ i_{cf} \end{bmatrix} = C_{23} C_{pq}^{-1} \begin{bmatrix} \bar{p} \\ \bar{q} \end{bmatrix} \tag{3-40}$$

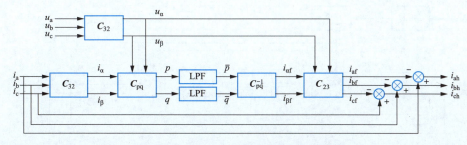

图 3-19　p、q 运算方式的原理图

当有源电力滤波器同时用于补偿谐波和无功功率时，就需要同时检测出被补偿对象中的谐波和无功电流。这种情况下，只需要断开计算 q 的通道即可。这时，由 $\bar{p}$ 即可计算被检测电流 i_a、i_b、i_c 的基波有功分量 i_{apf}、i_{bpf}、i_{cpf}，表示为

$$\begin{bmatrix} i_{apf} \\ i_{bpf} \\ i_{cpf} \end{bmatrix} = C_{23} C_{pq}^{-1} \begin{bmatrix} \bar{p} \\ 0 \end{bmatrix} \tag{3-41}$$

将 i_{apf}、i_{bpf}、i_{cpf} 与 i_a、i_b、i_c 相减，即可得出 i_a、i_b、i_c 的谐波分量和基波无功分量之和 i_{ad}、i_{bd}、i_{cd}。下标中的 d 表示由检测电路得出的检测结果。

由于采用了低通滤波器 LPF 求取 $\bar{p}$、$\bar{q}$，故当被检测电流发生变化时，需经一定延迟时间才能得到准确的 $\bar{p}$、$\bar{q}$，从而使检测结果有一定延时。当仅检测无功电流时，只需计算图 3-19 的 q 通道，并将其反变换即可，且无须滤波器，无延时。由式（3-42）即可计算被检测电流 i_a、i_b、i_c 的无功分量 i_{aq}、i_{bq}、i_{cq}。

$$\begin{bmatrix} i_{aq} \\ i_{bq} \\ i_{cq} \end{bmatrix} = C_{23} C_{pq}^{-1} \begin{bmatrix} 0 \\ q \end{bmatrix} \tag{3-42}$$

2. i_p、i_q 运算方式

该方式主要应用于电压无畸变（仅含基波正序分量），而电流不仅存在负序分量且存在谐波分量的场合。i_p、i_q 运算思想是三相交流电流通过 Park 变换得到 i_p、i_q，满足 $i_a+i_b+i_c=0$ 的三相正序电流，经过不含零序分量的 Park 变换，再通过低通滤波器，其直流分量即为基波正序电流，即通过瞬时无功功率理论较快地将基波正序电流分离出来，从而也检测出了交流分量，即为三相电流的谐波分量与负序分量。该方法需用到与 a 相电网电压同相位的正弦信号 $\sin\omega t$ 和对应的余弦信号 $-\cos\omega t$，它们由一个锁相环 PLL 和一个正、余弦信号发生电路得到。该方法的原理如图 3-20 所示。

$$C = \begin{bmatrix} \sin\omega t & -\cos\omega t \\ -\cos\omega t & -\sin\omega t \end{bmatrix} \tag{3-43}$$

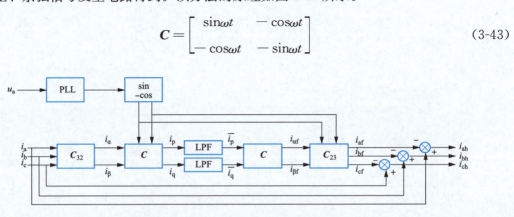

图 3-20　i_p、i_q 运算方式的原理图

根据坐标变化理论，三相 abc 坐标下交流量 i_a、i_b、i_c 通过 C_{32} 变换，并通过锁相环计算出 i_p、i_q，经 LPF 滤波得出 i_p、i_q 的直流分量 $\bar{i}_p$、$\bar{i}_q$，由该直流分量反变换，即可计算出 i_{af}、i_{bf}、i_{cf}，进而计算出 i_{ah}、i_{bh}、i_{ch}。与 p、q 运算方式相似，当要检测谐波和无功电流之和时，只需断开图 3-20 中计算 i_q 的通道即可。而如果只需检测无功电流，则只要对 i_q 进行反变换即可。

通过比较分析，p、q 运算方式需要 10 个乘法器和 2 个除法器，i_p、i_q 运算方式只需要 8 个乘法器，运算比较简单。另外，在电网电压波形有畸变时，i_p、i_q 运算方式比 p、q 运算方式计算的结果准确，所以，在实际应用中，i_p、i_q 运算方式应用较多。

目前，有学者已经提出采用 d-q 检测法，其思想为对称分量法中不对称的任意次谐波都可以分解为相应次数的正序、负序和零序分量，因此任意三相畸变的不对称电流经过 Park 变换都可以表示成各次谐波序分量的 Park 变换之和的形式，其中 Park 变换将第 n 次正序分量变换成 dq 坐标系中第 $n-1$ 次分量；将第 n 次负序分量变换成 dq 坐标系中第 $n+1$ 次分量；只有基波正序分量在 dq 坐标系中为直流量，用 LPF 即可将其分离，再通过 Park 反变换即可获得基波正序有功分量和无功分量，与负载电流相减可得负荷电流

中的谐波分量。从以上分析可知，d-q 检测法实际上与 i_p、i_q 运算方式一样。

3.5　静止无功发生器

3.5.1　主电路拓扑

静止无功发生器（SVG）主电路典型拓扑之一为三相电压型桥式逆变电路，如图 3-21 所示，直流侧为恒压源，即直流侧并联储能元件电容器，在逆变器工作过程中，直流侧电压基本不变；每个桥臂一般由全控型器件（GTO、IGBT、IGCT 等，如图所示为 IGBT）与二极管反并联成逆导型器件，二极管提供无功缓冲的通路。一般 SVG 需再串联上连接电抗器才能并入电网，既可滤除高次谐波，也是功率传输的纽带。

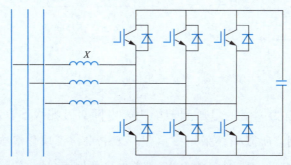

图 3-21　SVG 的电路基本结构

目前电压型逆变电路采用的主电路基本单元结构为单相桥、三相桥和三单相桥电路，如图 3-22 所示。

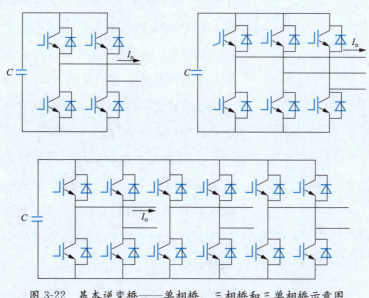

图 3-22　基本逆变桥——单相桥、三相桥和三单相桥示意图

在低压场合下，SVG 通常采用上述逆变拓扑结构。而针对三相四线制配电网，负载不平衡引起电网电压不平衡的场合，应采用中性点箝位（neutral point clamped，NPC）的三电平结构（见图 3-23），实现无功补偿。

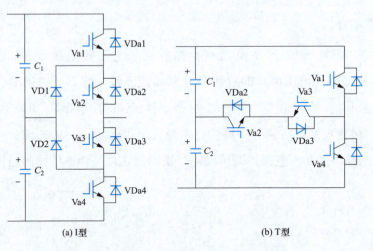

(a) I型　　　　　(b) T型

图 3-23　中性点箝位的三电平结构

为了加强中高压电力网络的电压调节能力，电网对百兆级 SVG 的需求增大。由于 IGBT 单管容量的限制，所以拓扑采用多重化、多电平、模块化等方式来增大装置的容量、提高装置的耐压水平。特别在减少电网谐波与补偿无功功率方面，SVG 比传统的 SVC 拥有更加良好的应用前景。

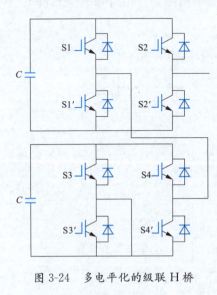

图 3-24　多电平化的级联 H 桥拓扑结构

图 3-24 中多电平化的级联 H 桥拓扑结构，以一个 H 桥变流器为一个基本单元，将多个基本单元串联，则总的输出电压为各个基本单元输出电压的叠加。级联 H 桥 SVG 具有器件少、模块化、易于安装与扩展等优点。模块化的 SVG 在下一代中高压电力电子变流器拓扑结构中有很强发展潜力，已成为中高压输电网 SVG 的发展趋势。

SVG 的基本原理是将自换相桥式电路通过电抗器并联在电网上，适当地调节桥式电路交流侧输出电压的相位和幅值，或者直接控制其交流侧电流，使该电路吸收或者发出满足要求的无功电流，实现动态无功补偿。

SVG 正常工作时是通过电力半导体开关的通断将直流侧电压转换成与交流侧电网同

频率的输出电压。此时，SVG 类似于电压型逆变器，只不过其交流侧输出接的不是无源负载，而是电网。其工作原理示意图如图 3-25 所示。逆变器通常为 GTO 逆变器，由多个逆变器单元串联或并联而成，其主要功能是将直流电压转变为交流电压；连接变压器的漏抗可以用于限制电流，防止逆变器故障或系统故障时产生过大的电流。

因此，当仅考虑基波频率时，SVG 可以等效地视为幅值和相位均可以控制的一个与电网同频率的交流电压源，通过交流电抗器连接到电网上。所以，SVG 的工作原理就可以用如图 3-25（a）所示的单相等效电路图来说明。以 A 相为例，设电网电压和 SVG 输出的交流电压分别用相量 $\dot{U}_a$ 和 $\dot{U}_I$ 表示，则连接电抗 X 上的电压 $\dot{U}_L$ 即为 $\dot{U}_a$ 和 $\dot{U}_I$ 的相量差，而连接电抗的电流是可以由其电压来控制的。这个电流就是 SVG 从电网吸收的电流 $\dot{I}$。因此，改变 SVG 交流侧输出电压的 $\dot{U}_I$ 幅值及其相对于 $\dot{U}_a$ 的相位，就可以改变连接电抗上的电压，从而控制 SVG 从电网吸收电流的相位和幅值，也就控制了 SVG 吸收无功功率的性质和大小。

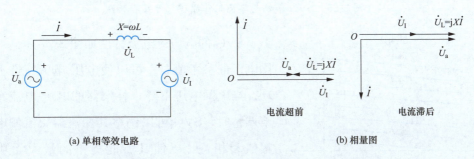

(a) 单相等效电路   (b) 相量图

图 3-25 SVG 等效电路及工作相量图（不考虑损耗）

在图 3-25（a）的等效电路中，将连接电抗器视为纯电感，忽略其损耗以及变流器的损耗。在这种情况下，只需使 $\dot{U}_I$ 和 $\dot{U}_a$ 同相，仅改变 $\dot{U}_I$ 的幅值大小即可以控制 SVG 从电网吸收的电流 I 是超前还是滞后 90°，并且能控制该电流的大小。如图 3-25（b）所示，当 $\dot{U}_I$ 大于 $\dot{U}_a$ 时，电流超前电压 90°，SVG 吸收容性的无功功率；当 $\dot{U}_I$ 小于 $\dot{U}_a$ 时，电流滞后电压 90°，SVG 吸收感性的无功功率。

当考虑连接电抗器的损耗和变流器本身的损耗（如管压降、线路电阻等）时，把总的损耗集中作为连接电抗器的电阻考虑，则 SVG 的实际等效电路如图 3-26（a）所示，其电流超前和滞后工作的相量图如图 3-26（b）所示。在这种情况下，由于考虑了有功功率损耗，电网电压 $\dot{U}_a$ 与电流 $\dot{I}$ 的相差则不再是 90°，而是比 90°小了 δ 角，因此电网提供了有功功率来补充电路中的损耗，也就是说相对于电网电压来讲，电流 $\dot{I}$ 中有一定量的有功分量。这个 δ 角也就是变流器电压 $\dot{U}_I$ 与电网电压 $\dot{U}_a$ 的相位差。改变这个相位差，也就改了装置从交流系统吸收的有功、无功功率，这一有功功率在直流电容器上可积累电荷，改变电压，改变逆变器的电压，则产生的电流 I 的相位和大小也就随之改变，SVG 从电网吸收的无功功率也就因此得到调节。若以逆变器输出电压滞后于系统电压一个角度为正，则当 $\delta>0$ 时，SVG 发出无功功率，起着电容器的作用；当 $\delta<0$ 时 SVG 吸收无功功率，起着电抗器的作用；当 $\delta=0$ 时，SVG 与系统之间没有无功交换。

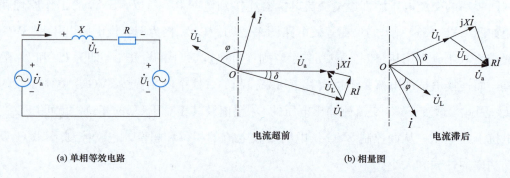

(a) 单相等效电路　　　　(b) 相量图

图 3-26　SVG 等效电路及工作原理（计及损耗）

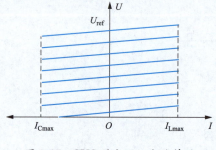

图 3-27　SVG 的电压—电流特性

SVG 的电压—电流特性如图 3-27 示。改变电网电压的参考值 U_{ref} 可以使电压-电流特性上下移动。当电网电压下降，补偿器的电压-电流特性向下调整时，SVG 可以调整其变流器交流侧电压的幅值和相位，以使其所能提供的最大无功电流 I_{Lmax} 和 I_{Cmax} 维持不变，仅受其电力半导体器件的电流容量限制。而对传统的 SVC，其所能提供的最大电流分别受其并联电抗器和并联电容器的阻抗特性限制，因而随着电压的降低而减小。因此 SVG 的运行范围比传统 SVC 大，SVC 的运行范围呈向下收缩的三角形区域，而 SVG 的运行范围是上下等宽的近似矩形的区域。

根据 SVG 的应用场合不同，其控制目标也不同。在输电系统中，以 SVG 为关键的 FACT 技术，在增加系统阻尼、抑制电网低频振荡、提高电力系统暂态稳定性等方面具有重要作用，可以显著提高大型输电系统的安全水平。在中压配电网中，SVG 能够突破传统 SVC 对无功补偿的限制，调节速度快，输出的无功电流几乎可以瞬时达到额定值，提供动态的无功功率支撑，可以做到感性容性无功功率的连续调节，实时准确地补偿配电系统的无功电流，而且其无功电流输出可在很大电压变化范围内恒定，在电压低时仍能提供较强的无功功率支撑，保持三相系统的平衡。

当 SVG 应用于风力发电系统时，可以提供风力发电机励磁所需的无功功率，风力发电系统与电网之间只发生有功功率的传输，有利于电网电压的稳定，也提高了风力发电系统的可靠性；当电网出现电压跌落故障时，SVG 向电力系统提供无功功率，支撑电网电压，避免风力发电机从电网上解列，满足风力发电系统低电压穿越的要求。

3.5.2　控制方法

SVG 的控制方法是 SVG 及其相关技术的重点研究课题之一。对 SVG 装置的控制系统要求如下：控制速度快，一般要求控制系统本身的反应时间在 1ms 以下；控制精度高，通常要求 SVG 装置的驱动脉冲误差小于 0.1°电角度；多功能、多目标控制，如调节无功功率、稳定电压、改善系统的动态特性、阻尼系统振荡、提高系统暂态水平等。

SVG 控制策略的选择应根据其要实现的功能和应用的场合，以决定采用开环控制、闭环控制或者两者相结合的控制策略。在 SVG 控制中，外闭环调节器输出的控制信号被视为其产生的无功电流、电压或无功功率的参考值，并且根据参考值调节 SVG 产生所需的无功电流或无功功率。这一点与 SVC 所采用的触发角移相控制原理是完全不同的，正是在如何由无功电流（或无功功率）参考值调节 SVG 真正产生所需的无功电流（或无功功率）这个环节上，形成了 SVG 多种多样的具体控制方法（直接电流控制与间接电流控制）。SVG 外闭环反馈控制量和调节器的选取由其要实现的功能决定。

开环控制策略相对较简单，多用于负载补偿，例如通过检测负载无功功率来控制 SVG 产生相等的无功功率，从而使电源供给的无功为零，已达到功率因数校正或者改善电压的目的。

闭环控制策略较为复杂，例如要实现电压调整的功能，参考电压值由控制目标决定，系统电压作为外环反馈量，并设置电压调节器，调节器一般为 P（比例）或 PI（比例积分）调节器，如图 3-28 所示。为了改善控制性能，在此基础上再引入补偿电流的电流内环反馈控制。

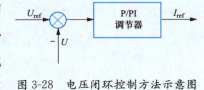

图 3-28　电压闭环控制方法示意图

外环调节器输出的信号被视为补偿器应产生的无功电流（或无功功率）的参考值，如何应用无功电流（或无功功率）参考值，调节 SVG 产生系统真正需要的无功电流，分为直接电流控制和间接电流控制。间接电流控制 δ 角控制框图如图 3-29 所示。

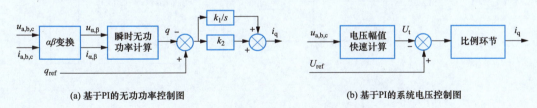

(a) 基于PI的无功功率控制图　　　　　　　　　　(b) 基于PI的系统电压控制图

图 3-29　间接电流控制 δ 角控制框图

根据 SVG 的工作原理，将 SVG 当做交流电压源看待，通过对 SVG 变流器所产生的交流电压基波的相位与幅值的控制，来间接控制 SVG 的交流侧电流。间接电流控制中，通过 SPWM 控制，将调制波信号设置为超前或滞后交流电压基波 δ 角的正弦波，通过调节 δ 角的大小，从而改变 SVG 吸收无功电流的大小与性质。该方法已应用到输电系统中大容量 SVG 进行系统电压、无功功率的调节。

以 SVG 实现改善电压调整的功能为例。锁相环给定三相静止 abc 坐标系下到两相旋转 dq 坐标系下坐标变化的频率与相角，外环电容电压环为有功保持不变，电网电压环是无功功率给定，以保持电网电压不变，内环电流环采用间接电流控制—PWM 跟踪电流控制。若 SVG 直流侧与交流侧之间无能量交换，则直流侧 U_c 调节至给定值，从而使 U_c 保持恒定。因此从原理上讲，当仅用于补偿无功功率时，SVG 直流侧不需储能元件。此时电容只需很小的电容量，用于保证电力半导体器件的正常工作即可。

若希望 U_c 上升，只需 $p_A > 0$ 即可（$p_A = e\Delta i_p$）。此时 SVG 从电源得到能量，持续向其直流侧传递，使 U_c 上升。从原理上讲，只要 $p_A > 0$，U_c 就上升，可以达到任意值，这一点可以由电路中的交流侧电感的储能作用和对电力半导体器件通断的控制来保证。但在实际电路中，器件的耐压是有限的，这就限制了 U_c 的允许值，不可能使其无限上升。反之，若 $p_A < 0$，例如电路中有损耗，或 SVG 向外传递能量等，直流侧电容上能量将减少，使得 U_c 值下降。

U_c 变化的幅度除了和能量传递的多少有关以外，还和电容量有关。换言之，若已确定 SVG 的补偿目的（即确定了 p_A 的变化范围）和允许的 U_c 波动范围，即可确定电容器的电容量。这正是确定 SVG 直流侧电容量的基本思想。

图 3-30 中 u_{abc}、i_{abc} 分别为从电网测得的三相电压、三相电流，U_{dc}^*、U_{dc} 分别为直流

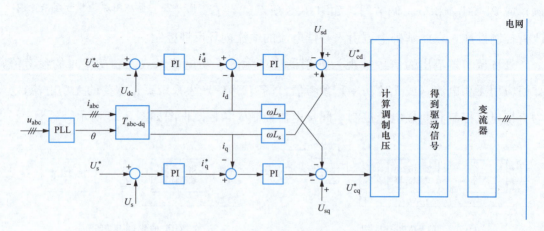

图 3-30　SVG 控制框图

侧电压参考值及实际值，U_s^*、U_s 分别为交流侧输出电压参考值及有效值，U_{sd}、U_{sq} 分别为 u_{abc} 经过 Park 变换得到的 d 轴、q 轴电压分量。根据 SVG 控制框图，（包含锁相环、坐标变换、直流侧电压控制、网侧电压控制环，dq 坐标系下电流控制环）得到调制电压，再与三角载波进行比较得到 IGBT 的驱动信号，进而控制变流器交流侧输出电压。

3.6 有源电力滤波器

3.6.1 有源电力滤波器的分类

用户所使用的电源是直流电源和交流电源，所以有源电力滤波器按供电的类型可分为交流有源电力滤波器和直流有源电力滤波器；根据有源电力滤波器接入电网的方式，有源电力滤波器主要分为三大类，即并联型、串联型和串-并联型。目前，有源电力滤波器的研究主要集中在交流有源电力滤波器上，直流有源电力滤波器的研究也在逐步开展，典型的研究之一是在高压直流输电系统中的应用。图 3-31 给出了有源电力滤波器的基本分类。

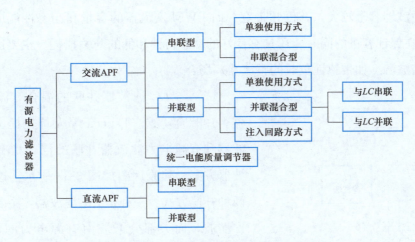

图 3-31 有源电力滤波器的基本分类

下面对比较常用的交流有源电力滤波器分别介绍如下。

1. 并联型有源电力滤波器

（1）单独使用的并联型有源电力滤波器。1986 年，H. Akagi 提出用并联型有源电力滤波器消除谐波的方法，其原理图如图 3-32 所示。有源电力滤波器的主电路与负载并联接入电网，故称为并联型。又由于其补偿电流基本上由有源电力滤波器提供，故称为单独使用的方式。这是有源电力滤波器中最基本的形式，也是目前应用最多的一种。在这种方式中，有源电力滤波器相当于谐波电流发生器，其电流值为所要补偿的电流值。该图和后面介绍的原理图均以单线图画出，它们均可用于单相或三相系统。

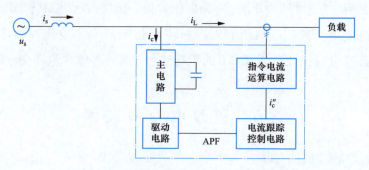

图 3-32 并联型有源电力滤波器系统构成原理图

　　这种方式的优点是：通过不同的控制作用，可以对谐波、无功、不对称分量等进行补偿，因此补偿功能较多，且连接方便；对于电流源性质的谐波源，补偿特性不受电源阻抗的影响。

　　这种方式的缺点是：电源电压直接加在逆变桥上，对主电路中开关器件的电压等级要求较高。有源电力滤波器全部承担负载的谐波补偿，当负载电流谐波含量高时，要求有源电力滤波器容量较大，补偿频带宽。而 PWM 变流器的容量和动态性能成反比，很难使 APF 在保证容量的同时，还具有良好的动态特性和低的开关损耗。主要适用于电流源性质的谐波源（如带感性负载的整流器）场合。

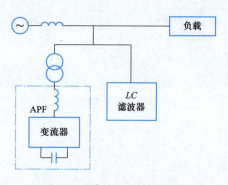

图 3-33 有源电力滤波器与 LC 滤波器并联方式

　　(2) 与 LC 滤波器并联的混合有源电力滤波器。1987 年，M. Takeda 等人首先提出用 LC 滤波器和有源电力滤波器并联的混合型有源电力滤波器方案。其原理图如图 3-33 所示。这种方案有两种补偿方式：一种是 LC 滤波器，主要补偿较高次谐波，而大部分谐波由有源电力滤波器补偿，这对减低有源电力滤波器的容量起不到明显的作用，但因对有源电力滤波器主电路中器件的开关频率要求不高，实现大容量相对容易些；另一种方式是 LC 滤波器分担大部分谐波补偿的任务，而有源电力滤波器是为了改善整个系统的性能，那么所需容量与单独使用方式相比可大幅度降低，在这两种方式中，有源电力滤波器都相当于受控电流源。

　　与 LC 滤波器混合使用的有源电力滤波器的基本思想是利用 LC 滤波器来分担有源电力滤波器的部分补偿任务，这主要是为了减小有源电力滤波器的补偿容量。而且 LC 滤波器的成本低，结构简单，可降低整个装置的造价。

这种方案的缺点是：电网与有源电力滤波器及有源电力滤波器与 LC 滤波器之间存在谐波通道，特别是有源电力滤波器和 LC 滤波器之间的谐波通道，可能使有源电力滤波器注入的谐波又流入 LC 滤波器中。

（3）与 LC 滤波器串联的混合有源电力滤波器。1990 年，H. Fujit 等人提出将有源电力滤波器与 LC 滤波器相串联后与电网并联的混合型方案，其原理图如图 3-34 所示，其中有源电力滤波器相当于一个电流控制电压源，LC 滤波器分别选用 5、7 次低通以及高通滤波器。该方式中，谐波和无功功率主要由 LC 滤波器补偿，而有源电力滤波器的作用是改善无源滤波器的滤波特性，克服无源滤波器易受电网阻抗的影响，易与电网发生谐振等缺点。

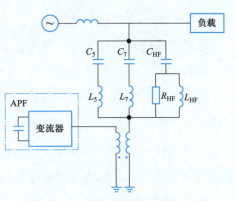

图 3-34　并联型有源电力滤波器与
LC 滤波器串联方式

这种方案的优点是：有源电力滤波器不承受交流电源的基波电压，因此装置容量小；有源电力滤波器与 LC 滤波器通过变压器连接，电压隔离和保护比较方便。有源电力滤波器发生故障不会危及电网。

这种方案的缺点是对电网中的谐波电压非常敏感，所适用的场合为高压电力系统。

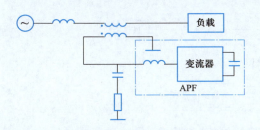

图 3-35　单独使用的串联型有源电力滤波器图

2. 串联型有源电力滤波器

（1）单独使用的串联型有源电力滤波器。图 3-35 是单独使用的串联型有源电力滤波器的原理图。在这种方式中，有源电力滤波器作为电压源串联在电源和谐波源之间。相比于并联型有源电力滤波器，串联型有源电力滤波器主要用于补偿可看作电压源的谐波源。这种谐波源的一个典型例子是电容滤波型整流电路，这种整流电路从交流侧可被看作电压源。针对这种谐波源，串联型有源电力滤波器输出补偿电压，抵消由负载产生的谐波电压，使供电点电压波形成为正弦波。因此串联型与并联型可以看作对偶的关系。对于电压源性质的谐波源，补偿特性不受电源阻抗的影响。

（2）与 LC 滤波器并联的混合有源电力滤波器。1988 年，F. Z. Peng 等人首先提出了串联有源电力滤波器加并联 LC 滤波器的结构，其结构图如图 3-36 所示。这种方式中，有源电力滤波器对谐波呈现高阻抗，而对工频分量呈现低阻抗，因此有源电力滤波器相当于电源和负载之间的一个谐波隔离装置，电网的谐波电压不会加到负载和 LC 滤波器上，而负载的谐波电流也不会流入电网。

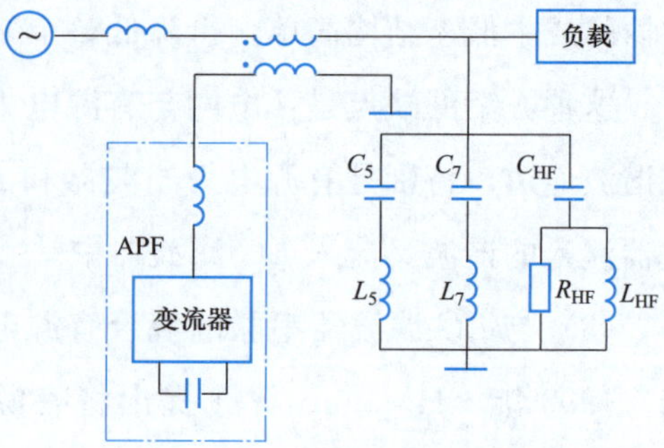

这种方式的优点是：运行效率高，有源电力滤波器的容量很小，投资少。

这种方式的缺点是：由于有源电力滤波器

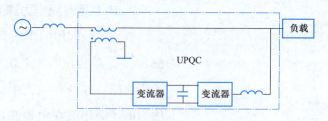

图 3-36   与 LC 滤波器混合使用方式

串联于电路中，很难把电源和有源电力滤波器分开，易发生短路，绝缘比较困难，而且维修也不方便；有源电力滤波器一旦发生故障也将危及电网；在正常工作时，耦合变压器流过所有的电流；不能抑制电源电压的闪变。

（3）串-并联型有源电力滤波器。为实现有源电力滤波器的多功能补偿，1994 年，H. Akagi 等人提出一种综合了串联 APF 和并联 APF 的混合型滤波器，称为统一电能质量调节器（unified power quality conditioner，UPQC），可兼并二者之间的功能，其结构如图 3-37 所示。串联型有源电力滤波器用于对电力系统和负载之间的谐波起隔离作用，并在电压波动时进行电压调节，同时它可以防止电力系统的内阻抗和无源滤波器之间发生谐振。并联型有源电力滤波器主要进行谐波和无功功率的补偿，它同时还用于调节并联型和串联型有源电力滤波器所共用的直流侧电容的电压。

图 3-37   串-并联型有源电力滤波器

这种方式的优点是：具有良好的动态性能，对电压和电流、无功功率都可补偿。

这种方式的缺点是：控制功能比较复杂，而且并联型有源电力滤波器负担谐波补偿的任务，所需容量大，功耗大，具体实用性有待于进一步的研究。这种方式适用于电力配电系统和工业电力系统。

直流有源电力滤波器和交流有源电力滤波器类似，随着不断地发展，也产生了不同的类型，以满足不同的补偿要求，主要分为并联型和串联型两大类，其特点与交流滤波器相似。有源电力滤波器应用于高压直流输电系统起步较晚，1988 年，C. Wong 和 N.

Mohan 等人首次提出将有源电力滤波器用于高压直流输电系统，并于隔年进行了可行性的验证。到 20 世纪 90 年代初，直流有源电力滤波器取得实质性的进展，最有代表性的是 1991 年 12 月首次将并联混合型直流有源电力滤波器样机在瑞典—丹麦的 250kV 直流输电 Konti-Skan2 工程中投入工业试运行，取得了满意的结果。此后直流有源电力滤波器受到了广泛的重视。

目前我国有源电力滤波设备除了广泛应用在钢铁厂、化工厂及大型设备制造等工业领域，还广泛应用在数据中心、交通运输等行业，解决了大量使用电弧炉、变频调速设备、异步电机、牵引变流器等非线性负载设备产生的谐波问题，主要进行无功补偿，提高电能质量，减少设备故障，提升生产效率。随着新能源、智能电网、高端制造等新兴领域的快速发展，人们对电能质量要求日益提高，有源电力滤波器应用规模将进一步扩大。

3.6.2　APF 主电路拓扑

APF 主电路拓扑的基本结构与 SVG 三相电压型桥式逆变电路相似，主要包括三相电流型桥式逆变电路以及大容量级联 H 桥。配电网中三相四线制 APF 采用级联 H 桥模块（见图 3-38），控制灵活，为了进一步增加 APF 的容量可以采用多重化 APF（见图 3-39），即串联电抗器多重化拓扑、平衡电抗器多重化拓扑与使用变压器多重化拓扑等，可提高 APF 的等效开关频率，降低分立器件的开关频率，效率高。

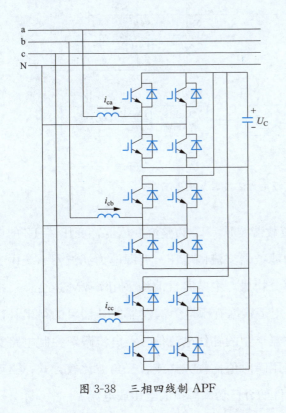

图 3-38　三相四线制 APF

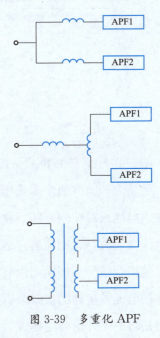

图 3-39　多重化 APF

3.6.3　并联型有源电力滤波器基本工作原理

在各种有源电力滤波器中，并联型有源电力滤波器是最基本的一种，也是工业实际中应用最多的一种。它集中地体现了有源电力滤波器的特点，实际应用中，用于三相的占多数，故本节重点讨论适用于三相三线制的情况。图 3-40 为并联型有源电力滤波器系统的原理图。

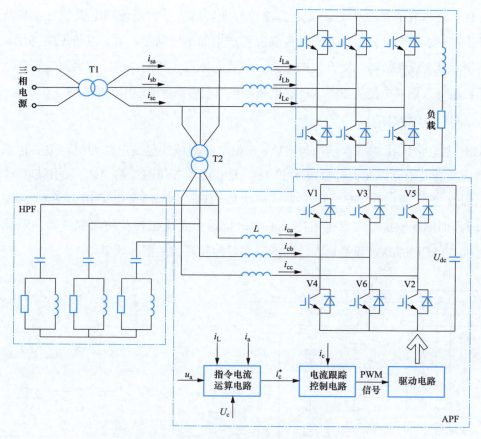

图 3-40　并联型有源电力滤波器系统原理图

图 3-40 中，三相桥式全控整流器为负载谐波源，T1 为整流变压器，变压器 T2 的设置主要是为调节（通常为降压）有源电力滤波器交流侧电压。有源电力滤波器系统由主电路、电流跟踪控制电路、驱动电路三部分构成，主电路目前均采用 PWM 逆变器；指令电流（谐波与无功电流）运算电路的作用是根据有源电力滤波器的补偿目的得出补偿电流的指令信号，即期望由有源电力滤波器产生的补偿电流信号；电流跟踪控制电路实现补偿电流发生器的实时跟踪性，一般采用瞬时值比较方式或者三角波比较方式；驱动电路是将 PWM 信号变换成为驱动全控器件的合适功率等级的电压或电流。

3.6.4　参考电流的生成

以瞬时无功功率理论为基础的检测方法中，补偿电流的指令信号 i_c^* 与三相系统的瞬时有功电流 i_p、瞬时无功电流 i_q 存在着清晰的对应关系。在以上三种情况下，i_c^* 与 i_p、i_q 的对应关系见表 3-4。

表 3-4　　　　　　　　i_c^* 与 i_p、i_q（p、q）的对应关系

补偿目的	i_c^*	对应的 i_p、i_q（p、q）
只补偿谐波	$-i_{Lh}$	$\tilde{i}_p$、$\tilde{i}_q$（$\tilde{p}$、$\tilde{q}$）[①]
只补偿无功功率	$-i_{Lq}$	$\bar{i}_q$、$\tilde{i}_q$（$\bar{q}$、$\tilde{q}$）
同时补偿谐波和无功功率	$-(i_{Lh}+i_{Lq})$	$\tilde{i}_p$、$\bar{i}_q$、$\tilde{i}_q$（$\tilde{p}$、$\bar{q}$、$\tilde{q}$）

①　表示采用 p、q 运算方式时 i_c^* 与 p、q 的对应关系。

根据日本电气学会对有源电力滤波器在日本应用情况的调查，在工业应用中，有源电力滤波器主要用于补偿谐波，只补偿谐波的情况占 71.7%；在补偿谐波的同时，还补偿无功功率的占 20.7%，还补偿供电点电压波动的占 5.4%；同时补偿谐波、无功功率和负序电流的占 1.1%；同时补偿谐波、无功功率及不平衡电流的占 1.1%。

目前国内有源电力滤波器企业（例如深圳盛弘电气股份有限公司、上能电气股份有限公司等）产品整体性不断提升，新型半导体器件（如碳化硅、氮化镓等）的应用提高了设备的开关频率和效率，降低了损耗；多电平拓扑电路结构的采用使输出电压波形更接近正弦波，提升了滤波效果和设备容量；自适应控制算法可根据电网参数和负载变化实时调整滤波参数，提高了滤波性能和系统稳定性；预测控制算法能提前预测谐波电流，实现更精准的补偿，响应速度更快；与物联网、大数据、云计算技术结合，实现设备的远程监控、故障诊断和数据分析，提高运维效率和智能化水平。其中深圳盛弘电气股份有限公司的 Sinexcel 150 APF P5 有源滤波器相对常规机型体积降低超 50%，重量降低40%，谐波补偿率达到了 97%，整机效率达到 99%，其单集中监控升级为可带 16 台功率模块，具有高效率、高功率密度、高可靠性等优点，填补了目前国内同类产品的技术空白。

在瞬时无功功率没有损耗的理想情况下，有源电力滤波器与系统之间不进行基波有功功率的交换，有源电力滤波器输出的电流中将没有基波有功电流分量，即直流侧电容电压不会发生变化。由于实际情况下有源电力滤波器存在开关和导通损耗，因此会导致有源电力滤波器直流侧电容电压的变化。直流侧电容电压变化过大会危及有源电力滤波器的安全，为此需要提供给有源电力滤波器一定的基波有功功率以补偿这部分损耗，使

直流侧电容电压稳定在一定的范围之内。

通过对直流电容增加一个控制环，对主电路进行适当控制，即可实现控制直流侧电容电压目的，目前主要采用这种方式。对直流侧电压 U_{dc} 的控制是图 3-41 指令电流运算电路中线框内的部分，结合补偿电流发生电路而实现的。其控制思路与控制方法与 SVG 一致。

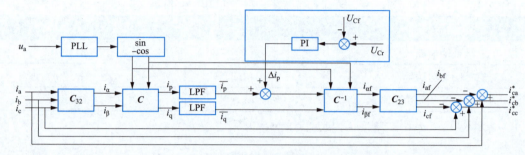

图 3-41　含直流侧电压反馈的实时电流检测电路

图 3-41 中，U_{cr} 是直流侧电压 U_c 的给定值，U_{cf} 是 U_c 的反馈值，两者之差经 PI 调节器后得到调节信号 Δi_p，它叠加到瞬时有功电流的直流分量 i_p 上，通过坐标反变换，即叠加到指令电流 i_{ah}、i_{bh}、i_{ch} 上。

由于三相的对称性，图 3-41 电流跟踪电路中，指令电流用 i_c^* 表示，即指令信号 i_c^* 中包含一定的基波有功电流，电流跟踪控制电路根据 i_c^* 产生补偿电流 i_c 注入电网，使得有源电力滤波器的补偿电流中包含一定的基波有功电流分量，从而使有源电力滤波器的直流侧与交流侧交换能量。

3.6.5　谐波电流的跟踪

并联型有源电力滤波器 APF 的主电路与负载并联接入电网，APF 向电网注入补偿电流，可用于谐波与无功电流的补偿。补偿分为只补偿电流谐波、只补偿无功功率、补偿三相不对称电流、补偿供电点电压波动等，采用适当的控制方法，补偿多少可按需实现连续调节，以达到多种补偿的目的。

串联型有源电力滤波器作为电压源串联在电源与谐波源之间，串联型 APF 输出补偿电压，抵消由负载产生的谐波电压，使供电点电压形成正弦波。

直接电流控制采用 PWM 跟踪型技术对电流波形瞬时值进行反馈控制，可以采用滞环比较器的瞬时值比较方式［见图 3-42（a）］，也可采用三角波比较方式［见图 3-42（b）］。采用电流滞环比较器的瞬时值比较方式，环宽过宽时，开关动作频率低，但跟踪误差大；环宽过窄时，跟踪误差减小，但开关动作频率过高，甚至会超过开关器件的允许频率范围，开关损耗随之增大。三角波比较方式，功率开关器件的开关频率是一定的，即等于载三角波频率，这给高频滤波器的设计带来了方便。直接电流控制应用于配电网，对负载的无功补偿较多。

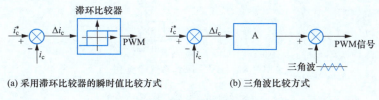

图 3-42　内环直接电流控制

有源电力滤波器 APF 控制电路可分为两大部分：第一部分是指令电流运算电路，该电路的核心是检测出补偿对象电流中谐波和无功等电流分量，也称为谐波和无功电流检测电路；第二部分为电流跟踪控制电路，根据指令电流运算电路得出的补偿电流的指令信号产生实际的补偿电流，一般通过电流控制环得出主电路各个开关器件通断的 PWM 信号。

PWM 信号获得的第一种方法为瞬时值比较方法，与 SVG 的直接电流控制的滞环比较器控制一致，其特点为：①硬件简单；②属于实时控制，电流响应快；③不需要载波，输出电压不含特定频率谐波，滤波困难；④闭环控制；⑤若环宽固定、注入系统的补偿电流误差固定，则电力半导体器件开关频率会变化。

第二种方法是三角波比较方法，与上述 SVG 直接电流控制三角波比较方法一致，其特点为：①硬件复杂；②跟踪误差较大；③输出谐波少，含有与三角波频率整倍数的谐波；④放大器增益有限；⑤器件开关频率固定，易于滤除；⑥电流响应比瞬时值比较方式的慢。

两种方法各有优缺点，在实际应用中各占一半。

3.7　仿　真　算　例

3.7.1　SVG 仿真算例

SVG 仿真系统示意图如图 3-43 所示，其主要参数见表 3-5。该仿真算例主要研究在系统电压升高或降低及负荷变化时，SVG 对电网接入点处电压的稳定、无功电流的追踪、无功功率的补偿情况。系统电压在 0.3s 降低到额定值的 95%，0.4s 提升到额定值的 105%，仿真结果如图 3-44～图 3-49 所示。

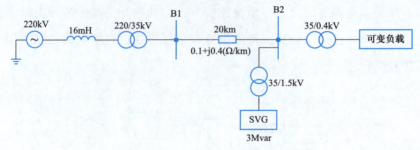

图 3-43 SVG 仿真系统示意图

表 3-5 系统仿真参数表

参数	数值
SVG 额定容量	3Mvar
变压器及电抗器总电感	30mH
直流侧电容	10mF
直流侧电压	3kV
IGBT 的开关频率	2kHz

图 3-44（a）、（b）分别为母线 B1、B2 处电压幅值波形图及 a 相电压波形图。由图可以看出，系统电压暂升、暂降工况下，SVG 可以有效地补偿接入点电压，稳定供电电压，保证右侧负荷的正常运行，极大地提高了电力系统供电质量。

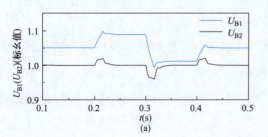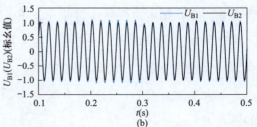

图 3-44 母线电压波形图

从图 3-45 和图 3-46 中可以看出无功电流在电网电压稳定时保持不变，在 0.2、0.3、0.4s 电网电压变化时，SVG 迅速作出反应，在电压暂升时，SVG 发出感性无功，在电压暂降时，SVG 发出容性无功，无功电流能够实时跟踪其参考值，显示了良好的跟踪特性。

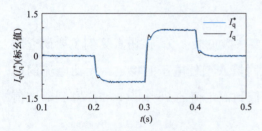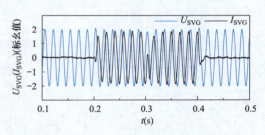

图 3-45 SVG 参考无功电流与实际无功电流　　图 3-46 SVG 并网侧电压和电流波形图

从图 3-47 和图 3-48 中可以看出有功功率基本保持不变，在 0.2、0.3、0.4s 电网电压变化时有所波动，但又迅速恢复零值。无功功率在电网电压稳定时保持不变，但在 0.2、0.3、0.4s 电压波动时，能够及时补偿 SVG 接入点处所需的无功功率，稳定该点电压。同时有功功率波形基本不受无功功率波形的影响，也显示了良好的解耦特性。

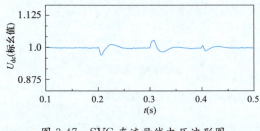
图 3-47 SVG 直流母线电压波形图

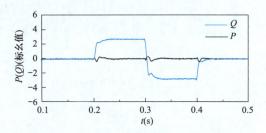
图 3-48 SVG 输出有功及无功功率波形图

3.7.2 并联型有源电力滤波器仿真算例

并联型有源电力滤波器的模型如图 3-40 所示，其主要参数见表 3-6。电流跟踪控制电路采用瞬时值比较方式，谐波源采用三相桥式全控整流器，整流器的直流侧为阻感负载。不加任何补偿时电源输出电压及电流波形图如图 3-49 所示，可以看出电流的谐波较大且电压、电流之间存在相位差。

表 3-6   系 统 仿 真 参 数 表

名称	符号	数值
系统电压（V）	U_s	380
网侧电感（mH）	L_s	0.01
负荷侧连接电感（mH）	L_L	4.6
APF 侧连接电感（mH）	L_{APF}	4.6
APF 直流侧电压（V）	U_{dc}	800
APF 直流侧电容（mF）	C_{dc}	0.2
阻感性负载（Ω/mH）	R/L	10/0.1

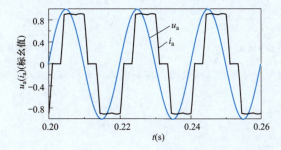
图 3-49 不加任何补偿时，电源输出电压及电流波形图

由图 3-50 可以看出补偿谐波后，电源输出电流波形接近标准正弦波，说明 APF 的谐波补偿效果良好；电源输出电压及电流存在相位差，电源输出无功功率。

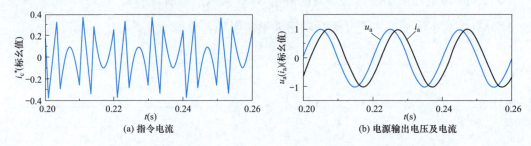

(a) 指令电流　　　　　　　　　(b) 电源输出电压及电流

图 3-50　仅补偿谐波时，指令电流及电源输出电压、电流波形图

由图 3-51 可以看出，补偿无功后，电源输出电压及电流同相位，不再提供无功功率，说明 APF 的无功补偿效果良好；电源输出的电流明显存在谐波，电源提供谐波分量。由图 3-52 可以看出，补偿无功及谐波后，电源输出电压及电流同相位，且电流接近标准正弦波，说明 APF 的无功补偿及谐波补偿效果良好。

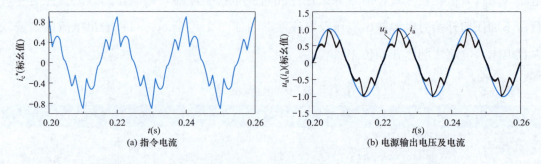

(a) 指令电流　　　　　　　　　(b) 电源输出电压及电流

图 3-51　仅补偿无功时，指令电流及电源输出电压、电流波形图

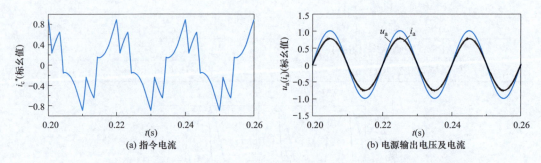

(a) 指令电流　　　　　　　　　(b) 电源输出电压及电流

图 3-52　同时补偿无功及谐波时，指令电流及电源输出电压和电流波形图

双PWM变流器及其在风力发电机组并网系统中的应用

背靠背双 PWM 变流器（back-to-back dual PWM converter），本书简称双 PWM 变流器，由两个电压源变流器背靠背连接构成，分别完成整流和逆变功能，可实现交流电源和交流负载之间的功率双向流动。双 PWM 变流器以直流作为电能变换的中间环节，两侧交流系统为非同步柔性互联，且具有输入侧功率因数高和可四象限运行等优点。电压型双 PWM 变流器的直流侧采用大电容滤波，广泛应用于高性能变频调速、风力发电等领域。风力发电将成为未来新型电力系统的主力支撑电源，变流器对改善其并网特性有重要作用。本章将结合风力发电应用，介绍双 PWM 变流器的工作原理、建模方法及并网控制技术。

4.1　风力发电技术概述

4.1.1　风力发电的发展

随着人们对绿色能源需求的日益迫切和风力发电技术的飞速发展，风能将成为未来新型电力系统的主体电源。风能是清洁、无污染、取之不尽、用之不竭的可再生能源。人类利用风能的历史可以追溯到公元前，至少有 3000 年的历史，早期主要用于机械动力生产。然而机械能不可远距离传送，因此转化为电能成为风能的主要利用方式，即利用风轮收集风能，将其转变为旋转的机械能，通过发电机将风轮收集的机械能转变成电能并利用电网远距离输送。但是由于风能具有间歇性且波动较大，其可控性和稳定性不如传统能源。

自 19 世纪末至 20 世纪 60 年代末，风能资源的开发尚处于小规模的利用阶段。美国的 Brush 风机和丹麦的 Cour 风机被认为是风力发电的先驱。丹麦由于能源相对匮乏，所以风力发电技术得到了持续的发展。到 1918 年第一次世界大战结束时，丹麦就已经建成了几百个小型风力发电站，总装机容量达 3MW。1957 年在丹麦盖瑟 Gedser 海岸安装的 200kW 风力发电机，具有三个叶片，带有电动机机械偏航、交流异步发电机、失速型风力机，标志着"丹麦概念"风机的形成。1973 年的石油危机之后，风力发电由小型逐渐向大中型发展。20 世纪 70 年代连续出现了两次能源危机（1973 年和 1979 年），世界范围内能源价格一路上涨，风力发电的发展得到一些国家政府大力支持，许多直径超过

60m 的大型风力发电机被建设起来用于研究和验证。丹麦凭借由 Gedser 风力发电机改良的古典三叶片、上风向风力发电机的设计在激烈的竞争中成为商业赢家。1980 年以来，国际上风力发电机技术日益走向商业化。随着风机产业商业化的逐渐成熟，丹麦当时一些农用机械生产商，如丹麦维斯塔斯 Vestas 风力技术集团、Nordtank 公司和 Bonus 公司等开始纷纷进入风机生产行业。由于这些公司有丰富的工程机械知识，很快就在丹麦的风机行业占据主导地位，进而在世界市场占据重要位置。

20 世纪 90 年代后开始进入现代风力发电技术时代，风力发电开始大规模发展。经过了近百年的技术和经验的积累，加上风机产业的商业化，大型风力发电机组的技术日渐成熟。德国恩德 Nordex SE 风电技术公司于 1995 年制造了世界第一台兆瓦级风力发电机组，紧接着丹麦维斯塔斯风力技术集团于 1996 年建成 1.5MW 原型风机。兆瓦级风机市场真正起飞于 1998 年，而之前 600～750kW 风力发电机组是主流机型。从那时起，市场趋势才越来越清晰，即向着更大规模的项目、更大容量的风机发展。目前，2～3MW 的风力发电机组已成为市场的绝对主力机型，并且风机单机容量将朝更大方向发展。2019 年美国 GE 公司的 5.3MW Cypress 陆上风力发电机组的样机首次在荷兰的一个风力发电场开始运行，该机组目前正在全功率发电。德国恩德 Nordex SE 风电技术公司推出了一款 5MW 级陆上风力发电机型——N149/5.X，该机型是 Delta4000 平台的第三个机型，适用于欧洲核心市场、南非、澳大利亚和南美洲的中低风速风场，并于 2021 年投入量产。2021 年 6 月 22 日，由中国东方电气风电有限公司自主研制的 5.5S-172 型永磁直驱风力发电机组并网发电，这是我国首台投入运行的单机容量达 6MW 等级的陆上风力发电机组，也是目前国内单机容量最大、叶轮直径最大的陆上风力发电机组。其并网发电的成功，标志着我国陆上风力发电正式步入"6MW 时代"。随着大型机组技术的成熟，风力发电机组由陆地走向了近海。海上有丰富的风能资源和广阔平坦的区域，使得近海风力发电技术成为近来研究和应用的热点。多兆瓦级风力发电机组在近海风力发电场的商业化运行是国内外风能利用的新趋势。随着风力发电的发展，欧洲陆地上的风能利用正趋于饱和，海上风力发电场将成为未来发展的重点。1991 年在丹麦南部的洛兰岛以北海域修建了世界上第一个海上风力发电场，由 11 台丹麦 Bonus 公司 450kW 失速型风机组成。随后荷兰、瑞典、英国相继建成了自己的海上风力发电场。2016 年英国霍恩锡（Hornsea）项目一期总容量达到 1.2GW，总容量首次超过 1GW，成为世界上最大的近海风力发电场；其项目二期的海上风力发电场将安装 300 台风力发电机组，总容量高达 1.8GW。中国上海东海大桥 100MW 风力发电场的 34 台机组成功并网运行，标志着我国成功迈出了海上风力发电发展的第一步。随着国内外海上风力发电市场不断扩大，对大容量风力发电机组的实际需求增加，目前我国海上风力发电机组以单机容量 4MW 和 6MW 的风力发电机为主力机型。2020 年 7 月 12 日，伴随着我国第一台单机容量 10MW 的海上风力发电机组在福建兴化湾二期海上风力发电场并网发电，我国海上风力发电发展历史又翻开了新的一页。

在过去的 25 年里，风力发电发展不断超越其预期的发展速度。截至 2023 年底，全球已有 90 多个国家建设了风力发电项目，全球风机累计容量已达 1021GW，中国、美国，德国，印度、西班牙为全球陆地风力发电累计装机容量排名前五的国家。2023 年全球陆地风机新增装机 117GW。同时，2023 年海上风力发电新增装机容量超过 10.8GW，全球海上风力发电总装机量超过 75GW。我国风力发电也进入发展快车道，2023 年新增陆上和海上风力发电装机容量均位列全球第一，累计陆上风力发电装机总量全球第一，累计海上风力发电装机总量全球第一。我国海上风电继续保持全球最大的新增市场地位，占据了当年全球海上风电新增市场的六成以上，连续第六年位居全球首位。2009～2023 年我国风力发电装机容量统计如图 4-1 所示，截至 2023 年底，风力发电新增并网装机容量 75.9GW，其中陆上风力发电新增装机容量 72.19GW，海上风力发电新增装机 7.18GW，全国风力发电累计装机容量 441.134GW，其中陆上风力发电累计装机容量 358GW、海上风力发电累计装机容量 37.69GW，风力发电装机占全部发电装机的 15.1%，为我国第三大电源。

中国风电新增和累计并网容量

年份	2009	2010	2011	2012	2013	2014	2015	2016	2017	2018	2019	2020	2021	2022	2023
新增容量	13.8	18.9	16.0	14.8	14.5	19.8	33.0	19.3	15.0	20.6	25.7	71.7	47.6	37.0	75.9
装机容量	25.8	31.8	47.8	62.7	77.2	96.4	129.0	149.0	164.0	184.0	210.0	282.0	328.0	365.0	441.0

图 4-1　2009～2023 年我国风力发电装机容量统计图

4.1.2　风力发电机组的构成

风力发电系统主要由风轮、齿轮箱、发电机、变流器等设备以及控制系统构成，典型的风力发电系统组成如图 4-2 所示。风轮首先捕获波动的风能并转换为旋转的机械能，再由发电机将机械能转换为电能后经由变压器馈入电网。

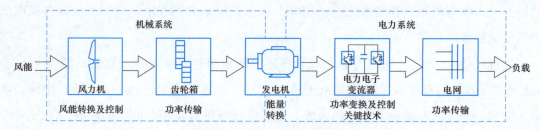

图 4-2　风力发电系统主要组成

如图 4-3 所示，风轮由叶片、轮毂和变桨系统组成，是吸收风能的单元，用于将空气的动能转换为叶轮转动的机械能。叶片具有空气动力外形，在气流作用下产生力矩驱动风轮转动，通过轮毂将转矩输入到主传动系统。轮毂的作用是将叶片固定在一起，并且承受叶片上传递的各种载荷，然后传递到发电机转动轴上。每个叶片有一套独立的变桨机构，可主动对叶片捕获的风能进行调节。叶片的数量通常为 3 个，叶片半径越大，旋转速度就越慢，兆瓦级风力机的旋转转速一般为 10～15r/min。由于风力机转速较慢，因此在其与发电机的连接中需要齿轮箱将低转速转换为高转速。

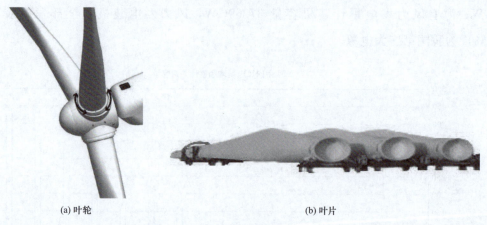

(a) 叶轮　　　　　　　　　　　　　　(b) 叶片

图 4-3　叶轮和叶片

齿轮箱、传动链、发电机、和控制柜等主要设备安装于机舱内，如图 4-4 所示。机舱用于保护电气设备免受风沙、雨雪、冰雹以及烟雾等恶劣环境的直接侵害，顶部装有风速风向仪。双馈风力发电机组的机舱一般长度在 8m 以上，宽度和高度在 3m 以上，一般采用拼装结构；直驱风力发电机组的机舱较短小，一般为整体制造。由于风的方向和速度经常变化，为了使风力机能有效地捕捉风能，设置了偏航装置以跟踪风向的变化，保证风轮始终处于迎风状况。机舱在偏航系统的驱动下，可实现风轮的自动对风。偏航系统采用主动对风齿轮驱动形式，与控制系统相配合，使叶轮始终处于迎风状态，充分利用风能，提高发电效率。其通过风向仪和地理方位检测风轮轴线与风向的偏差，采用电力或液压驱动来完成对风。

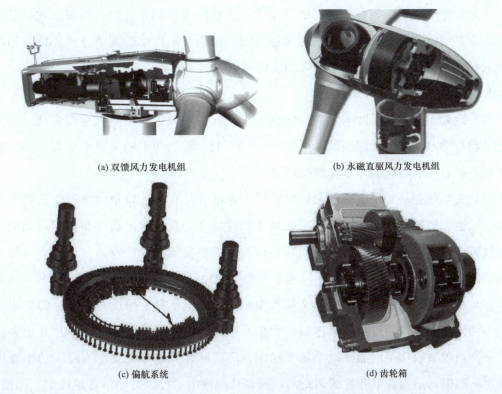

(a) 双馈风力发电机组　　　　　　　(b) 永磁直驱风力发电机组

(c) 偏航系统　　　　　　　　　　　(d) 齿轮箱

图 4-4　机舱的内部结构

　　齿轮箱作为风力发电机组中一个重要的机械部件，其主要功能是将风轮在风力作用下所产生的动力传递给发电机。使用齿轮箱，可以将风力机转子上的较低转速、较高转矩，转换为适用于发电机上的较高转速、较低转矩。如图 4-4（d）所示，由于齿轮箱速较高，并且受无规律的变向变负荷的风力作用以及强阵风的冲击，通常采用一级平行轴加两级行星等多级齿轮箱结构，以提高其运行可靠性。

　　发电机将叶轮转动的机械动能转换为电能输送给电网。与其他发电形式相比，风力发电使用的发电机类型较多，既可采用笼型、绕线型的异步发电机，也可采用电励磁和永磁的同步发电机。此外，风力发电机受风的随机性影响，效率低、易过载，并且散热条件差、振动强烈。

　　风力发电机组的电控系统贯穿于风力发电机组的每个部分，相当于风力发电系统的神经。电控系统主要包括主控系统、变流器、变桨和偏航控制系统，由控制柜、变流柜、机舱控制柜、三套变桨柜、传感器和连接电缆等组成。其主要作用为保证风力发电机组的可靠运行，获取最大风能转化效率，以及提供良好的电力质量。其控制内容包括正常运行控制、安全保护、运行状态监测。

4.1.3 风力发电机组的主要类型

风力发电机组单机容量从最初的几十千瓦级已经发展到兆瓦级，控制方式从基本单一的定桨、定速控制向变桨距、变速恒频发展。根据机械功率的调节方式、齿轮箱的传动形式和发电机的驱动类型，可对风力发电机组做如下分类。

1. 按机械功率调节方式分类

（1）定桨距控制。桨叶与轮毂固定连接，桨叶的迎风角度不随风速而变化。依靠桨叶的气动特性自动失速，即当风速大于额定风速时，输出功率随风速增加而下降。定桨距风机不能有效利用风能，不能辅助启动。

（2）变桨距控制。风速低于额定风速时，保证叶片在最佳攻角状态，以获得最大风能；当风速超过额定风速后，变桨系统减小叶片攻角，保证输出功率在额定范围内。因此，机械功率不完全依靠叶片的气动特性调节，而主要依靠叶片攻角（气流方向与叶片横截面的弦的夹角）调节。在额定风速下，最佳攻角处于桨距角 0°附近。

（3）主动失速控制。主动失速又称负变距，风速低于额定风速时，叶片的桨距角是固定不变的；当风速超过额定风速后，变桨系统通过增加叶片攻角，使叶片处于失速状态，限制风轮吸收功率增加，减小功率输出；而当叶片失速导致功率下降，功率输出低于额定功率时，适当调节叶片的桨距角，提高功率输出，可以更加精确地控制功率输出。对于变桨距和主动失速控制方式，叶片和轮毂都通过变桨轴承连接，即都通过变桨实现控制。主动失速控制的敏感性很高，需要准确控制桨距角，造价高。

2. 按传动形式分类

（1）高传动比齿轮箱型。用齿轮箱连接低速风力机和高速发电机，减小发电机体积和质量，降低电气系统成本。但风力发电机组对齿轮箱依赖较大，由齿轮箱导致的风力发电机组故障率高，齿轮箱的运行维护工作量大，易漏油污染，且导致系统的噪声大、效率低、寿命短，因此产生了直驱风力发电机组。

（2）直接驱动型。应用多极同步风力发电机可以去掉风力发电系统中常见的齿轮箱，让风力发电机直接拖动发电机转子运转在低速状态，解决了齿轮箱所带来的噪声、故障率高和维护成本大等问题，提高了运行可靠性。但发电机极数较多，体积较大。

（3）中传动比齿轮箱（半直驱）型。这种风机的工作原理是以上两种形式的综合。中传动比型风力机减少了传统齿轮箱的传动比，同时也相应地减少了多极同步风力发电机的极数，从而减小了发电机的体积。

3. 按发电机调速类型分类

（1）定速恒频机组。采用异步发电机直接并网，无电力电子变流器，转子通过齿轮箱与低速风机相连，转速由电网频率决定，其结构如图 4-5 所示。定速恒频机组的优点是简单可靠，造价低，因而在早期的小型风力发电场中获得广泛应用。定速异步发电机组结构简单、可靠

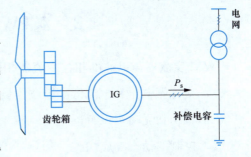

图 4-5　定速异步发电机组

性高，但只能运行在固定转速或在几个固定转速间切换，不能连续调节转速以捕获最大风力发电功率。此外，在风机转速基本不变的情况下，风速的波动直接反映在转矩和功率的波动上，因此机械疲劳应力与输出功率波动都比较大。此外，每台风机需配备无功补偿装置为异步发电机提供励磁所需的无功功率，并且采用软启动装置限制启动电流。

（2）变速恒频机组。异步发电机或同步发电机通过电力电子变流器并网，转速可调，有多种组合形式。目前实际应用的变速恒频机组主要有两种类型：采用绕线式异步发电机通过转子侧的部分功率变流器并网的双馈风力发电机组（如图 4-6 所示），采用永磁同步发电机通过全功率变流器并网的永磁直驱风力发电机组（如图 4-7 所示）。与定速恒频机组相比，变速恒频风力发电机组可调节转速，进行最大功率跟踪（maximum power point tracking，MPPT）控制，提高了风能利用率；风速变化而引起的机械功率波动可变为转子动能，从而减小机械应力，对输出功率的波动也可起到平滑作用。

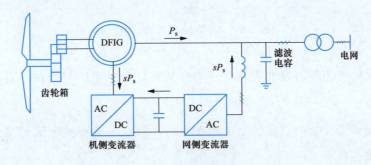

图 4-6　双馈发电机组

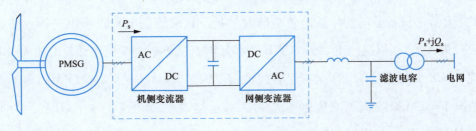

图 4-7　永磁直驱发电机组

4.2　双 PWM 变流器工作原理

PWM 变流器与以往的相控变流器相比，具有以下的优良性能。

（1）交流侧电压和电流低次谐波含量小，波形更接近正弦波。

（2）有功和无功可以解耦控制。

（3）控制的动态响应快。

由于 PWM 变流器电能可双向传输，当 PWM 变流器从交流侧吸收电能时，其运行于整流工作状态；而当 PWM 变流器向交流侧传输电能时，其运行于逆变状态。由此可见，PWM 变流器实际上是一个交、直流侧可控的四象限运行的变流装置。

双 PWM 变流器的结构图如图 4-8 所示，它由两个变流器背靠背连接而成，在风力发电机组并网控制中，靠近发电机的变流器称为机侧（或者转子侧）变流器，靠近电网的变流器称为网侧变流器。该拓扑结构具有如下优点。

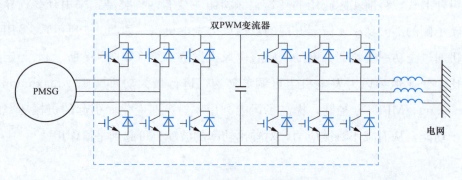

图 4-8　双 PWM 变流器结构图

（1）双 PWM 变流器将发电机与电网隔离开来，发电系统与电网不直接耦合，提高了系统的可靠性。

（2）双 PWM 变流器可以实现单位功率运行，降低了整流侧电流谐波分量和电压畸变，减小了系统损耗。

稳态条件下，网侧 PWM 变流器交流侧矢量关系如图 4-9 所示。为简化分析，对于 PWM 变流器，只考虑基波分量而忽略谐波分量，且交流侧电阻较小也进行忽略，连接电抗设置为 X_L。当以电网电动势矢量 E 为参考时，通过控制变流器交流电压矢量 U，即可实现 PWM 变流器的四象限运行。若假设 $|I|$ 不变，即 $|U_L| = X_L|I|$ 也固定不变，在这种情况下，PWM 变流器交流电压矢量 U 端点运动轨迹构成了一个以 $|U_L|$ 为半径的圆。当 U 端点位于 A 点时，电流矢量 I 滞后 E 90°，此时 PWM 变流器网侧呈纯感性，

如图 4-9（a）所示；当 U 端点运动至圆轨迹 B 点时，电流矢量 I 与 E 平行且同向，此时 PWM 变流器网侧呈现正电阻特性，如图 4-9（b）所示；当 U 端点运动至圆轨迹 C 点时，电流矢量 I 超前 E 90°，此时 PWM 变流器网侧呈现纯电容特性，如图 4-9（c）所示；当 U 端点运动至圆轨迹 D 点时，电流矢量 I 与 E 平行且反向，此时 PWM 变流器网侧呈现负电阻特性，如图 4-9（d）所示。

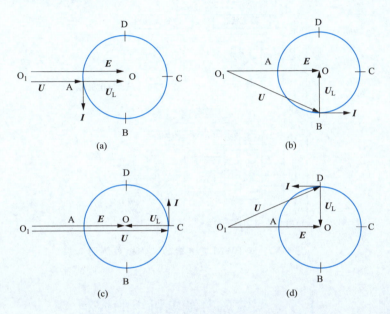

图 4-9　PWM 变流器交流侧矢量关系图

以上 A、B、C、D 四点是 PWM 变流器四象限运行的四个特殊工作状态，进一步分析可得 PWM 变流器四象限运行规律如下。

1）电压矢量 U 端点在圆轨迹 AB 上运动时，PWM 变流器运行于整流状态。此时，PWM 变流器需从电网吸收有功功率及感性无功功率，电能通过 PWM 变流器由电网侧输送到直流侧。（B 点实现单位功率因数整流控制，A 点 PWM 变流器没有有功功率的交换，仅从电网吸收感性无功功率）。

2）电压矢量 U 端点在圆轨迹 BC 上运动时，PWM 变流器运行于整流状态。此时，PWM 变流器从电网吸收有功及容性无功功率，电能通过 PWM 变流器由电网侧输送到直流侧。

3）电压矢量 U 端点在圆轨迹 CD 上运动时，PWM 变流器运行于有源逆变状态。此时，PWM 变流器向电网输出有功及容性无功功率，电能从 PWM 变流器直流侧输送到电网侧。（D 点，单位功率因数有源逆变控制）。

4）电压矢量 U 端点在圆轨迹 DA 上运动时，PWM 变流器运行于有源逆变状态。此时，PWM 整流器向电网输出有功及感性无功功率，电能从 PWM 变流器直流侧输送到电网侧。

机侧变流器工作原理与网侧变流器工作原理类似，也能够实现直流侧与发电机侧能量的双向流动。两者协调控制示意如图 4-10 所示。

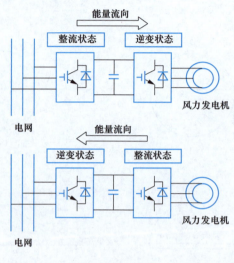

图 4-10　双 PWM 变流器的工作模式协调

4.3　双馈风力发电机组的控制

双馈风力发电机组（doubly-fed induction generator，DFIG）是最早的变速恒频风力发电机型，丹麦维斯塔斯风力技术集团的 1.5MW 的双馈机组样机建于 1996 年。至今，采用双馈异步风力驱动的风力发电机组仍是市场的主流机型。双馈型风力发电机组优点是：可以连续变速运行，风能转换率高，可改善作用于风轮桨叶上的机械应力状况；变流器容量为风力发电机组额定容量 25%～30%，变流器成本相对较低；功率因数高，并网简单，无冲击电流。其缺点主要是存在滑环和齿轮箱问题，维护保养费用高于无齿轮箱的永磁机组。本节主要介绍双馈风力发电机组的工作原理及其控制策略。

4.3.1　DFIG 的结构和工作原理

DFIG 的结构及功率流向如图 4-6 所示，采用绕线式异步发电机，其定子直接联网，转子侧通过双 PWM 变流器与电网相连。发电机向电网输出的总功率由定子侧输出功率和转子侧通过变流器输出功率的滑差功率组成，因此称为双馈电机。在图 4-6 所示的双PWM 变流器中，转子侧变流器的主要功能是：在转子绕组中加入交流励磁，通过调节励磁电流的幅值、频率和相位，实现定子侧输出电压的恒频恒压，同时实现无冲击并网；

通过矢量控制实现 DFIG 的有功功率、无功功率独立调节；实现最大风能追踪和定子侧功率因数的调节。网侧变流器的主要功能是：保持直流母线电压的稳定，将滑差功率传输至电网，实现网侧功率因数的控制。

异步发电机的同步转速和转子转速分别为 n_1 和 n，则转差率 s 定义为

$$s = \frac{n_1 - n}{n_1} \tag{4-1}$$

定、转子电流频率 f_1、f_2 关系为

$$f_1 = \frac{p_n n}{60} \pm f_2 = \frac{f_2}{|s|} \tag{4-2}$$

式中：p_n 为发电机的极对数。

由式（4-2）可知，电网频率 f_1 恒定，可通过调节转子侧电流频率 f_2 来调节转速。DFIG 在调速过程中，双 PWM 变流器流过的有功功率为滑差功率，即

$$P_r = -sP_s \tag{4-3}$$

式中：P_s 和 P_r 分别为定子侧和转子侧输出的功率。

由式（4-3）可知，DFIG 的调速范围越宽，则所需的变流器容量就越大。DFIG 输出的总电磁功率 P_e 为

$$P_e = P_s + P_r = (1 - s)P_s \tag{4-4}$$

根据调速过程中转差率的正负，DFIG 可以有三种运行状态。

（1）亚同步运行状态。此时 $n < n_1$，转差率 $s > 0$，式（4-2）取正号，频率为 f_2 的转子电流产生的旋转磁场的转速与转子转速同方向，$P_r < 0$，由电网经变流器向转子馈入功率，输出的电磁功率 P_e 小于定子侧功率 P_s，如图 4-11 所示。

（2）超同步运行状态。此时 $n > n_1$，转差率 $s < 0$，式（4-2）取负号，频率为 f_2 的转子电流产生的旋转磁场的转速与转子转速反方向，功率由转子侧变流器流向电网，输出的电磁功率 P_e 大于定子侧功率 P_s，如图 4-11 所示。

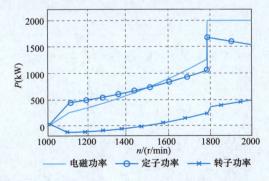

图 4-11　DFIG 的定子、转子侧功率及电磁功率的关系

3）同步运行状态。此时 $n=n_1$，$f_2=0$，转子中的电流为直流，与同步发电机相同。

4.3.2　双馈风力发电机组的动态模型

为了便于分析，得到双馈风力发电机组实用的数学模型，通常对电机作如下假设：

1）忽略空间谐波，假定三相绕组对称，空间互差 120°电角度，所产生的磁动势沿气隙按正弦规律分布；

2）忽略磁路饱和，假定各绕组的自感和互感恒定；

3）忽略电机铁芯损耗；

4）忽略电机频率及温度变化对绕组电阻的影响；

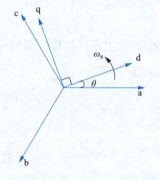

图 4-12　三相 abc 静止坐标系
与 dq 同步旋转坐标系的关系

5）若无特别说明，DFIG 转子侧的参数均为已折算至定子侧，折算后的定、转子绕组匝数相同。

由于异步电机的数学模型是一个高阶、非线性、时变和强耦合的系统，为进一步分析和求解，可以通过坐标变换的方法来简化模型，将三相 abc 静止坐标系变换到两相 dq 同步旋转坐标系下，如图 4-12 所示。经过变换后，双馈感应电机的模型分割为相对独立的 d 轴模型和 q 轴模型。虽然 d 轴模型与 q 轴模型间存在交叉耦合关系，但是 d 轴磁链与 q 轴磁链因正交而互不影响，使所有的电感均为定常量，在一定程度上简化了电机模型。

DFIG 在 dq 同步旋转坐标系统下的等效电路如图 4-13 所示，定转子绕组均采用电动机惯例规定正方向。定转子磁链、电压、转矩和定子侧功率的数学模型分别表示为

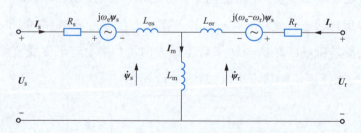

图 4-13　DFIG 在 dq 同步旋转坐标系下的等效电路的矢量形式

$$\begin{aligned}
\boldsymbol{\psi}_s &= L_s \boldsymbol{I}_s + L_m \boldsymbol{I}_r \\
\boldsymbol{\psi}_r &= L_r \boldsymbol{I}_r + L_m \boldsymbol{I}_s
\end{aligned} \tag{4-5}$$

$$\begin{aligned}
\boldsymbol{U}_s &= R_s \boldsymbol{I}_s + \frac{\mathrm{d}\boldsymbol{\psi}_s}{\mathrm{d}t} + \mathrm{j}\omega_e \boldsymbol{\psi}_s \\
\boldsymbol{U}_r &= R_r \boldsymbol{I}_r + \frac{\mathrm{d}\boldsymbol{\psi}_r}{\mathrm{d}t} + \mathrm{j}(\omega_e - \omega_r)\boldsymbol{\psi}_r
\end{aligned} \tag{4-6}$$

$$T_e = \frac{3}{2} p_n \text{Im}[\boldsymbol{\psi}_s \hat{\boldsymbol{I}}_s] = -\frac{3L_m}{2L_s} \text{Im}[\boldsymbol{\psi}_s \hat{\boldsymbol{I}}_r] \tag{4-7}$$

$$P_s + jQ_s = -\frac{3}{2} \boldsymbol{U}_s \hat{\boldsymbol{I}}_s = -\frac{3}{2L_s} \boldsymbol{U}_s (\hat{\boldsymbol{\psi}}_s - L_m \hat{\boldsymbol{I}}_r) \tag{4-8}$$

式中：$\boldsymbol{\psi}_s$、$\boldsymbol{\psi}_r$ 分别为定、转子磁链矢量；$\boldsymbol{U}_s$、$\boldsymbol{U}_r$ 分别为定、转子电压矢量；$\boldsymbol{I}_s$、$\boldsymbol{I}_r$ 分别为定、转子电流矢量；R_s、R_r 分别为定、转子电阻；L_s、L_r、L_m 分别为定、转子自感及其之间的互感；$L_{\sigma s}$，$L_{\sigma r}$ 分别为定、转子漏感；ω_e 为同步电角速度；ω_r 为转子电角速度；p_n 为电机极对数；T_e 为电磁转矩；P_s、Q_s 分别为 DFIG 定子侧有功功率与无功功率。

由式（4-5）、式（4-6）可得

$$\boldsymbol{\psi}_r = \frac{L_m}{L_s} \boldsymbol{\psi}_s + \sigma L_r \boldsymbol{I}_r$$

$$\boldsymbol{I}_s = \frac{1}{L_s} (\boldsymbol{\psi}_s - L_m \boldsymbol{I}_r) \tag{4-9}$$

$$\boldsymbol{U}_r = R_r \boldsymbol{I}_r + \sigma L_r \frac{\mathrm{d}\boldsymbol{I}_r}{\mathrm{d}t} + \frac{L_m}{L_s} \frac{\mathrm{d}\boldsymbol{\psi}_s}{\mathrm{d}t} + j\omega_{slip} \left(\sigma L_r \boldsymbol{I}_r + \frac{L_m}{L_s} \boldsymbol{\psi}_s \right)$$

$$\sigma = 1 - L_m^2 / L_r L_s$$

$$\omega_{sl} = \omega_e - \omega_r$$

式中：σ 为漏磁因数；ω_{slip} 为滑差角频率。

转子运动方程为

$$T_e - T_L = \frac{J}{p_n} \frac{\mathrm{d}\omega_r}{\mathrm{d}t} + D_m \frac{\omega_r}{p_n} + K_m \frac{\theta_r}{p_n} \tag{4-10}$$

式中：T_L 为负载转矩；J 为机组旋转部分转动惯量；D_m 为阻尼系数；K_m 为弹性转矩系数。

通常可假设风力机与 DFIG 转子轴完全刚性连接、整个风力发电机组无阻尼，即 $D_m = 0$，$K_m = 0$，则系统运动方程可进一步简化为

$$T_e - T_L = \frac{J}{p_n} \frac{\mathrm{d}\omega_r}{\mathrm{d}t} \tag{4-11}$$

4.3.3 DFIG 的控制策略

在双馈发电机的变速恒频控制中，采用矢量控制技术将 DFIG 定子电流分解为相互解耦的有功分量和无功分量，对有功、无功分量进行独立控制，可以实现 DFIG 输出有功功率和无功功率的解耦控制。矢量控制是 1971 年西门子公司的 F. Blaschke 等人首先提出来的，它是交流传动调速系统实现解耦控制的核心，其基本思路是通过电机理论和

坐标变换理论，把交流电动机的定子电流分解成磁场定向旋转坐标系的励磁电流分量和与之垂直的转矩分量，然后分别对它们进行控制使交流电动机得到和直流电动机一样的控制性能。借鉴这一思想，对于 DFIG 来说，通过矢量控制技术对双馈异步发电机的有功功率和无功功率进行解耦控制，从而实现控制风力发电机组变速运行和提供无功电压支持的目的。

变速恒频双馈风力发电系统的主要控制目标有两个，一是实现最大风能追踪和在风速过高时限制发电机的输入功率，其核心是对双馈发电机转速或者是有功功率的控制；二是控制双馈发电机与电网间交换的无功功率。双馈发电机转子侧变流器和网侧变流器均有一套独立的矢量控制系统，均采用 PWM 控制，转子侧变流器控制电磁功率，并为发电机提供交流励磁；网侧变流器控制直流电压以及实现单位功率因数运行，其总体控制系统如图 4-14 所示。

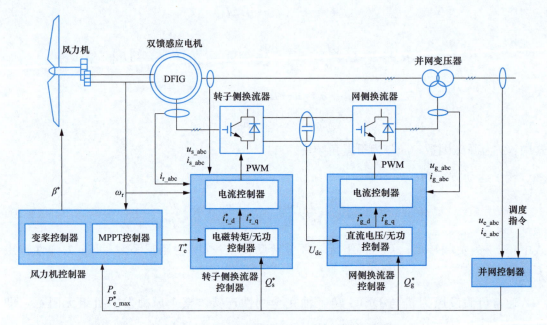

图 4-14 变速恒频双馈风力发电机总体控制系统

1. 最大风能追踪控制

由于自然界风速的随机性而引起的风力机输入功率也是随机变化的，在不同的风速下，风轮转速的变化而引起风力机输出的机械功率发生变化，风力机捕获的机械功率与转速之间关系的曲线簇 $P_m(\omega_r, v)$ 如图 4-15 所示。每种风速下都对应着一个最大功率点，这一点对应着最大的风能利用系数 C_{pmax}。由此可知在不同的风速下都存在最大功率的输出，连接起来就得到了图 4-15 中的最大功率曲线 P_{opt}。保证风力机运行在最大功率曲线上，使风力机捕获最大的风能并且输出最大的机械功率是本文的控制目标。

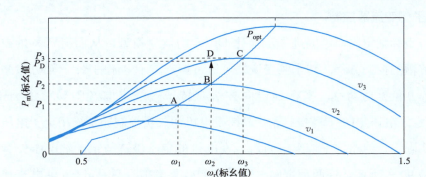

图 4-15　最大风能追踪示意图

图 4-15 描述了最大风能捕获的过程，如果风力机在风速 v_2 下稳定运行在最大功率曲线 P_{opt} 的 B 点上，此时 DFIG 的转速 ω_2 和功率输出 P_2 均处于最佳的运行状态，同时 DFIG 的输出功率和风力机的输入功率是相等的。当风速由 v_2 突变到 v_3 时，风力机会随着风速的变化由 B 点突变到 D 点，输出的机械功率也由 P_2 突变到 P_D。但此时由于 DFIG 的机械惯性和调节过程的滞后，发电机仍然在 B 点运行，此时 DFIG 的输入机械功率大于发电机输出功率，引起转速的增加进而使 DFIG 输出功率逐渐增加。在变化过程中，风力机沿着风速下功率曲线 DC 轨迹运行，而发电机沿着最大风能利用曲线 BC 轨迹运行。当在风速 v_3 下风力机的输出功率与最优功率曲线交点 C 时，功率将会再一次平衡，此时在风速 v_3 下 DFIG 转速稳定在 ω_3，风力机输出的功率稳定在 P_3。风速突然变小的过程是相反的运行过程。

在图 4-15 所示的曲线簇中，连接最大功率点即可得到功率最优曲线 $P_{opt}(\omega_r)$。风力机运行于最优点时（即 $\lambda = \lambda_{opt}$、$C_p = C_{pmax}$），根据叶尖速比定义可得风速和转速的关系为

$$v = R_t \omega_t / \lambda_{opt} \tag{4-12}$$

式中：R_t 为叶片半径；ω_t 为叶片旋转的转速。

将式（4-12）代入风机捕获的机械功率公式中，可得在最优运行点风力机捕获的功率为

$$P_{opt} = 0.5 C_{pmax} \rho \left(\frac{R_t}{\lambda_{opt}}\right)^3 \pi R_t^2 \omega_t^3 = k_{opt} \omega_t^3 \tag{4-13}$$

$$k_{opt} = 0.5 \rho \pi R_t^5 C_{pmax} / \lambda_{opt}^3$$

式中：k_{opt} 为最优功率曲线系数。

由式（4-13）可知，对于特定的风力机，其最佳功率曲线是确定的，最大功率和转速的三次方呈正比关系。对应的转矩为

$$T_{opt} = k_{opt}\omega_t^2 \tag{4-14}$$

2. 转子侧变流器控制

通过对坐标轴定向，可以进一步简化 DFIG 的数学模型，从而得到矢量控制所需有功和无功解耦的控制方程。转子侧变流器可通过控制转子电流的 d、q 轴分量来分别控制 DFIG 的有功和无功功率。坐标轴定向方法有转子磁链定向（RFO）、定子磁链定向（SFO）和定子电压定向（SVO）等。双馈发电机的矢量控制通常采用定子电压或定子磁链定向。实际上，忽略定子绕组电阻后，发电机的定子磁链与定子端电压矢量之间的相位差正好是 90°。因此，这两种定向方式的控制效果类似，只是 d、q 轴电流代表的有功和无功分量刚好相反。

目前并网变流器的电压锁相技术（PLL）已经比较成熟，具有较高的精度和抗干扰能力，因此，DFIG 也常采用基于电压定向的矢量控制策略，SVO 的各坐标系关系如图 4-16 所示。电压矢量的角度可直接由 PLL 环节得到，不必再计算磁链。

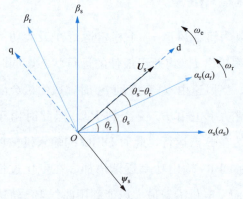

图 4-16　定子电压定向坐标系关系

由于 DFIG 定子侧频率为工频，故定子电阻远小于定子电抗，当定子磁链稳定时，若忽略定子电阻，则可认为 DFIG 感应电动势近似等于定子电压，可得定子电压为

$$U_s \approx j\omega_e\boldsymbol{\psi}_s \tag{4-15}$$

由式（4-15）可知，定子电压矢量超前定子磁链矢量 90°，且位于 q 轴负方向。因此，SVO 控制与 SFD 控制在稳态时控制特性是一样的，只是转子电流的 d、q 轴分量所代表的有功和无功含义相反。采用 SVO 时，定子电压的 d、q 轴分量为

$$\begin{cases} u_{sd} = |U_s| = U_s = -\omega_e\boldsymbol{\psi}_{sq} \\ u_{sq} = 0 \end{cases} \tag{4-16}$$

将式（4-16）代入式（4-7）和式（4-8），可得 SVO 控制的转矩、功率与转子电流的关系为

$$T_e = \frac{3p_nL_m}{2\omega_eL_s}U_si_{rd} \tag{4-17}$$

$$p_s = \frac{3L_m}{2L_s}U_si_{rd} = T_e\frac{\omega_e}{p_n}$$

$$q_s = -\frac{3}{2L_s}U_s\left(\frac{U_s}{\omega_e} + L_mi_{rq}\right) \tag{4-18}$$

由式（4-17）和式（4-18）可知，在定子电压定向控制下，电磁转矩和无功功率分别与转子电流 i_{rd} 和 i_{rq} 成正比。而根据式（4-9）和式（4-16）可计算出 SVO 的电流环耦合项为

$$\begin{cases} \Delta u_{rd} = -\omega_{sl}\sigma L_r i_{rq} + \dfrac{\omega_{sl}L_m}{\omega_e L_s}u_{sd} \\[2mm] \Delta u_{rq} = \omega_{sl}\sigma L_r i_{rd} \end{cases} \tag{4-19}$$

由此可得 DFIG 转子侧变流器基于定子电压定向的矢量控制策略，如图 4-17 所示。

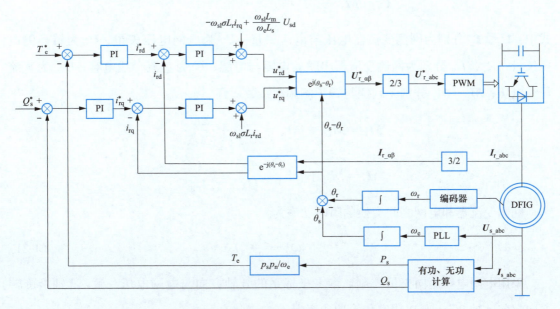

图 4-17　转子侧变流器矢量控制框图

3. 网侧 PWM 的控制策略

网侧变流器控制采用基于电网电压定向的矢量控制（VOC）方案，此矢量控制方案用于电网与网侧变流器之间传输的有功功率和无功功率的解耦控制。其中网侧变流器电流的直轴分量用来控制直流母线电压保持恒定，而其交轴分量用来控制网侧变流器与电网之间无功功率的交换。同步旋转坐标系下网侧变流器等效电路与数学模型分别如图 4-18 与式（4-20）所示。

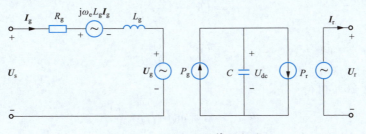

图 4-18　网侧变流器等效电路

$$U_s = R_g I_g + j\omega_e L_g I_g + L_g \frac{dI_g}{dt} + U_g$$

$$C\frac{du_{dc}}{dt} = \frac{P_g}{U_{dc}} - \frac{P_r}{U_{dc}}$$

$$U_g = M_g \frac{U_{dc}}{2}$$

$$U_r = M_r \frac{U_{dc}}{2}$$

$$(4\text{-}20)$$

式中：U_g、I_g 分别为网侧变流器电压与电流矢量；U_s 为电网电压矢量；U_r 为转子侧电压矢量；R_g、L_g 分别为网侧变流器串联的电阻与电感；C 为直流母线电容；U_{dc} 为直流母线电压；M_g、M_r 分别为网侧与转子侧调制系数，且

$$M_g = M_{gd} + jM_{gq} = \frac{2U_{gd}}{U_{dc}} + j\frac{2U_{gq}}{U_{dc}}$$

$$M_r = M_{rd} + jM_{rq} = \frac{2U_{rd}}{U_{dc}} + j\frac{2U_{rq}}{U_{dc}}$$

网侧变流器和电网之间交换的瞬时功率为

$$P_g + jQ_g = \frac{3}{2}U_s I_g^*$$

$$(4\text{-}21)$$

采用电网电压定向矢量控制，参考坐标系的 d 轴方向与电网电压一致，q 轴沿旋转方向超前 d 轴 90°，有功功率和无功功率为

$$P_g = \frac{3}{2}(u_{sd}i_{gd} + u_{sq}i_{gq}) = \frac{3}{2}u_{sd}i_{gd}$$

$$Q_g = \frac{3}{2}(u_{sq}i_{gd} - u_{sd}i_{gq}) = -\frac{3}{2}u_{sd}i_{gq}$$

$$(4\text{-}22)$$

由式（4-22）可知，在电网电压保持恒定时，网侧变流器有功功率与 i_{gd} 成比例，而无功功率则与 i_{gq} 成比例，实现了转子有功功率和无功功率的解耦控制。

令

$$u_d' = \left(R_g + \frac{dL_g}{dt}\right)i_{gd}$$

$$u_q' = \left(R_g + \frac{dL_g}{dt}\right)i_{gq}$$

$$(4\text{-}23)$$

则由式（4-20）可得

$$u_{gd} = u_{sd} + \omega_e L_g i_{gq} - u_d'$$

$$u_{gq} = -\omega_e L_g i_{gd} - u_q'$$

$$(4\text{-}24)$$

综上所述，网侧变流器的矢量控制框图如图 4-19 所示。根据直流母线电压的要求对变流器 d 轴电流参考值 i_{gd}^* 进行控制，u_{gd} 和 u_{gq} 之间的耦合项 $\omega_s L_g i_{gq}$ 和 $\omega_s L_g i_{gd}$ 可以通过前馈补偿的方法消除两者之间的耦合；根据整个风力发电机组对无功功率的要求对变流器 q 轴电流参考值 i_{gq}^* 进行控制。一般控制策略中，为充分利用变频器的控制能力并输出尽可能多的有功功率，通常设定电网与网侧变流器之间没有无功功率的交换，即网侧变流器保持单位功率因数运行。

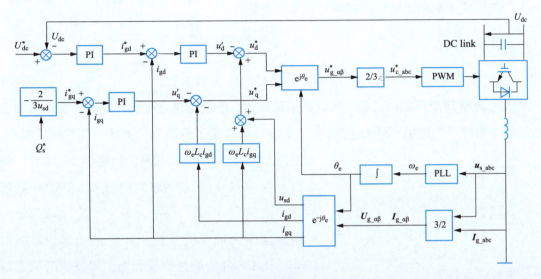

图 4-19　网侧变流器矢量控制框图

4.4　永磁直驱风力发电机组的控制

永磁直驱风力发电机组也是目前变速恒频的主流机型之一，并且市场份额逐渐增加。相对于双馈风力发电机组，其主要优点为：取消了齿轮箱和传动轴，使传动系统的部件数量减少，增加了机组稳定性，降低了运行维护成本；转子没有绕组，不需要励磁电源，没有集电环和电刷，简化了结构，提高了效率；在电网侧采用 PWM 逆变器输出恒定频率和电压的三相交流电，对电网波动的适应性好。但永磁同步发电机（permanent magnet synchronous generator，PMSG）和全功率变流器成本高，对永磁材料的稳定性要求高，发电机的外径和质量大幅增加，尤其在 5MW 以上的风力发电机组应用时受到体积和质量过大的限制。

4.4.1　PMSG 的稳态特性

永磁直驱风力发电机组主要由风力机、永磁同步发电机、全功率变流器等部件组成，系统结构示意图如图 4-7 所示。PMSG 为多级低速结构，因此风力机可以直接与发电机转子连接，省去齿轮箱，即为直接驱动式结构。这样可大大减小系统运行噪声，提高可靠性。由于转子采用永磁体结构，无需外部提供励磁电源，提高了效率。为实现变速恒频控制，PMSG 需通过全功率变流器并网。永磁直驱风力发电机组大多采用机侧变流器实现最大风能跟踪控制；采用网侧变流器实现直流侧电压稳定和交流输出的功率因数控制。

PMSG 定子侧输出电压的频率与转速的关系为

$$f_s = \frac{p_n n}{60} \tag{4-25}$$

式中：f_s 为 PMSG 定子侧频率；n 为转子转速；p_n 为极对数。

通过增加 PMSG 的极对数，可以减小其转速，使之与风力机的转速相匹配，从而省去增速齿轮箱。为避免 PMSG 的极对数太多，通常定子侧的额定频率仅为 10Hz 左右，

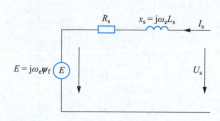

图 4-20　PMSG 的稳态等效电路

而不是 50Hz。如风力机的额定转速为 15r/min，额定频率为 10Hz 时所需的极对数为 40。PMSG 转速的调节范围为 $0 \sim n_N$（n_N 为额定转速），而 DFIG 的调速范围为额定转速的 $\pm 25\% \sim \pm 30\%$，因而 PMSG 比 DFIG 的调速范围要宽。PMSG 的稳态等效电路如图 4-20 所示。图中，U_s、I_s 分别表示定子

电压与定子电流矢量；ψ_f 表示转子永磁体磁链，通常为恒值；R_s、L_s 分别表示定子电阻与电感；x_s 表示定子电抗；E 为永磁体磁链的感应电动势，$E = j\omega_e \psi_f$。

由图 4-20 可得 PMSG 的定子侧电压为

$$U_s = j\omega_e \psi_f + R_s I_s + j\omega_e L_s I_s \tag{4-26}$$

式（4-26）说明，风力机在变速过程中，PMSG 输出的电压也随之而变化。PMSG 的变压变频输出需经全功率变流器后，才能并入恒压恒频的电网。

由 PMSG 的稳态等效电路可得其输出的有功和无功功率为

$$\begin{gathered} P_s = \frac{|U_s||E|}{x_s} \sin\delta \\ Q_s = \frac{|U_s||E|}{x_s} \cos\delta - \frac{|U_s|^2}{x_s} \end{gathered} \tag{4-27}$$

式中：δ 为永磁同步发电机的功率角。

由于变流器为 AC/DC/AC 变换，只能将 PMSG 的有功传输给电网，而无功不能经

过直流环节传输，因而机组的无功输出由网侧变流器提供。由图 4-20 可知，由于感应电动势 E 随转速变化，PMSG 输出有功不仅由功角决定，还与转速有关，因此需进一步分析其动态模型。

4.4.2 PMSG 的动态模型

PMSG 的定子绕组与普通电励磁同步电机相同，都是三相对称绕组。为分析方便，在建立数学模型过程中做如下基本假设：

1）转子永磁磁场在气隙空间分布为正弦波，定子电枢绕组中的感应电动势也为正弦波；

2）忽略定子铁芯饱和，认为磁路线性，电感参数不变；

3）不计铁芯涡流与磁滞等损耗；

4）转子上没有阻尼绕组。

永磁同步电机结构及坐标轴关系如图 4-21 所示，通常将 d 轴定向到转子磁链上。此时，定子磁链为

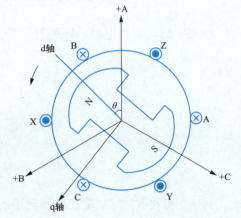

$$\Psi_{sd} = L_d i_{sd} + \Psi_f$$
$$\Psi_{sq} = L_q i_{sq} \tag{4-28}$$

式中：Ψ_{sd}、Ψ_{sq} 分别为定子 d、q 轴磁链；i_{sd}、i_{sq} 分别为定子 d、q 轴电流；L_d、L_q 分别为定子 d、q 轴电感。

采用电动机惯例规定正方向，则 PMSG 在 d、q 同步旋转坐标系下的电压方程为

图 4-21　两极永磁同步电机结构
及坐标轴关系图

$$u_{sd} = p\Psi_{sd} - \omega_e \Psi_{sq} + R_s i_{sd}$$
$$u_{sq} = p\Psi_{sq} + \omega_e \Psi_{sd} + R_s i_{sq} \tag{4-29}$$

将式（4-28）代入式（4-29）可得

$$u_{sd} = R_s i_{sd} + L_d \frac{di_{sd}}{dt} - \omega_e L_q i_{sq}$$

$$u_{sq} = R_s i_{sq} + L_q \frac{di_{sq}}{dt} + \omega_e L_d i_{sd} + \omega_e \Psi_f \tag{4-30}$$

由式（4-30）可得转子磁链定向方式下的 PMSG 等效电路，如图 4-22 所示。

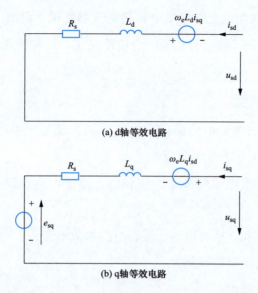

(a) d轴等效电路

(b) q轴等效电路

图 4-22　PMSG 在 dq 同步坐标系下的等效电路

PMSG 的功率和电磁转矩的计算公式为

$$P_s = -\frac{3}{2}(u_{sd}i_{sd} + u_{sq}i_{sq})$$

$$Q_s = \frac{3}{2}(u_{sd}i_{sq} - u_{sq}i_{sd}) \tag{4-31}$$

$$T_e = -\frac{3}{2}p_n(\Psi_{sd}i_{sq} - \Psi_{sq}i_{sd}) \tag{4-32}$$

式（4-31）和式（4-32）是功率和转矩的通用计算公式，适用于不同坐标系定向方式。而在转子磁链定向方式下，将式（4-28）代入式（4-32）可得

$$T_e = -\frac{3}{2}p_n i_{sq}[(L_d - L_q)i_{sd} + \Psi_f] \tag{4-33}$$

4.4.3　PMSG 的控制策略

　　与双馈风力发电系统相同，永磁同步发电机也采用机侧和网侧各有一套变流器的双 PWM 矢量控制系统。机侧变流器实现对电机转矩的控制，实现最大风功率跟踪；电网侧变流器的控制任务是保证直流母线电压的稳定和实现输出有功、无功功率的解耦控制，使风机功率平稳传输到电网上。总体控制系统如图 4-23 所示。由于其网侧变流器的矢量控制策略与双馈机组类似，因此本节仅阐述机侧变流器的控制策略。

　　机侧变流器一般采用基于转子磁链定向的矢量控制方式，即取 d 轴沿着 PMSG 永磁体磁链 ψ_f 方向。但由于定、转子磁链存在角度差 δ，定子电压的 q 轴分量 u_{sq} 并不为 0，

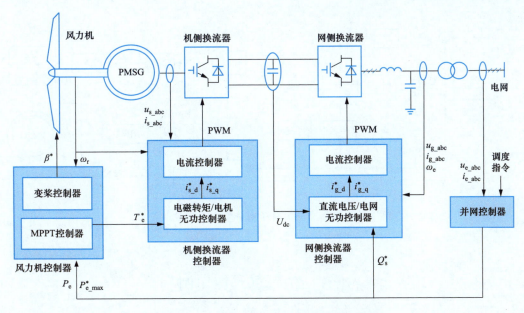

图 4-23　永磁直驱风力发电机总体控制系统

因此，在转子磁链定向方式下，有功功率和无功功率并不能解耦，而且有功功率和电流的 d、q 轴分量都有关系。为简化控制，通常控制 d 轴电流为零，即 $i_d = 0$，则有功功率、无功功率以及转矩为

$$P_s = -\frac{3}{2} u_{sq} i_{sq} \approx -\frac{3}{2} \omega_e \boldsymbol{\varPsi}_f i_{sq}$$

$$Q_s = \frac{3}{2} u_{sd} i_{sq} \approx -\frac{3}{2} \omega_e L_q i_{sq}^2 \tag{4-34}$$

$$T_e = -\frac{3}{2} p_n \boldsymbol{\varPsi}_f i_{sq} \tag{4-35}$$

由式（4-34）和式（4-35）可知，电磁功率 P_s 及转矩 T_e 与 q 轴电流 i_{sq} 呈线性关系，通过控制定子电流的 q 轴直流分量可控制电磁转矩，这正是 $i_d = 0$ 控制的优点之一，使发电机的转矩控制环节得到简化。有最大功率跟踪曲线可得转矩设定值 T_e^* 时，发电机 d、q 轴电流的参考值为

$$i_{sd}^* = 0$$

$$i_{sq}^* = -\frac{2 T_e^*}{3 p_n \boldsymbol{\varPsi}_f} \tag{4-36}$$

由式（4-29）可知，u_{sd} 和 u_{sq} 之间存在耦合项 $\omega_e L_d i_{sq}$ 和 $\omega_e L_q i_{sd}$，可以通过前馈补偿的方法将其作为干扰前馈补偿后消除两者之间的耦合。机侧变流器的矢量控制系统框图 4-24 所示。

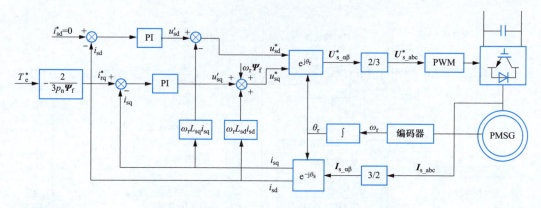

图 4-24　机侧变流器转子磁链定向矢量控制框图

4.5　仿　真　算　例

4.5.1　双馈风力发电系统的仿真

1. 稳定运行仿真分析

DFIG 仿真系统的参数为：额定电压 $U_{nom}=690V$，额定转速 $n_r=1500r/min$，极对数 $P_n=2$，额定频率 $f_{nom}=50Hz$，定子电阻标幺值 $R_s=0.0108$，转子电阻标幺值 $R_r=0.102$，定子绕组漏感标幺值 $L_{ls}=0.102$，转子绕组漏感标幺值 $L_{lr}=0.11$，PWM 开关频率 $f_{PWM}=2000Hz$。

首先分析了 DFIG 在亚同步速、同步速、超同步速运行时并网控制下网侧电压、电流与转子电流的运行状况。由于双馈风力发电机转子励磁电流在幅值、相位、相序和频率上都是可控的，通过调节转子励磁就可以使发电机定子端电压与电网电压相同，实现顺利并网。

图 4-25 为 DFIG 在同步速下 $n_1=1500r/min$ 的并网运行状态，从图中可以看出转子

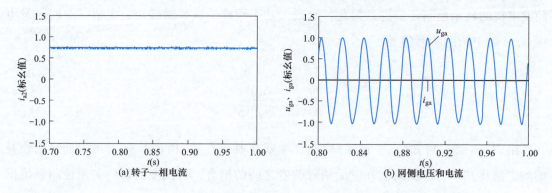

(a) 转子—相电流　　　　　(b) 网侧电压和电流

图 4-25　同步速下的运行状态

电流为一恒定值,当 DFIG 运行在同步速时定子电流的频率保持在 50Hz,转子电流频率为 0,因此为一直流电流。

图 4-26 为 DFIG 在亚同步速下 $n = 1300 \text{r/min}$ 的并网运行状态,转子电流频率发生了明显的变化,而电网侧的电压和电流也处于同相位。不仅保证了网侧变流器在单位功率因数下运行,而且验证了在亚同步下功率的流向是从电网侧流向 DFIG 转子侧的。

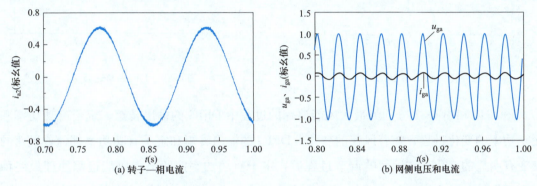

图 4-26 亚同步速下的运行状态

图 4-27 为 DFIG 在超同步速下 $n = 1600 \text{r/min}$ 的并网运行状态,随着转速的增加定子电流在幅值和频率上都发生了变化,网侧电压、电流方向相反,这表明在超同步下功率由转子侧流向电网。

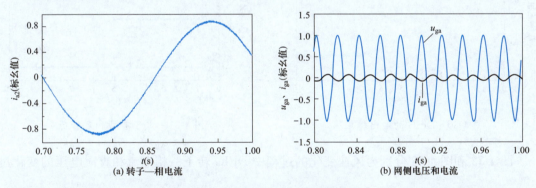

图 4-27 超同步下的运行状态

通过以上的仿真验证了 DFIG 网侧变流器和机侧变流器控制策略的正确性,实现了 DFIG 在风速变化时能实现变速恒频运行以及转子励磁变流器功率双向流动的能力。

2. 最大风能追踪仿真分析

图 4-28 和图 4-29 是在最大风能追踪控制下,风速和 DFIG 角速度的变化过程。在风速初始值为 7m/s 的运行状态下,DFIG 的角速度 ω_r 也处于稳定状态。当 5s 风速跳变为 9.6m/s 时,ω_r 发生了明显的调整。从风速与双馈发电机角速度 ω_r 之间的对应关系可以看出:在风速为 7m/s 和 9.6m/s 时,双馈发电机角速度 ω_r 为 110rad/s 和 151rad/s,仿

真结果与计算完全吻合，实现了最大风能追踪控制。

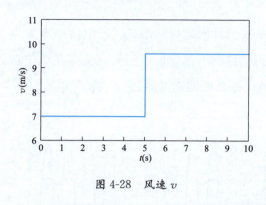

图 4-28　风速 v

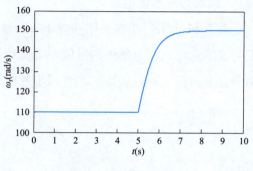

图 4-29　DFIG 角速度 ω_r

　　图 4-30 和图 4-31 分别为最大风能追踪的过程中 DFIG 的输出转矩、定子有功功率和无功功率的变化过程。随着风速的变化，DFIG 的输出转矩和定子有功功率都随着风速的突变有明显的变化，在短暂的调节过程后，定子有功功率按照最大风能追踪原理最终稳定在风力机的最大跟踪曲线上，而无功功率保持不变。转矩也在 5s 时发生明显的变化，为负表示 DFIG 处于发电的状态中。

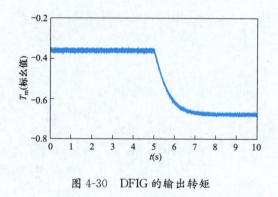

图 4-30　DFIG 的输出转矩

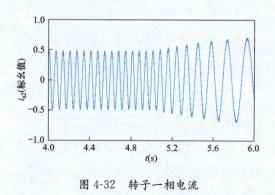

图 4-31　定子有功和无功功率

　　图 4-32 和图 4-33 分别为风速变化的过程中 DFIG 转子一相电流和直流电压的变化过

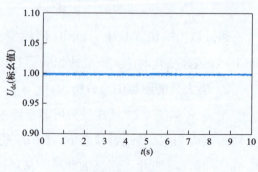

图 4-32　转子一相电流

图 4-33　直流电压

程。从图中可以明显地看到，当风速变化引起 DFIG 转速变化时，转子电流不仅在幅值上发生变化，在频率上也有所调整。幅值的改变跟随风速的变化，并且反映了 DFIG 输出功率的改变。而发电机角速度 ω_r 的变化决定了定子电流频率的变化，这也验证了 DFIG 变速恒频运行的原理。而直流母线电压在风速变化时稍有波动，整个过程保持稳定状态。

4.5.2 永磁直驱风力发电系统的仿真

1. 转子磁链定向矢量控制仿真

永磁直驱风力发电机组（PMSG）并网仿真系统如图 4-34 所示，系统仿真参数见表 4-1。

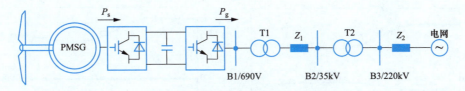

图 4-34　永磁直驱风力发电机组并网仿真结构图

表 4-1　　　　　　　　　　　　风力发电系统仿真参数

参数名称	参数值
额定容量 P_N	$10 \times 2\text{MW}$
额定电压 U_N	690V
额定转速 ω_{m_N}	16.7r/min
极对数 p	38
定子电阻 R_s	0.0066Ω
直轴电感 L_d	1.4mH
交轴电感 L_q	1.4mH
转子磁链 Ψ_f	9.25Wb
风力机惯量常数 H_{turb}	5.0s
发电机惯量常数 H_{gen}	0.8s
直流电压额定值 U_{dc_N}	1200V
直流侧电容器 C	10mF
风力发电机组升压变压器 T1	690V/35kV，10.5%
风力发电场升压变压器 T2	35/220kV，10.5%
线路 1 阻抗 Z_1	$0.575+\text{j}1.652\Omega$
线路 2 阻抗 Z_2	$11.51+\text{j}32.91\Omega$
电网	220kV/50Hz，$SCR=10$

图 4-35 为采用转子磁链定向的 $i_d=0$ 控制策略时的风力发电机组动态性能曲线。从图 4-35（a）可以看出，当风速发生跃变后，系统有功功率输出标幺值从 0.7 下降到 0.44，吸收的无功功率标幺值从 0.15 下降到 0.06，说明当风速减小时，风力机捕获的风力发电功率减小使得风力发电机有功功率输出减小，无功功率也同时随有功功率的减小而减小，发电机功率因数增大。图 4-35（b）中，永磁同步发电机组定子 d 轴电流基本被控制为零，q 轴电流则随功率的降低而减小。图 4-35（c）、（d）是风速变化前后发电机线电压 u_{ab} 和 a 相电流 i_a 相位关系的局部放大图，从图中可以看出发电机线电压 u_{ab} 超前 a 相电流的相位随风速的变化而改变，进一步说明该控制方法下无功功率随风速变化。

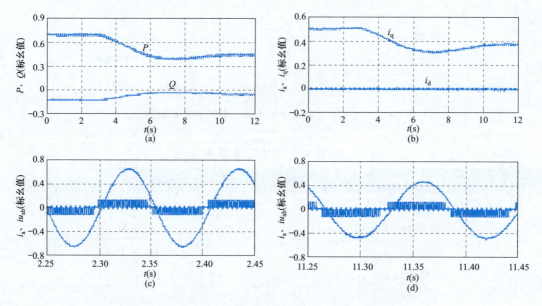

图 4-35　采用 $i_d=0$ 控制的风力发电机组动态性能曲线

2. 电压跌落响应

与双馈风力发电机组不同，由于全功率变流器的隔离作用，永磁直驱同步发电机不会受到电网故障的直接扰动，其实现风力发电机组的低电压穿越的关键问题在于维持变流器直流环节电容电压的稳定。

当电网电压的跌落与恢复发生变化时，永磁直驱同步风力发电机组系统侧的功率振荡及变流器的限流控制等因素会引起网侧电流 I_g 变化，从而导致 PMSG 网侧变流器输出功率 P_g 不稳定。由于全功率变流器的隔离作用，风力发电机组仍工作于最大功率跟踪状态，机侧变流器有功功率输出 P_s 仅取决于转子转速，由于风力发电机组惯性较大，在电网扰动过程中 P_s 变化不大，因而捕获的风力发电功率并未因电压跌落而变化。此时 $P_s \neq P_g$，即直流侧功率无法平衡，导致直流母线电压突变。因此，解决永磁直驱风力发电机组故障穿越的关键点是稳定直流母线两侧功率平衡。目前实现永磁直驱风力发电机组故障穿越的主要研究方案有：通过在直流侧安装卸荷电路消纳多余的能量；在直流侧安装储能装置，如超级电容等，快速吞吐有功功率；并联辅助变流器增加直流侧功率的输出通道；利用转子惯性储存多余的能量。

图 4-36 给出了在不增加任何外部设备和改变控制策略的前提下，网侧换流器控制直流母线电压，当电网电压骤降或突升时永磁直驱风力发电机组的动态响应图。图中包括

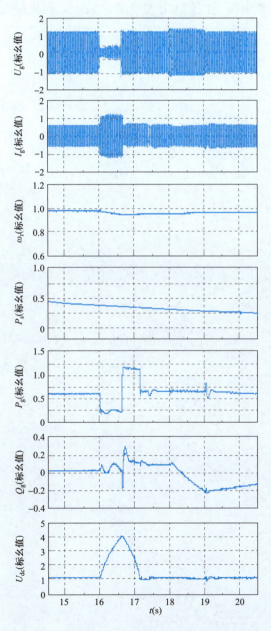

图 4-36 PMSG 在电网电压突变时的动态响应图

电网侧电压、电流，转子转速、直流母线电压，网侧输出的有功功率和无功功率，以及发电机侧电压、电流、输出有功功率。仿真风速为 $11m/s$，并网点电压 U_{grid} 分别在 $16\sim16.625s$ 跌落 80%，在 $18\sim19s$ 升高 15%。由图 4-36 可以看出，电网电压的突变，均造成网侧输出电流 I_g 改变，从而造成经由网侧换流器输出到电网的有功功率发生变化，而且网侧也随有功功率变化而改变。但是由于风速恒定，机侧输出有功功率变化不大，进而造成直流母线两侧功率不平衡，直流母线电压大幅升高，不利于永磁直驱风力发电机组的正常稳定运行。机侧电压受网侧电压变化影响较大，而机侧电流变化不大。

第 5 章

模块化多电平变流器及其
在柔性直流输电中的应用

传统直流输电采用晶闸管构成的相控整流电路实现交直流变换，在高电压、大容量、远距离传输领域具有交流输电不可比拟的优势，但相控电路的谐波、无功及逆变失败等固有问题不易解决。基于模块化多电平变流器（modular multilevel converter，MMC）的柔性直流输电技术性能更为优越，在新能源联网、直流配电网等新的应用领域得到了广泛应用，进一步拓展了直流技术。本章将结合柔性直流输电应用，分析 MMC 的拓扑结构、调制方式、数学模型、控制策略及谐波特点等关键技术。

5.1　柔性直流输电系统概述

5.1.1　柔性直流输电的概念

高压直流输电（high voltage direct current，HVDC）是将送端电源发出的交流电通过送端换流站转变为直流电（即整流），并通过直流输电线路向受端换流站传输功率，受端换流站再把接收到的功率从直流侧传递到交流用户侧（即逆变）。如图 5-1 所示，送端换流站工作在整流状态，受端换流站工作在逆变状态。

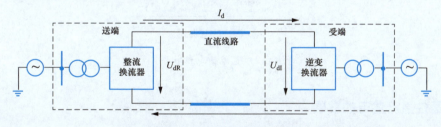

图 5-1　HVDC 系统示意图

根据采用电力电子器件及变流器类型的不同，直流输电分为传统直流输电和柔性直流输电。在图 5-2（a）所示的传统直流输电（HVDC Classic）中，换流站采用晶闸管相控电路，该技术始于 20 世纪 70 年代并沿用至今，有效提高了远距离电能传输的经济性和可控性，促进了直流输电技术的发展。而在图 5-2（b）所示的柔性直流输电系统中，换流站采用由全控型器件 IGBT 构成的电压源型电路，该技术最早由加拿大学者于 1990 年提出。最早将其工程化的 ABB 公司称为 HVDC light；最早采用模块化多电平结构的西门子公司称为 HVDC plus；我国则习惯称为柔性直流输电——HVDC Flexible；而在学术领域，IEEE 和 CIGRE 则称为 VSC-HVDC（voltage source converter HVDC）。随着电力系统的不断发展，可再生能源接入规模在不断扩大并且直流负荷占比也不断增大，因此基于电压源型变流器的 VSC-HVDC 在未来电力系统中有着广阔的应用前景。

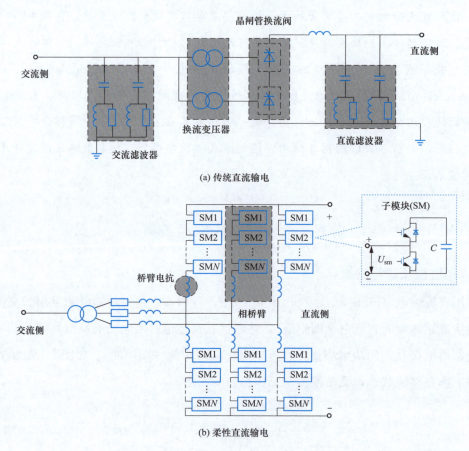

图 5-2　直流输电结构图

5.1.2　柔性直流输电的发展

人类对于电能输送的探索始于直流输电，但早期送端的直流发电机和受端的直流电动机直接串联，可靠性较差，且直流系统不能直接实现电压的升降，无法进行远距离输电。19 世纪末，三相交流发电机、感应电动机和变压器相继问世，鉴于交流电在发电、变压、输电、配电及用电等领域的明显优势，交流输电和交流电网很快占据电力系统的统治地位。随着电力系统的迅速发展，交流输电具有远距离输电同步稳定性、电缆输电容性电流、异步联网等方面的一系列问题。而且交流电网规模越大、线路越长，稳定性问题就越突出。

　　高压直流输电自 20 世纪 50 年代兴起至今，目前全世界有 130 余项高压直流输电工程投入运行，且装机容量也逐年上升。最早的高压直流输电采用的是汞弧阀变流器［见图 5-3（a）］，1954 年在瑞典哥特兰岛应用于世界上第一个高压直流输电工程，并且到 1977 年一共有 12 个汞弧阀直流输电工程投运。然而，汞弧阀存在制造技术复杂、价格昂贵、逆弧故障率较高等缺陷，限制了这一时期直流输电技术的发展。20 世纪 70 年代后，晶闸管阀［见图 5-3（b）］技术已经成熟，逐渐取代了汞弧阀，但仍沿用整流电路的拓扑结构，综合构成了传统高压直流输电。第一个晶闸管阀的高压直流输电工程于 1972 年在加拿大的伊尔河正式投运。目前世界上大部分高压直流输电采用的是晶闸管阀变流器。但由于晶闸管没有自关断能力、开关频率较低，相控电路的谐波、无功以及对交流系统依赖性都较大，制约了传统直流输电的进一步发展。

(a) 汞弧阀　　　　　　　　　　(b) 晶闸管阀　　　　　　　　　　(c) IGBT 阀

图 5-3　换流阀实物图

　　最新一代高压直流输电技术采用的是由绝缘栅双极型晶体管（IGBT）构成的电压型变流器［见图 5-3（c）］，解决了晶闸管变流器的换流失败、无功和谐波等问题。20 世纪 90 年代，新型全控型半导体器件 IGBT 开始应用于直流输电。1997 年 ABB 公司在瑞典赫尔斯杨进行第一个 VSC-HVDC 的工业试验，并于 1999 年在哥特兰岛投入商业运行。由 IGBT 构成的两电平电压源型变流器虽然控制简单，但存在谐波含量高、开关损耗大等缺陷，同时 IGBT 耐压、耐流能力有限，因此很难满足电力系统高压大容量的电能传输要求。21 世纪初，德国专家提出的模块化多电平变流器（modular multilevel converter，MMC）拓扑结构及其相关技术，显著提升了柔性直流输电工程的运行效益，促进了柔性直流输电技术的发展及其工程推广应用。2010 年 11 月，西门子公司承建美国旧金山投运的 Trans Bay Cable 柔性直流输电工程，该工程采用的变流器是模块化多电平变流器。模块化多电平结构在直流变压领域的发展和应用，进一步促进了柔性直流输配电技术的发展。

　　虽然我国传统高压直流输电起步较晚，但近年来我国的柔性直流输电技术突飞猛进。

国内第一条真正意义上的高压直流输电是 1989 年的葛洲坝—上海高压直流输电工程。随后上海南汇 35kV 示范工程于 2011 年 7 月正式投运，国家电网公司成为继 ABB、西门子公司之后世界上第三家完全掌握柔性直流输电成套设备设计核心技术的企业。2015 年 12 月，世界上首次采用双极拓扑结构的柔性直流输电工程——厦门±320 kV/100 万 kW 柔性直流输电科技示范工程正式投运，标志着我国真正实现柔性直流输电技术领域的国际引领。而 2020 年投运的张北±500kV/3000MW 四端柔性直流输电示范工程是世界上首个柔性直流电网工程，为北京冬奥输送清洁能源。于 2021 年全面投产的±800kV 昆柳龙三端直流输电工程又创造了多项世界第一：世界上容量最大的特高压多端直流输电工程、首个特高压多端混合直流工程、首个特高压柔性直流换流站工程、首个具备架空线路直流故障自清除能力的柔性直流输电工程。目前世界上长距离架空直流输电项目一半多建在我国，尤其是±800kV 以上特高压 HVDC 项目。对于新一代柔性直流输电技术，我国坚持走自主创新的道路，目前在柔性直流输电技术领域处于世界领先地位，可以实现核心设备 100％国产化。我国已经是世界上直流输电工程最多、线路最长、容量最大的国家。未来我国的柔性直流输电技术将向特高压、大容量方向发展，将广泛应用于远距离大容量输电，例如我国的藏电外送、西部清洁能源外送等。同时，柔性直流输电技术还向海底柔性直流输电方向发展，大量应用于远海风力发电场的接入工程，在能源转型及消纳多余可再生能源方面前景广阔。

5.1.3　柔性直流输电的特点

　　柔性直流输电技术是继交流输电、传统直流输电之后的新一代输电技术，基于柔性直流输电技术的直流电网是未来电网的重要组成部分。柔性直流输电技术具有传统高压直流输电的优点。即：输电架空线路的造价低、损耗小；不存在交流输电的功角、频率等稳定性问题，允许输送功率不受线路电感限制，有利于远距离大容量送电；可实现不同频率电网互联（如 50Hz 和 60Hz），也可实现同频但非同步运行电网的互联；采用高压直流输电易于实现地下或海底电缆输电；容易进行潮流控制，并且响应速度快、调节精确、操作方便。此外，由于采用电压源型变流器，相对于采用相控电路的传统直流输电技术，柔性直流输电还有以下优点。

　　（1）不存在换相失败问题，可向孤岛等无源网络供电。传统直流输电受端变流器（逆变器）在受端交流系统发生故障时易发生换相失败，导致输送功率中断。通常只要逆变站交流母线电压因交流系统故障瞬间跌落 10％以上幅度，就可能会引起逆变器换相失败，而在换相失败恢复前传统直流系统无法输送功率。柔性直流输电采用的是可关断器件，不存在换相失败问题，即使受端交流系统发生严重故障，只要换流站交流母线仍然有电压，就能输送一定的功率。

（2）可实现有功无功快速独立控制，可以四象限运行。无须无功补偿装置，滤波也较为简单。传统直流输电由于变流器存在触发角 α（一般为 $10°\sim15°$）和关断角 γ（一般为 $15°$ 或更大一些）以及其输出波形的非正弦，需要吸收大量无功功率，其数值约为换流站所通过直流功率的 $40\%\sim60\%$。因而需要大量的无功补偿及滤波设备，而且在甩负荷时会出现无功功率过剩，容易导致过电压。而柔性直流输电的变流器不仅不需要交流侧提供无功功率，而且本身能够起到 SVG 的作用，动态补偿交流系统无功功率，稳定交流母线电压。

（3）易于构建多端直流网络，是可再生能源接入的理想组网方式。传统直流输电电流只能单向流动，潮流反转时电压极性反转而电流方向不动，因此在构成并联型多端直流系统时，单端潮流难以反转，控制很不灵活。而柔性直流输电系统电流可以双向流动，因此构成并联型多端直流系统时，在保持多端直流系统电压恒定的前提下，通过改变单端电流的方向，单端潮流可以在正、反两个方向进行调节，更能体现出多端直流系统的优势。

（4）谐波含量低。传统直流输电变流器产生特征谐波和非特征谐波，必须配置相当容量的交流侧滤波器和直流侧滤波器才能满足将谐波限定在换流站内的要求。采用 MMC 的柔性直流输电系统，通常电平数较高，不需要采用滤波器已能满足谐波要求。

（5）占地面积小。柔性直流输电换流站没有大量的无功补偿和滤波装置，交流场设备很少，因此比传统直流输电占地少得多，典型值为传统直流输电的 20%。同时部分设备安装在户内，交流滤波装置、相电抗器等设备均固定在较矮的基座或支架上。使用室内设计可以屏蔽高频射电，降低可听噪声，使室内设备不受恶劣天气的影响，降低了发生污闪事故的风险。

但作为发展时间尚短的新技术，柔性直流输电也具有以下缺点。

（1）换流站的造价高、结构复杂、运行维护费用高。就目前的技术水平而言，柔性直流输电单位容量的设备投资成本高于传统直流输电，但降低到与传统直流输电水平相当也是未来可期的。

（2）直流电流没有电流的过零点，灭弧较难。电压型变流器短路电流大且上升速度快，因此高压直流断路器制造困难，造价极高。同时柔性直流输电系统不能像传统直流输电通过平波电抗器限制直流故障电流，一旦直流侧发生短路故障，故障电流迅速增加，如果该电流在较短时间内不能得到清除或抑制，则换流站设备可能会损坏。

（3）系统稳定性和可靠性有待工程运行数据的验证。传统直流已经有 50 多年的运行经验和近百个工程统计数据的支持，而柔性直流大部分工程只有四五年的运行经验，因此其安全性和可靠性还需要经受时间的考验。

5.1.4 柔性直流输电系统的构成

柔性直流输电系统作为直流输电领域的一种新技术，其结构与传统直流输电类似。基于 MMC 变流器的柔性直流输电系统结构如图 5-4 所示，主要设备一般包括电压源变流器、相电抗器、联结变压器、控制保护及辅助系统（水冷系统、站用电系统）等。

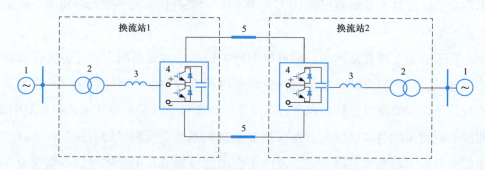

图 5-4　基于 MMC 变流器的柔性直流输电系统结构

1—交流系统；2—联结变压器；3—相电抗器；4—MMC 变流器；5—直流线路（电缆/架空线路）

电压源型变流器中的每个桥含有三个相单元，一个相单元有上、下两个桥臂，每个桥臂由若干个子模块与一个桥臂电抗构成。在已投入运行的柔性直流工程中，阀层由压装式 IGBT 连同驱动电路、散热片及其他辅助电路共同构成；相电抗器则是电压源型变流器与交流系统进行能量交换的纽带，同时也起到滤波的作用。此外，对于两电平或三电平 VSC 而言，为保证交流侧电能质量，往往需要加装交流滤波器，而采用 MMC 变流器时，由于谐波特性较为理想，因此可不装设交流滤波器；联结变压器是带抽头的普通变压器，其作用是使交直流电气隔离及为电压源变流器提供合适的工作电压。

5.2　柔直变流器的拓扑结构及 MMC 子模块工作原理

5.2.1 柔直变流器的拓扑结构

柔性直流输电采用电压源型变流器（VSC），直流侧为大电容滤波。在已经实际应用的柔性直流输电工程中，采用过三种类型的 VSC 变流器：两电平变流器、三电平变流器和模块化多电平变流器，其等效电路见表 5-1。其中 U_{dc} 为直流侧电压，U_0 为交流侧输出相电压，电平数是变流器交流侧相电压电平的数量，电平数越多，输出电压的谐波含量就越低。

表 5-1   柔直变流器的拓扑结构

类别	两电平变流器	三电平变流器	模块化多电平变流器
等效电路			
输出波形			

（1）两电平变流器。两电平变流器只有 $+U_{dc}/2$ 和 $-U_{dc}/2$ 两种输出状态，交流侧谐波含量高，需要并联滤波器，其拓扑结构如图 5-5 所示。通过 PWM 调制控制开关管的开断，交流侧产生两电平 PWM 脉冲序列来逼近调制波，输出波形如图 5-6 所示。

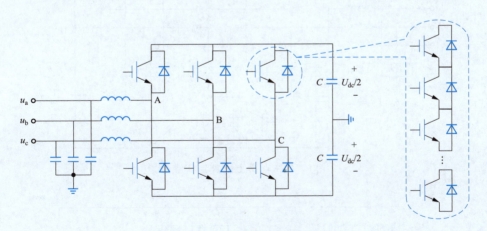

图 5-5　两电平变流器拓扑结构

　　两电平变流器的拓扑结构简单，六个桥臂均由绝缘栅型晶体管和与之反并联的二极管组成。为满足换流站容量和系统电压等级的要求，每个桥臂需要由多个串联的开关器件组成 IGBT 阀。在高频 PWM 调制信号下，器件间动态均压困难，器件易承受过电压

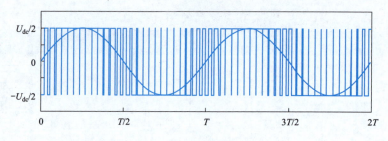

图 5-6　两电平变流器交流侧输出波形

而损坏。为降低交流测谐波含量，两电平变流器需要很高的开关频率，造成了开关损耗大的弊端。因此，两电平变流器拓扑结构只有 ABB 在初期的柔性直流输电工程中有所采用，目前已被淘汰。

（2）三电平变流器。为了改善两电平变流器的输出电压质量与开关损耗，1980 年 A. Nabae 等人提出了二极管箝位三电平逆变器，拓扑结构如图 5-7 所示。与两电平变流器相比，三电平变流器增加了零电平输出，交流侧产生三电平 PWM 脉冲序列，输出波形如图 5-8 所示。

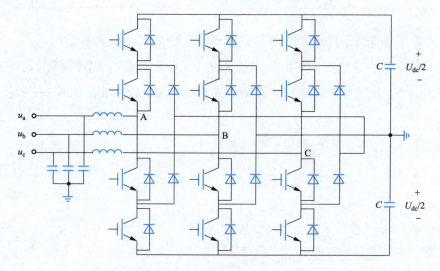

图 5-7　三电平变流器拓扑结构

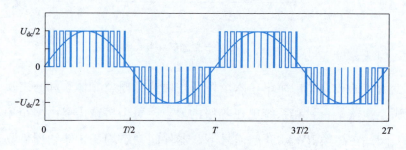

图 5-8　三电平变流器交流侧输出波形

三电平变流器交流侧的谐波虽然比两电平电路有所改善，但是仍然不能满足电网的要求，交流侧仍需投入滤波器。由于三电平变流器结构不易扩展，难以形成更多电平数，因此没有在直流输电实际工程中获得推广。三电平变流器为人们研究高压大功率逆变器开辟了一条新思路，即通过逆变器电路结构的改造，利用增加逆变电路电平数的方法来减少输出电压中的谐波，并使逆变器开关管工作在低频状态以降低开关损耗。

（3）模块化多电平变流器。针对两电平、三电平拓扑在实际运行过程中暴露的缺陷，德国慕尼黑国防军大学的 R. Marquart 和 A. Lesniar 于 2002 年提出了模块化多电平变流器（MMC）拓扑，由于其优越的整体性能而被认为在电压源型变流器拓扑发展过程中具有里程碑意义。与两电平、三电平变流器拓扑不同，MMC 的桥臂不是由多个开关器件直接串联构成，而是采用子模块级联的方式，其拓扑结构如图 5-9 所示。MMC 包含 6 个桥臂，每个桥臂由 N 个子模块和一个电抗器组成，同相的上、下两个桥臂构成一个相单元。为保证直流侧电压恒定，相单元中处于投入状态的子模块恒为 N，当采用最近电平逼近调制时，相单元中点相对于直流侧中点 O 之间的电压为 $N+1$ 电平阶梯波。当桥臂子模块数为 6 时，交流侧相电压输出波形如图 5-10 所示。

MMC 是基于模块化级联思想构成的多电平电路，易于向更高电压等级和电平数扩

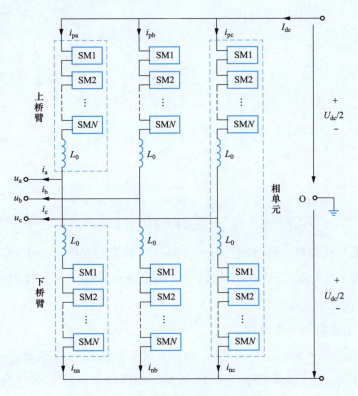

图 5-9　MMC 拓扑结构

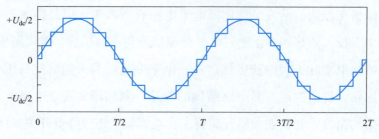

图 5-10　MMC 交流侧相电压输出波形

展，且相对容易控制。采用模块串联构成桥臂，避免了器件的直接串联，并且可形成公共直流端。由于具备可扩展性好、传输效率高、谐波含量低等优点，MMC 已成为目前柔性直流输电系统的最受欢迎的拓扑形式。但同时 MMC 也存在器件和电容数量多、需要均压和环流抑制等问题。

5.2.2　MMC 子模块的拓扑结构与工作原理

（1）MMC 子模块的拓扑结构。德国学者 Rainer Marquardt 在 2010 年的国际电力电子会议上提出以子模块为基本功率单元的广义 MMC 概念，并给出了如图 5-11 所示的半桥子模块（half bridge submodule，HBSM）和全桥子模块（full bridge submodule，FBSM）两种基本子模块拓扑结构。图中，U_{sm} 为子模块输出电压；i_{sm} 为子模块输入电流，即桥臂电流；U_c 为子模块电容电压。

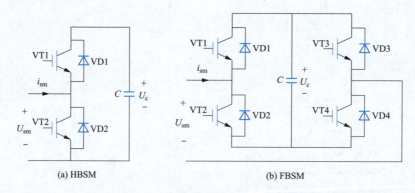

(a) HBSM　　　　　　　　　　　　　(b) FBSM

图 5-11　两种基本子模块拓扑结构

HBSM 具有结构简单、运行损耗低的优势，但直流侧发生短路故障后需与直流断路器配合才可清除故障电流。FBSM 虽然具备故障电流清除能力，但其器件使用量是 HBSM 的两倍，建设成本与运行损耗较大。

（2）MMC 子模块的工作原理。

1）半桥子模块工作状态。见表 5-2，根据开关管触发信号的不同，HBSM 可工作在投入、切除与闭锁状态。在触发信号的控制下，HBSM 可输出 0 和 U_c 两种电平。表中触发脉冲"1"和"0"分别表示开关管处于导通和关断状态。

表 5-2　　　　　　　　　　　　　　　半桥子模块工作状态

工作状态		投入状态		切除状态		闭锁状态	
触发脉冲		VT1	VT2	VT1	VT2	VT1	VT2
		1	0	0	1	0	0
电流通路	$i_{sm}>0$						
	$i_{sm}<0$						
输出电压		U_c		0		$i_{sm}>0$ 时为 U_c $i_{sm}<0$ 时为 0	

当开关管 VT1 开通、VT2 关断时，HBSM 运行在投入状态，输出电压为 U_c。当 $i_{sm}>0$ 时，由于 VT2 收到关断信号无法导通，同时 VD2 因二极管的反向阻断作用也无电流流过。VT1 虽收到开通信号，但由于 IGBT 的单向导通性，i_{sm} 只能由 VD1 流过为电容充电。当 $i_{sm}<0$ 时，由于 VD2 两端承受反压无法流通电流，同时 VD1 因二极管的反向阻断作用也无电流流过，i_{sm} 只能由 VT1 流过为电容放电。

当开关管 VT1 关断、VT2 开通时，HBSM 运行在切除状态，输出电压为 0。当 $i_{sm}>0$ 时，i_{sm} 由 VT2 流过将电容旁路，电容电压保持不变；当 $i_{sm}<0$ 时，i_{sm} 由 VD2 流过将电容旁路。

当开关管 VT1 和 VT2 均关断时，HBSM 运行在闭锁状态。当 $i_{sm}>0$ 时，i_{sm} 由 VD1 流过为电容充电，输出电压为 U_c；当 $i_{sm}<0$ 时，i_{sm} 由 VD2 流过将电容旁路，输出电压为 0。闭锁状态用于 MMC 换流站启动过程中子模块预充电阶段与故障电流清除阶段。当直流侧发生短路故障后，子模块电流 i_{sm} 恒小于 0，因此在故障电流清除能力方面只需关注 $i_{sm}<0$ 时子模块的电流通路。半桥子模块闭锁后 $i_{sm}<0$ 时电容被旁路，无法形成反电动势限制交流侧能量馈入故障点，因此不具备故障电流清除能力。

2）全桥子模块工作状态。见表 5-3，根据触发信号的不同，FBSM 有投入、切除、负电平投入与闭锁四种工作状态，可输出 0、U_c 和 $-U_c$ 三种电平。

表 5-3　　　　　　　　　　　　　全桥子模块工作状态

工作状态	正电平投入状态				切除状态			
触发脉冲	VT1	VT2	VT3	VT4	VT1	VT2	VT3	VT4
	1	0	0	1	1	0	1	0
电流通路 $i_{sm}>0$								
电流通路 $i_{sm}<0$								
输出电压	U_c				0			

工作状态	负电平投入状态				闭锁状态			
触发脉冲	VT1	VT2	VT3	VT4	VT1	VT2	VT3	VT4
	0	1	1	0	0	0	0	0
电流通路 $i_{sm}>0$								
电流通路 $i_{sm}<0$								
输出电压	$-U_c$				$i_{sm}>0$ 时为 U_c $i_{sm}<0$ 时为 $-U_c$			

当开关管 VT1 和 VT4 开通、VT2 和 VT3 关断时，FBSM 运行在投入状态，输出电压为 U_c。当 $i_{sm} > 0$ 时，i_{sm} 由 VD1 和 VD4 流过为电容充电；当 $i_{sm} < 0$ 时，i_{sm} 由 VT1 和 VT4 流过为电容放电。

当开关管 VT1 和 VT3 开通、VT2 和 VT4 关断时，FBSM 运行在切除状态，输出电压为 0。当 $i_{sm} > 0$ 时，i_{sm} 由 VD1 和 VT3 流过将电容旁路；当 $i_{sm} < 0$ 时，i_{sm} 由 VT1 和 VD3 流过将电容旁路。当开关管 VT2 和 VT4 开通、VT1 和 VT3 关断时，i_{sm} 也可将电容旁路，实现 0 电平输出。

当开关管 VT2 和 VT3 开通、VT1 和 VT4 关断时，FBSM 运行在负电平投入状态，输出电压为 $-U_c$。当 $i_{sm} > 0$ 时，i_{sm} 由 VT2 和 VT3 流过为电容放电；当 $i_{sm} < 0$ 时，i_{sm} 由 VD2 和 VD3 流过为电容充电。稳态运行下利用 FBSM 的负电平投入可提升 MMC 的电压调制比，在直流侧电压不变的情况下，交流侧能够接入电压等级更高的交流电网。同时，在恶劣环境或有模块损坏时直流侧可降压运行，从而减小直流故障率，提高整个系统的可靠性。

当所有开关管均关断时，FBSM 运行在闭锁状态。当 $i_{sm} > 0$ 时，i_{sm} 由 VD1 和 VD4 流过为电容充电，输出电压为 U_c；当 $i_{sm} < 0$ 时，i_{sm} 由 VD2 和 VD3 流过为电容充电，输出电压为 $-U_c$。当直流侧发生短路故障后，子模块电容被串联接入桥臂电流通路中形成反电动势，FBSM 因此具备了故障电流清除能力。

（3）新型 MMC 子模块拓扑结构。以 HBSM 和 FBSM 为设计基础，国内外学者相继提出了多种具备故障电流清除能力的新型 MMC 子模块拓扑，为 MMC-HVDC 直流侧故障电流清除提供了新的解决方案。根据闭锁后子模块电容连接方式的不同，新型 MMC 子模块可分为串联型子模块、旁路型子模块和并联型子模块。

1）串联型子模块。串联型子模块在闭锁后可将桥臂中所有子模块电容串联接入故障电流回路，故障电流回路中电容值最小，桥臂电感中储存的能量被迅速转移到子模块电容中，故障电流迅速下降。闭锁后相单元中投入的电容电压之和远大于交流侧线电压峰值，交流侧无法向故障点馈入电流。在故障电流清除过程中，桥臂中所有子模块电容同时充电，因串联型子模块电容电压平衡性好，有利于系统快速恢复运行。

如图 5-12（a）所示，在 FBSM 的基础上省去一个 IGBT，得到类全桥子模块（simple full bridge submodule，SFBSM）。与 FBSM 相比，SFBSM 牺牲了负电平投入状态，降低了器件成本。可将其与半桥模块串联，从而具备故障限流能力。如图 5-12（b）所示，将两个 HBSM 的电容用开关管交叉连接，得到串联双子模块（series connected double sub-module，SDSM）。二极管 VD6 在正常运行中承受的最大耐压为 $2U_c$，VT5 和 VD5 在子模块闭锁后也会短时承受 $2U_c$ 的电压，应选择耐压等级更高的开关器件。

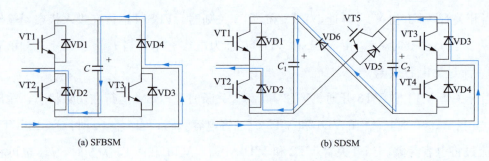

图 5-12　串联型子模块

2）旁路型子模块。旁路型子模块在闭锁后只能将一半子模块电容接入故障电流回路，而另一半子模块电容则被旁路。其故障电流回路中电容值比串联型增加一倍，故障电流清除速度下降。在故障电流清除过程中，因桥臂中仅有一半子模块电容被充电，旁路型子模块电容电压平衡性较差，不利于系统快速恢复运行。

将 HBSM 与 FBSM 串联得到如图 5-13（a）所示半桥-全桥混合子模块（HB-FB-SM）。半桥-全桥混合拓扑在获得故障电流清除能力的同时还降低了器件成本与运行损耗，是一种当前工程中广泛采用的拓扑结构。为避免子模块闭锁后交流侧继续向故障点馈入电流，桥臂中 FBSM 的比例应大于 43%。如图 5-13（b）所示，将 SFBSM 中的一个电容拆分为两个电容电压为 $U_c/2$ 的电容，二极管箍位点改为两电容之间，得到二极管箍位子模块（diode clamp sub-module，DCSM）。因二极管箍位点改变，VT3、VD3 和 VD4 的最大耐压仅为 $U_c/2$，故障电流清除速度降低的同时节省了器件成本。但由于二极管箍位点的改变导致 DCSM 无法单独输出电容 C_2 的电压，致使电容电压平衡控制较为复杂。

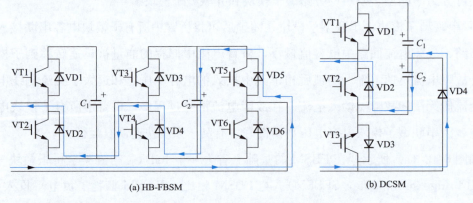

图 5-13　旁路型子模块

3）并联型子模块。并联型子模块在闭锁后将子模块中的两个电容并联接入故障电流回路，故障电流回路中电容值比旁路型增加一倍，故障电流清除速度较慢。在故障电流清除过程中，因子模块中两个电容并联充电，并联型子模块电容电压平衡性好，有利于系统快速恢复运行。

如图 5-14（a）所示，将两个 SFBSM 进行移位连接，得到箝位双子模块（clamp double sub-module，CDSM）。子模块闭锁后电容 C_1 与 C_2 直接并联，带来冲击电流过大的风险，可在 VD6 和 VD7 所在支路串联阻尼电阻或电感以限制冲击电流。在 HB-FBSM 的基础上增加二极管 VD7，得到如图 5-14（b）所示二极管箝位混合子模块（diode clamp hybrid submodule，DCHSM）。以二极管 VD7 作为均压单元，能够很好地解决实际工程中半桥-全桥混合拓扑闭锁后子模块电压不均的问题。

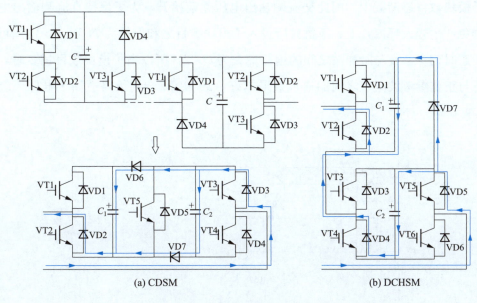

(a) CDSM   (b) DCHSM

图 5-14　并联型子模块

5.3　MMC 的调制方式

电力电子电路以开关的形式对电能进行非线性变换，电压型变流器交流侧只能输出直流侧已有的各种电平，无法直接输出正弦波。因此，只能通过叠加已经有的电平产生正弦波。其输出等效正弦的方法有：多电平阶梯波、PWM 脉冲列及二者的结合——多电平 PWM 波。目前常用的多电平变流器的调制方式包括最近电平逼近调制和载波移相 PWM 调制两种，下面分别介绍其调制原理。

5.3.1　最近电平逼近调制方式

最近电平逼近调制（nearest level modulation，NLM）的基本原理是采用最接近的阶梯波电压逼近正弦参考电压，而阶梯波电压与正弦参考电压之间存在误差，因此输出电压含有一定的谐波成分。实际的高压直流输电工程中，各桥臂的子模块数目一般较高，可产生数百电平阶梯波逼近正弦波，所以输出交流电压的谐波含量非常低，实际工程中甚至不用安装滤波器。NLM 调制方式的特点是调制算法简单，开关频率远远低于载波移相 PWM 调制，因此损耗也远小于载波移相 PWM 调制。

不考虑桥臂电抗器作用时，理想的 NLM 调制原理如图 5-15 所示。图中 u_r 表示正弦电压参考值；U_c 表示子模块电容电压额定值；N 为每个桥臂所串联子模块数。当交流电压参考值由 0 升高时，下桥臂处于投入状态的子模块数目逐渐增加，上桥臂处于投入状态的子模块数目逐渐减少，因此交流侧输出电压逐渐抬升。为了保持直流侧输出电压恒定及避免产生较大环流，上、下桥臂所投入子模块数目之和保持为 N 不变。由图可以看出，任意时刻参考波与阶梯波之间的偏差最大为 $U_c/2$，所以当子模块数目越多时，阶梯波电压与正弦参考波电压之间的逼近效果越好，故 NLM 调制策略适用于电压等级高的 MMC 变流器。

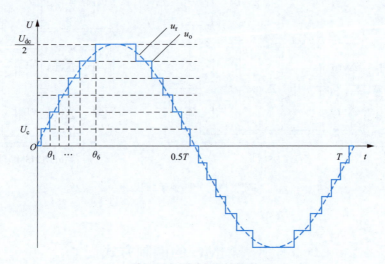

图 5-15   NLM 调制原理

桥臂模块数为 N 的 MMC 相电压可以输出 $N+1$ 个电平，即 0，$\pm U_c$，$\pm 2U_c$，…$\pm(N/2)U_c$。按照最近电平逼近调制（NLM）的原则来选择这些电平等效正弦波，即参考电压 u_r 最接近哪个电平就选择相应的电平输出，如 $0.5U_c < u_r < 1.5U_c$，则输出 U_c。

交流参考电压 u_r 为正弦时，可表示为

$$u_r = M\frac{U_{dc}}{2}\cos(\omega t + \varphi) = M\frac{NU_c}{2}\cos(\omega t + \varphi) \tag{5-1}$$

式中：M 为电压调制度。

根据图 5-15 所示的最近电平调制原则，输出电压 u_o 为

$$u_o = \text{round}\left(\frac{u_r}{U_c}\right) \cdot U_c = \text{round}\left[\frac{NM}{2}\cos(\omega t + \varphi)\right] \cdot U_c \qquad (5\text{-}2)$$

式中：$\text{round}(x)$ 为四舍五入取整函数。

如图 5-16 所示，若某一时刻上、下桥臂投入的子模块数为 N_p、N_n，则此时上、下桥臂的电压 u_p 和 u_n 为

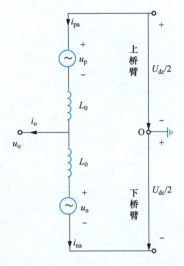

$$u_p = N_p U_c = \frac{U_{dc}}{2} - u_o$$
$$\qquad\qquad\qquad\qquad\qquad (5\text{-}3)$$
$$u_n = N_n U_c = \frac{U_{dc}}{2} + u_o$$

由式（5-3）可得以直流侧中点 O 为参考点的相电压 u_o 与桥臂电压的关系为

$$u_o = \frac{1}{2}(u_n - u_p) = \frac{1}{2}(N_n - N_p)U_c \qquad (5\text{-}4)$$

根据式（5-4）所示的输出相电压与上、下桥臂的关系，也可通过分别对上、下桥臂进行调制确定投入单元的数量，由式（5-3）可得上、下桥臂的参考电压为

图 5-16　单相 MMC 等效电路图

$$u_{pr} = \frac{U_{dc}}{2} - u_r$$
$$\qquad\qquad\qquad\qquad\qquad (5\text{-}5)$$
$$u_{nr} = \frac{U_{dc}}{2} + u_r$$

则上、下桥臂投入模块数的计算方法为

$$\begin{cases} N_p = \dfrac{N}{2} - \text{round}\left(\dfrac{u_r}{U_c}\right) \\[3mm] N_n = \dfrac{N}{2} + \text{round}\left(\dfrac{u_r}{U_c}\right) \end{cases} \qquad (5\text{-}6)$$

根据上述分析可得上、下桥臂参考电压 u_{pr}、u_{nr} 与输出电压 u_p、u_n 的波形，以及交流侧参考电压 u_r 和输出电压 u_o 的波形如图 5-17 所示。

计算出桥臂投入子模块数后，还需根据子模块电容电压合理选择子模块进行投入，以确保模块间电压均衡。以上桥臂为例，子模块投切流程图如图 5-18 所示。首先计算出桥臂投入子模块数 N_p，再判断 N_p 是否发生变化，当 N_p 发生变化时重新选择处于投入状态的子模块，以避免子模块电压越限。以 A 相上桥臂为例，当桥臂电流 $i_{pa} \geqslant 0$ 时，需要对子模块的电容电压进行升序排序，投入电容电压小于等于 U_{cNp} 的 N_p 个子模块、旁路电容电压大于等于 U_{cNp} 的 $N - N_p$ 个子模块，让电容电压较小的 N_p 个子模块充电而

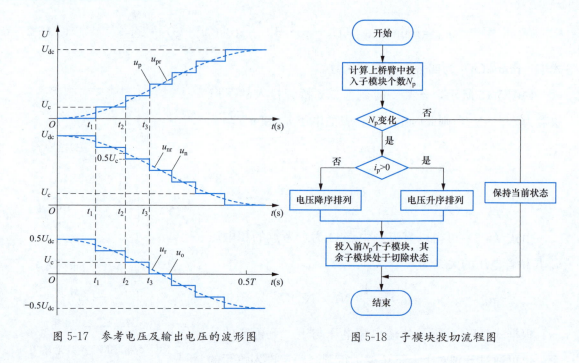

图 5-17　参考电压及输出电压的波形图　　　图 5-18　子模块投切流程图

升高电压。桥臂电流 $i_{pa} < 0$ 时的情况与此类似，不同的是需要降序排序，优先投入电容电压大于 U_{cNp} 的 N_p 个子模块、旁路电容电压小于 U_{cNp} 的 $N - N_p$ 个子模块。从这个流程图中可以看出，每次充电时优先选择电容电压低的子模块充电，放电则优先放电容电压高的子模块，这样的轮换思想可以防止电容电压越限。

　　NLM 调制方式简单、控制灵活，子模块开关次数少，因此运行损耗远小于 CPS-PWM 调制。在高压大功率实际工程中，子模块数目一般较多，波形质量较好，且子模块轮换投切思想可避免电容电压越限。但 NLM 调制在子模块数目少时，阶梯波电压和调制参考波电压之间的偏差较大，所以输出电压波形的谐波含量高，电流畸变较为严重，且存在电容电压波动和环流问题。因此 NLM 调制方式适用于输出电平数目较多的高压大功率场合。而对于中低压领域，则需要引入多电平 PWM 调制来改善电流畸变。

5.3.2　载波移相 PWM 调制方式

　　采用 NLM 调制方式只有在电平数量非常庞大时，才能获得理想的波形效果。因此，在中低压应用领域，采用多电平 PWM 波是最理想的方案。模块化多电平变流器的 PWM 技术种类繁多，一般包括载波重叠（carrier disposition）和载波移相（carrier phase shift）两种。载波重叠中各载波分层分布，频率、相位和幅值都相同，且任意时刻仅有一个子模块处于 PWM 调制状态，其余子模块均处于投入或切除状态。载波移相（CPS-

PWM）原理如图 5-19 所示，各载波之间存在移相角，因此可以等效于 N 个载波分别与参考波比较，各子模块之间独立工作。CPS-PWM 调制方式中各载波幅值相同，但相邻载波之间相位角相差 $2\pi/N$。

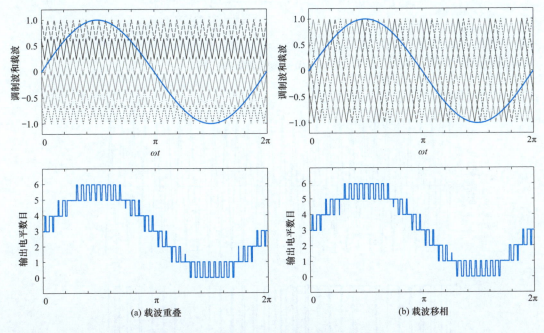

图 5-19　载波移相（CPS-PWM）原理图

CPS-PWM 调制方式中，各子模块均工作在 PWM 状态，由于脉冲的移相叠加效果，合成电压波形的 PWM 脉冲频率为载波频率的 N 倍。在载波频率相同的情况下，载波移相 PWM 调制所用载波频率是载波层叠 PWM 调制所用载波频率的 $1/N$，且载波移相 PWM 调制各子模块控制相对独立，只是载波移相角度不同，更易于扩展，而且采用载波频率较低，在 MMC 中应用更多。下面介绍载波移相 PWM 调制的具体实现方法。

CPS-PWM 调制方式中，每个子模块都需要一个三角载波和一个正弦参考波，并将各自的三角载波与参考波比较，得到驱动信号并施加于相应的半桥子模块。当正弦调制波大于三角载波时，投入该子模块，此时开关管 T1 的触发信号为 1，开关管 T2 的触发信号为 0；反之，切除该子模块，此时开关管 T1 的触发信号为 0，开关管 T2 的触发信号为 1。子模块的调制原理如图 5-20 所示。

不同子模块输出 PWM 波形因载波相移而产生的一定的相位差，叠加后便可产生多电平 PWM 波。但这种调制方式下各子模块电容无法根据电压偏差轮换工作，可能导致电容电压越限，因此需要额外的电容电压均衡算法。

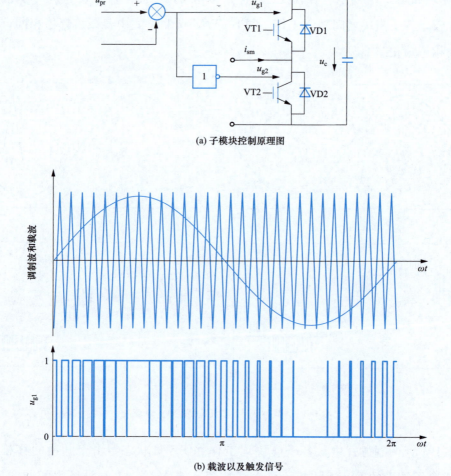

(a) 子模块控制原理图

(b) 载波以及触发信号

图 5-20 子模块调制原理图

CPS-PWM 仍然可以采用分相、分桥臂的调制方式：各相调制方式相同，只是参考波互差 120°；上、下桥臂的调制方式也相似，只是参考波互差 180°。图 5-21 为 $N=4$ 时桥臂子模块的调制图，如图 5-21（a）所示，需要 4 组频率、幅值相同，相位依次错开 $2\pi/4$ 角度的两电平三角载波与正弦参考信号比较，生成如图 5-21（b）所示的驱动信号，驱动信号施加在相应的子模块上产生如图 5-21（c）所示多电平输出波。

根据上、下桥臂载波生成方式的不同可以产生 $N+1$ 电平和 $2N+1$ 电平。$N+1$ 电平时，上、下桥臂的参考波相差 π，同一桥臂内，相邻子模块载波相位依次相差 $2\pi/N$，同一相单元上、下桥臂对应位置子模块载波相位相差 π。任意时刻上、下桥臂生成的 PWM 脉冲信号对称互补，桥臂投入子模块数目之和为 N，电平数目为 $N+1$，相间环流较小。交流侧电压的等效脉冲频率为 Nf_c（f_c 为载波频率），直流侧电压较为均衡。

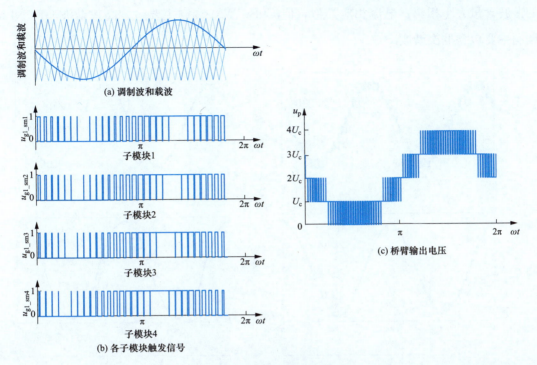

图 5-21　桥臂子模块调制图

2N＋1 电平时，上、下桥臂的调制波信号相差 π。同一桥臂内，载波相位依次相差 $2\pi/N$，同一相单元内对应位置子模块的载波相位差 π/N，任意时刻同一相单元内投入的功率单元模块数目有 N、N－1 和 N＋1 三种可能，因此直流侧电压波动较大，相单元内环流较大，但交流侧电压等效频率为 $2Nf_c$，电平数目为 2N＋1，输出电压波形谐波特性较好。两种调制方式原理如图 5-22 所示。

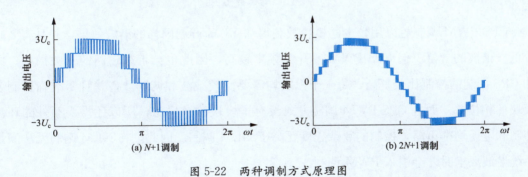

图 5-22　两种调制方式原理图

5.3.3　MMC 调制方式对比

图 5-23 为 CPS-PWM 和 NLM 调制方式下的 MMC 输出电压、电流及谐波的仿真波形。采用载波移相调制方式时的仿真波形如图 5-23（a）所示，每个桥臂含 6 个子模块。而图 5-23（b）为 NLM 调制方式时的仿真波形，每个桥臂有 14 个子模块。此时，两者

的谐波含量大小相当，电流相应类似，但 CPS-PWM 调制主要包含高次谐波，而 NLM 调制主要包含低次谐波。

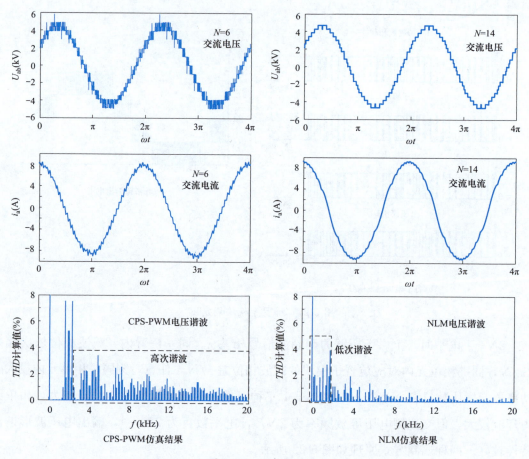

图 5-23　仿真波形图

CPS-PWM 调制可以用较少的模块数获得和 NLM 调制同样的谐波效果，并且有效减少低次谐波的含量。但 CPS-PWM 的开关频率较高，因此也会带来较高的开关损耗。此外 CPS 调制的控制比较复杂，每个子模块均需要比较载波和调制波，并且要准确控制各模块的相位差。而且 CPS-PWM 调制方式没有子模块轮换思想，所以还需要额外的环流抑制和电压均衡策略，控制的复杂程度要高于 NLM 调制。因此，在 NLM 调制无法满足系统谐波要求时才会引入 PWM 调制。

5.4　MMC 变流器的谐波分析

5.4.1　谐波分析基础

电力系统提供的电能是正弦量，当正弦激励加在线性电路上时，响应仍然是同频正弦量；当正弦信号加到非线性电路或非正弦信号加到线性电路上时，都会产生非正弦的电压或电流。根据傅里叶变换，将非正弦的周期信号展开为不同频率的正弦信号叠加，在电气领域，这种等效变换称为谐波分析，是分析电能质量和设计滤波器的基础。

对于周期为 $T = 2\pi/\omega$ 的非正弦电压 $u(\omega t)$ 满足狄里赫利条件，可分解为傅里叶级数

$$u\omega t = a_0 + \sum_{n=1}^{\infty} (a_n \cos n\omega t + b_n \sin n\omega t) \tag{5-7}$$

式中

$$a_0 = \frac{1}{2\pi} \int_0^{2\pi} u(\omega t) \mathrm{d}(\omega t)$$

$$a_n = \frac{1}{\pi} \int_0^{2\pi} u(\omega t) \cos n\omega t \, \mathrm{d}(\omega t) \tag{5-8}$$

$$b_n = \frac{1}{\pi} \int_0^{2\pi} u(\omega t) \sin n\omega t \, \mathrm{d}(\omega t)$$

由式（5-7）和式（5-8）可以定义：基波为在傅里叶级数中，频率与工频相同的分量；谐波为频率是基波频率整数倍（大于 1）的分量；谐波次数为谐波频率和基波频率的整数比。

n 次谐波电压含有率 HRU_n 为

$$HRU_n = \frac{U_n}{U_1} \tag{5-9}$$

电压谐波总畸变率 THD_u 为

$$THD_u = \sqrt{\sum_{n=2}^{M} U_n^2} \Big/ U_1 \tag{5-10}$$

电流谐波总畸变率 THD_i 为

$$THD_i = \sqrt{\sum_{n=2}^{M} I_n^2} \Big/ I_1 \tag{5-11}$$

5.4.2 最近电平逼近调制的谐波分析

研究阶梯波的基波和谐波特性，可采用傅里叶分解，NLM 调制的输出波形记为 $u(t)$，其傅里叶级数形式的解析表达式为

$$\begin{cases} u(\omega t) = a_0 + \sum_{n=1}^{\infty} (a_n \cos n\omega t + b_n \sin n\omega t) \\ u(t) = D_0 + 2 \sum_{n=1}^{\infty} |D_n| \cos(n\omega t + \arg D_n) \end{cases} \tag{5-12}$$

$$D_n = \frac{1}{2\pi} \int_0^{2\pi} u(a) e^{-jna} \, da \tag{5-13}$$

由 NLM 调制原理图，可知该阶梯波为 1/4 周波奇对称，即 $u(a+\pi) = -u(a)$，对式（5-13）进行简化，得到

$$D_n = \frac{1}{2\pi} \left[\int_0^{\pi} u(a) e^{-jna} \, da + \int_{\pi}^{2\pi} u(a) e^{-jna} \, da \right]$$
$$= \frac{[1-(-1)^n]}{2\pi} \int_0^{\pi} u(a) e^{-jna} \, da \tag{5-14}$$

由式（5-14）可以看出，当 n 为偶数时，$D_n = 0$，即该波形不含偶次谐波分量，当 n 为奇数时，有

$$D_n = \frac{1}{\pi} \left[\int_0^{\pi/2} u(a) e^{-jna} \, da + \int_{\pi/2}^{\pi} u(a) e^{-jna} \, da \right]$$
$$= \frac{1}{\pi} \int_0^{\pi/2} u(a) [e^{-jna} + e^{-jn(\pi-a)}] \, da \tag{5-15}$$
$$= -\frac{2j}{\pi} \int_0^{\pi/2} u(a) \sin(na) \, da$$

令 θ_i 为第 i 个电平阶跃的电角度，s 为 1/4 周期内的电平数，电平阶跃的幅值为 U_c，对式（5-15）进一步化简为

$$D_n = -\frac{2j}{\pi} \left[\sum_{i=1}^{s-1} \left(\int_{\theta_i}^{\theta_{i+1}} u(\theta_i) \sin(na) \, da \right) + \int_{\theta_s}^{\pi/2} u(\theta_s) \sin(na) \, da \right] \tag{5-16}$$
$$= -\frac{2j}{n\pi} \sum_{i=1}^{s} U_c \cos(n\theta_i)$$

代入式（5-12）中，得到基波与谐波的解析表达式为

$$u_{io}(t) = \frac{4}{\pi} \sum_{n=1,3,5\cdots}^{\infty} \frac{1}{n} \left\{ \left[\sum_{i=1}^{s} U_c \cos(n\theta_i) \right] \sin(n\omega t) \right\} \tag{5-17}$$

式中：u_{io} 为 MMC 交流侧输出 i 相电压，幅值调制比为 M，s 与 θ_i 的计算公式为

$$s = \text{round}\left(\frac{NM}{2}\right) \tag{5-18}$$

$$\theta_i = \arcsin\left[\frac{2}{NM}(i-0.5)\right] \tag{5-19}$$

由式（5-17）～式（5-19）可计算 NLM 调制的电压总谐波畸变率（THD_u）。

图 5-24（a）给出了不同桥臂模块数时相电压的 THD_u 随调制比 M 变化的波形，图 5-24（b）给出了 $M=0.9$，N 为 6～20，1000Hz 以下的低次谐波畸变率 THD_{ul} 和

1000Hz 以上的高次谐波畸变率 THD_{uh}。

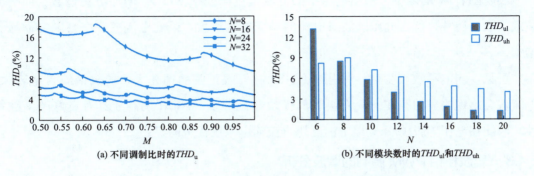

(a) 不同调制比时的 THD_{u} (b) 不同模块数时的 THD_{ul} 和 THD_{uh}

图 5-24 NLM 调制下输出相电压的谐波含量

图 5-25（a）为采用 $N_1 = 6$ 的 NLM 调制时 MMC 输出线电压及其谐波的仿真频谱，其线电压 THD_{u} 的仿真结果为 12.2%，图 5-25（b）为采用 $N_1 = 14$ 的 NLM 调制时 MMC 输出线电压及其谐波的仿真频谱，其线电压 THD_{u} 的仿真结果为 5.87%。可以看出阶梯波只含有中、低次谐波，而不含有高次谐波。

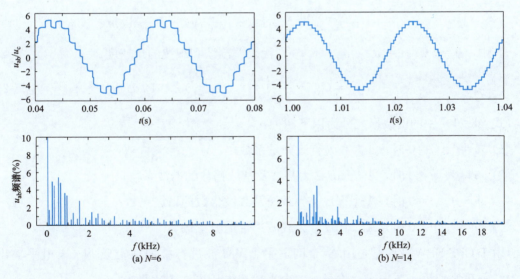

(a) $N=6$ (b) $N=14$

图 5-25 NLM 调制下输出线电压及其谐波含量

由图 5-24 及图 5-25 可得 NLM 调制的谐波特点如下。

（1）NLM 调制输出电压有较明显的低次谐波，而低次谐波比高次谐波更易引起电流畸变。

（2）THD_{u} 随着模块数的减小而增加；在电平数固定时，THD_{u} 随着调制度 M 的减小而增加。仅当 $N>30$ 时，才可确保 THD_{u} 小于 5%；而当 $N<10$ 时，THD_{u} 最大

可接近 20%。

（3）随着 N 的减少，输出电压中的低次谐波畸变率 THD_{ul} 增加更为显著。而交流负载一般为感性，低次电压谐波对电流的畸变影响更大，因此电流畸变率会随之而显著增加。

可见，当电平数较少时，采用 NLM 调制等效正弦的偏差大，低次谐波含量较大，电流将会出现明显的畸变。只有级联的模块数足够多，NLM 调制才具有良好的谐波特性，因此在电压等级 100kV 以上的高压直流输电系统优势明显。

5.4.3 载波移相 PWM 调制的谐波分析

根据双边傅里叶变换理论，任何基于载波的 PWM 调制策略，其输出波形的通用谐波表达式可以表示为

$$u(t) = u(x,y) = \frac{A_{00}}{2} + \sum_{n=1}^{\infty} \{A_{0n}\cos(ny) + B_{0n}\sin(ny)\}$$

$$+ \sum_{m=1}^{\infty} \{A_{m0}\cos(mx) + B_{m0}\sin(mx)\} \tag{5-20}$$

$$+ \sum_{m=1}^{\infty} \sum_{n=\pm1}^{\pm\infty} [A_{mn}\cos(mx+ny) + B_{mn}\sin(mx+ny)]$$

其中，$y = \omega_r t$；$x = \omega_c t$，ω_r、ω_c 分别代表调制波和载波的角速度。

$$A_{mn} + \mathrm{j}B_{mn} = C_{mn} = \frac{1}{2\pi^2} \int_{-\pi}^{\pi} \int_{-\pi}^{\pi} u(x,y) \mathrm{e}^{\mathrm{j}(mx+ny)} \,\mathrm{d}x\,\mathrm{d}y \tag{5-21}$$

式（5-21）中的谐波形式分为以下四种：

1）$m=0$、$n=0$ 时，$A_{00}/2$ 为直流分量系数；

2）$m=0$、$n\neq0$ 时，$A_{0n}+\mathrm{j}B_{0n}$ 为基波及基波倍数的谐波系数；

3）$m\neq0$、$n=0$ 时，$A_{m0}+\mathrm{j}B_{m0}$ 为载波及载波倍数的谐波系数；

4）$m\neq0$、$n\neq0$ 时，$A_{mn}+\mathrm{j}B_{mn}$ 为载波边带谐波系数。

由于 CPS-SPWM 调制是用 N 个两电平 PWM 波进行叠加来实现 $N+1$ 电平输出，首先结合开关函数 $u(x,y)$，推导出两电平输出电压谐波表达式为

$$u(x,y) = \sum_{m=1}^{\infty} \sum_{n=-\infty}^{\infty} \frac{2U_c}{m\pi} J_n\left(m\frac{\pi}{2}M\right) \sin\left[(m+n)\frac{\pi}{2}\right] \cos(m\omega_c t + n\omega_r t)$$

$$+ \frac{MU_c}{2}\cos(\omega_r t) \tag{5-22}$$

N 个两电平输出电压经水平移相叠加后，桥臂输出电压谐波表达式为

$$u_{\mathrm{arm}}(x,y) = \sum_{i=1}^{N} u\left(x + (i-1)\frac{2\pi}{N}, y\right) \tag{5-23}$$

进一步可以得到 N 个子模块级联的桥臂经 CPS-SPWM 调制相输出电压的傅氏级数表达式为

$$u_{ao}(x,y)=\frac{MU_{dc}}{2}\cos(\omega_r t)+\sum_{m=1}^{\infty}\sum_{n=-\infty}^{\infty}A_{mn}\cos(mN\omega_c t+n\omega_r t) \tag{5-24}$$

式中，$J_n(x)$ 为 n 阶贝塞尔函数，A_{mn} 为

$$A_{mn}=\frac{2U_c}{m\pi}J_n\left(mN\frac{\pi}{2}M\right)\sin\left[(mN+n)\frac{\pi}{2}\right] \tag{5-25}$$

取 $M=0.9$、载波频率 $f_c=(2000/6)\,\text{Hz}\approx333\,\text{Hz}$，根据已有的 CPS-SPWM 调制相电压的傅氏级数，进一步计算出不同模块数下线电压的 THD_u，其结果如图 5-26（a）所示。而 $N=6$ 时，输出线电压各次谐波的含量如图 5-26（b）所示，其线电压 THD_u 的仿真结果为 16.95%。

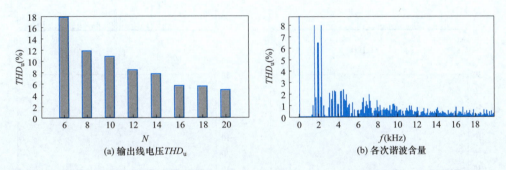

(a) 输出线电压 THD_u (b) 各次谐波含量

图 5-26　CPS-SPWM 调制下输出线电压的谐波含量

由式（5-24）及图 5-26（a）、图 5-26（b）可以看出，$N+1$ 电平 CPS-SPWM 调制输出电压谐波的特点为：

1）当载波频率足够大时，其低次谐波非常小，即 $THD_{ul}\approx0$，$THD_{uh}\approx THD_u$。由于高次谐波对感性负载的电流畸变率影响相对较小，所以在模块数较少时，其电流畸变率小于 NLM 调制的。

2）由于采用多载波移相调制，输出线电压在等效载波频率附近含有较高的边带谐波。

3）由于 CPS-SPWM 调制需采用均压均流环节，使得同一桥臂各单元的正弦参考波并不相同，叠加后的波形中会产生非特性谐波。

5.4.4　NLM 调制与 CPS-PWM 调制下 MMC 输出的电能质量对比分析

对 NLM 调制与 CPS-PWM 调制下输出电压和电流进行比较，两种调制方式下 MMC 的输出电压和电流波形如图 5-27 所示。从上到下的波形依次为线电压输出波形、线电压

各次谐波含量、相电流波形、a 相上桥臂子模块电压波形。线电压和相电流的总谐波畸变率列于表 5-4。

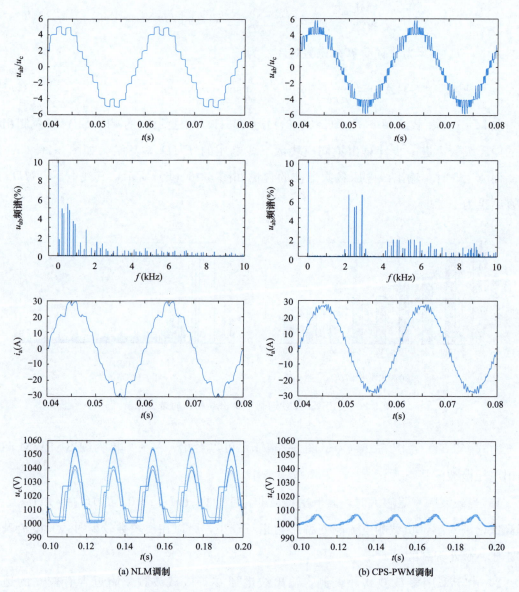

(a) NLM调制   (b) CPS-PWM调制

图 5-27 两种调制方式下 MMC 输出电压和电流波形

表 5-4   输出电压和电流的 THD（%）

名称	NLM	CPS-PWM
线电压	12.2	13.62
相电流	9.45	3.74

从图 5-27 可以看出，由于模块数较少，NLM 调制中含有较多的低次谐波，电流畸变明显，并且模块轮换较少，电容电压波动也很大。而 CPS-PWM 调制中虽然高次谐波幅值与 NLM 调制中低次谐波幅值相当，但是在感性负载中，对电流畸变影响不大，电流正弦度较好。

综上所述，在中压领域，CPS-PWM 调制的输出电压等效正弦质量比 NLM 调制高，输出电压谐波特性好。但采用 CPS-PWM 进行调制时，各子模块需要进行独立的 PWM 调制及均压均流，因此其控制策略比 NLM 复杂。同时，均压均流环节的控制信号叠加到正弦参考波上，使得各单元的参考波存在差异，由此产生的非特征谐波会引起电流畸变。此外，在调制过程中，各子模块始终处于高频开关状态，故开关损耗也远远大于 NLM 调制。

5.5　MMC-HVDC 的建模

MMC-HVDC 的数学模型是分析其动态特性及设计其控制系统的基础，本节主要介绍 MMC 变流器的数学模型，以及柔性直流输电系统的有功和无功的数学模型。电力电子电路以开关的形式对电能进行变换，本质上是含若干开关的非线性电路，但经过调制后可等效为受控电压源。因此，首先建立其含开关函数的准确模型，然后将桥臂等效为可控受控源，推导其交直流电压、直流电流的模型。最后将其进一步简化为交直流受控源，推导柔性直流输电系统的有功和无功模型。

5.5.1　MMC 的开关函数等效电路及模型

MMC 的拓扑结构如图 5-28 所示，变流器由 3 个相单元组成，每相上、下桥臂有 N 个子模块（SM）。换流阀交流出口经过阀电抗器 L_0、联结变压器与交流电源连接，R_0 为换流阀等效电阻，O' 为交流侧中性点，O 为直流侧中性点，u_{sa}、u_{sb}、u_{sc} 为联结变压器阀侧相电压，L_{ac} 为变压器内阻抗。由于模块化的设计，各子模块额定值相同，且 6 个桥臂电抗值也相等，稳态运行时直流电流在三相中平均分配。

MMC 的每个相单元可以独立控制，因而分析时以 a 相为例，上、下桥臂 N 个子模块配合开关投切策略拟合正弦交流电压，桥臂等效为可控电压源，同时任意时刻相单元内投入的子模块数均为 N，维持直流电压恒定。如图 5-29 所示，VT1、VT2 为带反并联二极管的 IGBT，C 为子模块电容器，u_c 为子模块电容电压，u_{sm} 为子模块的输出电压，i_{sm} 为流入子模块的电流（以流入"＋"为正），带箭头的点划线为每种状态下不同方向的电流在子模块内流通的路径。

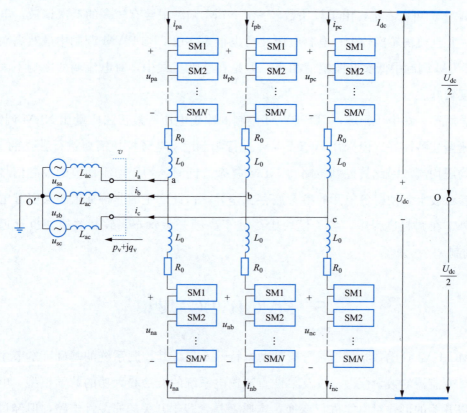

图 5-28　MMC 的拓扑结构

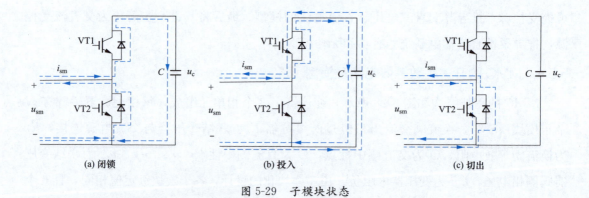

    (a) 闭锁　　　　　　　　　　(b) 投入　　　　　　　　　　(c) 切出

图 5-29　子模块状态

子模块有以下 3 种开关状态：

（1）2 个 IGBT 均闭锁，称为闭锁状态，一般出现在启动和故障时；

（2）上部 IGBT（VT1）导通，下部 IGBT（VT2）闭锁，称为投入状态；

（3）VT1 闭锁，VT2 导通，称为切出状态。

当子模块投入时，子模块电压等于电容电压 u_c，电流为正时电容充电，电容电压升

高；电流为负时电容放电，电容电压降低。当子模块切出时，子模块电压等于 0，电容

既不充电也不放电。因此，可用式（5-26）中的开关函数 S 模拟子模块的投切状态，其等效电路如图 5-30 所示。

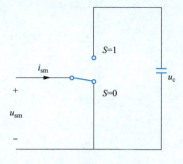

$$\begin{cases} S=1，\text{T1 开通，T2 关断} \\ S=0，\text{T1 关断，T2 开通} \end{cases} \quad (5\text{-}26)$$

对于单个子模块，用开关函数表示其电流、电压应满足如下关系：

图 5-30　子模块开关模型等效电路

$$\begin{cases} u_{sm}=Su_c \\ Si_{sm}=C\dfrac{du_c}{dt} \end{cases} \quad (5\text{-}27)$$

式中：C 为子模块电容值。

对于上、下桥臂 N 个子模块，将各子模块电流、电压列出：

$$\begin{cases} S_{pj}i_{sm\_pj}=C\dfrac{du_{c\_pj}}{dt} \\ S_{nj}i_{sm\_nj}=C\dfrac{du_{c\_nj}}{dt} \end{cases}，\quad j=1，\cdots，N \quad (5\text{-}28)$$

$$\begin{cases} u_{sm\_pj}=S_{pj}u_{c\_pj} \\ u_{sm\_nj}=S_{nj}u_{c\_nj} \end{cases}，\quad j=1，\cdots，N \quad (5\text{-}29)$$

式中：下角 p 表示上桥臂；下角 n 表示下桥臂；下角 j 表示子模块序号。

将式（5-28）中的两个分式左右两边分别相加后整理得到用开关函数表示的桥臂电流为

$$\begin{cases} i_p=\dfrac{C}{\sum\limits_{j=1}^{N}S_{pj}}\dfrac{du_{sum\_p}}{dt} \\ i_n=\dfrac{C}{\sum\limits_{j=1}^{N}S_{nj}}\dfrac{du_{sum\_n}}{dt} \end{cases} \quad (5\text{-}30)$$

式中：i_p、i_n 分别为流经上、下桥臂的电流；u_{sum_p}、u_{sum_n} 分别为上、下桥臂所有子模块的电容电压之和。

而桥臂电压等于桥臂上所有子模块输出电压之和，即

$$\begin{cases} u_p=\sum\limits_{j=1}^{N}u_{sm\_pj} \\ u_n=\sum\limits_{j=1}^{N}u_{sm\_nj} \end{cases} \quad (5\text{-}31)$$

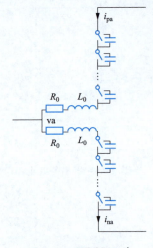

图 5-31　MMC 开关
模型等效电路

将式（5-29）代入式（5-31），可得用开关函数表示的桥臂电压为

$$\begin{cases} u_{\mathrm{p}} = \sum_{j=1}^{N} S_{\mathrm{p}j} u_{\mathrm{c\_p}j} = \left(\sum_{j=1}^{N} S_{\mathrm{p}j}\right) u_{\mathrm{c\_p}j} \\ u_{\mathrm{n}} = \sum_{j=1}^{N} S_{\mathrm{n}j} u_{\mathrm{c\_n}j} = \left(\sum_{j=1}^{N} S_{\mathrm{n}j}\right) u_{\mathrm{c\_n}j} \end{cases} \tag{5-32}$$

由式（5-32）可以看出，桥臂电压等于投入的各子模块电压之和，当子模块电容电压近似相等时，可以等效计算为开关函数求和，再乘以单个子模块电容电压。桥臂电流与开关函数之和及整个桥臂的电压有关。式（5-30）和式（5-32）组成了将 MMC 等效为开关的桥臂详细开关模型，其等效电路如图 5-31 所示，该等效电路可以用于 MMC 的调制方式研究及谐波分析等。

5.5.2　MMC 的桥臂受控源等效电路及模型

在不考虑开关调制引起的谐波时，可以将桥臂等效成一个受控电压源，如图 5-32 所示，u_{pa} 表示上桥臂电压，u_{na} 表示下桥臂电压。三相对称且模块电压均衡、环流较小时，图中的 a_{p} 和 a_{n} 点为等电位点，因而可以把它们连接起来。由此可得桥臂含受控源的 MMC 等效电路，如图 5-33 所示，图中 $R = R_0/2$，$L = L_0/2 + L_{\mathrm{ac}}$，为上、下桥臂阻抗并联之后合并到交流侧。

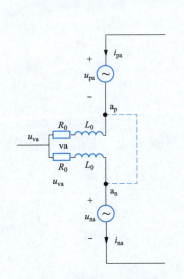

图 5-32　桥臂受控源等效电路

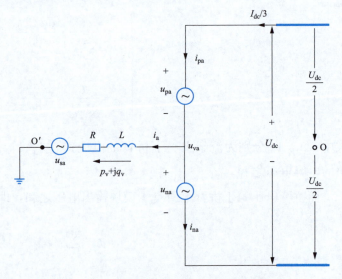

图 5-33　MMC 的桥臂受控源模型等效电路

根据基尔霍夫电压定律可得 MMC 的电压方程为

$$\begin{cases} u_{va} + u_{pa} - u_{oo'} - \dfrac{u_{dc}}{2} = 0 \\ u_{va} - u_{na} - u_{oo'} + \dfrac{u_{dc}}{2} = 0 \end{cases} \tag{5-33}$$

将式（5-33）进行整理，可得变流器交流输出侧电压方程为

$$\begin{cases} u_{va} = -u_{pa} + u_{oo'} + \dfrac{u_{dc}}{2} \\ u_{va} = u_{na} + u_{oo'} - \dfrac{u_{dc}}{2} \end{cases} \tag{5-34}$$

将式（5-34）进行相加减，即可得到交直流电压与桥臂电压的关系为

$$\begin{cases} u_{dc} = u_{pa} + u_{na} \\ u_{va} = \dfrac{1}{2}(u_{na} - u_{pa}) + u_{oo'} \end{cases} \tag{5-35}$$

即直流侧电压等于上、下桥臂电压之和；交流侧电压等于下桥臂和上桥臂电压差的一半，再加上交直流中性点的电位差。

在三相对称且受控源为正弦的情况下，交直流电压中性点电压差为 0，即 $u_{oo'} = 0$，最终得到的桥臂电压与交直流电压的关系为

$$\begin{cases} u_{pa} = -u_{va} + \dfrac{u_{dc}}{2} \\ u_{na} = u_{va} + \dfrac{u_{dc}}{2} \\ u_{va} = \dfrac{1}{2}(u_{na} - u_{pa}) \end{cases} \tag{5-36}$$

同理，通过基尔霍夫电流定律可以得到 MMC 电流关系为

$$\begin{cases} i_{pa} = \dfrac{i_{va}}{2} + \dfrac{I_{dc}}{3} \\ i_{na} = -\dfrac{i_{va}}{2} + \dfrac{I_{dc}}{3} \\ i_{va} = i_{pa} - i_{na} \end{cases} \tag{5-37}$$

式（5-36）和式（5-37）为含受控源的单相 MMC 数学模型，由于三相具有对称性，可写出三相电压方程为

$$\begin{cases} u_{pm} = -u_{vm} + \dfrac{u_{dc}}{2} \\[2mm] u_{nm} = u_{vm} + \dfrac{u_{dc}}{2} \quad , \quad m = a、b、c \\[2mm] u_{vm} = \dfrac{1}{2}(u_{nm} - u_{pm}) \end{cases} \tag{5-38}$$

将一相的电压关系式（5-36），左右分别相加化简，得到直流侧电压为

$$U_{dc} = \frac{1}{3} \sum_{m=a,b,c} (u_{nm} + u_{pm}) \tag{5-39}$$

将上桥臂电流之和与下桥臂电流之和相加取平均值，得到直流侧电流为

$$I_{dc} = \frac{1}{2} \sum_{m=a,b,c} (i_{nm} + i_{pm}) \tag{5-40}$$

式（5-38）～式（5-40）组成了三相 MMC 桥臂含受控源的等效模型，其等效电路如图 5-34 所示。

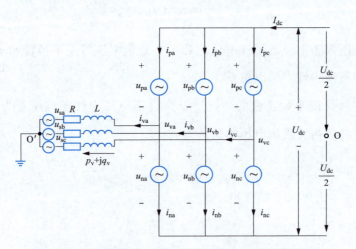

图 5-34　三相 MMC 桥臂含受控源等效模型的等效电路

5.5.3　柔性直流输电系统的模型

在 MMC 桥臂受控源等效模型等效电路的基础上，可以进一步将其等效为三相交流受控源。而 MMC 从本质上来说也是一种电压源型变流器，将 MMC 交流侧等效为受控电压源，直流侧等效为电流源，其分析方法与 VSC 完全相同，图 5-35 是 MMC-HVDC 一侧换流站单线图。

图 5-35 中，下标 s 表示交流电网侧物理量，下标 c 表示换流站交流侧物理量，下标 dc 表示换流站直流侧物理量，下标 f 表示滤波器侧物理量。在 abc 坐标系下的 VSC 模型为

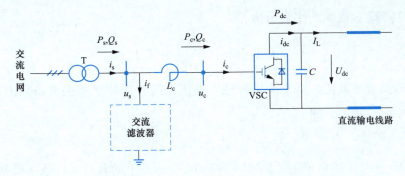

图 5-35 MMC-HVDC 一侧换流站单线图

$$L_c \frac{\mathrm{d}\boldsymbol{I}_{c\_abc}}{\mathrm{d}t} = \boldsymbol{U}_{s\_abc} - \boldsymbol{U}_{c\_abc} - R_c \boldsymbol{I}_{abc}$$

$$C \frac{\mathrm{d}U_{dc}}{\mathrm{d}t} = \lambda M_a i_{ca} + \lambda M_b i_{cb} + \lambda M_c i_{cc} - I_L$$

$(5\text{-}41)$

式中：$\boldsymbol{I}_{c\_abc} = \begin{bmatrix} i_{ca} \\ i_{cb} \\ i_{cc} \end{bmatrix}$ ；$\boldsymbol{U}_{s\_abc} = \begin{bmatrix} u_{sa} \\ u_{sb} \\ u_{sc} \end{bmatrix}$ ；$\boldsymbol{U}_{c\_abc} = \begin{bmatrix} u_{ca} \\ u_{cb} \\ u_{cc} \end{bmatrix} = \begin{bmatrix} \lambda M \dfrac{U_{dc}}{2} \cdot \cos(\omega t + \delta) \\[2mm] \lambda M \dfrac{U_{dc}}{2} \cdot \cos(\omega t - 120° + \delta) \\[2mm] \lambda M \dfrac{U_{dc}}{2} \cdot \cos(\omega t + 120° + \delta) \end{bmatrix}$

分别控制 MMC 输出电压的调制比 M 和相角 δ 即可以实现对交流系统电流和直流电压的有效控制。根据瞬时无功功率理论，abc 三相静止坐标系下换流站与交流系统交换的有功功率和无功功率分别为

$$P_s = \begin{bmatrix} u_{sa} & u_{sb} & u_{sc} \end{bmatrix} \begin{bmatrix} i_{sa} \\ i_{sb} \\ i_{sc} \end{bmatrix}$$

$(5\text{-}42)$

$$Q_s = \frac{1}{\sqrt{3}} \begin{bmatrix} u_{sb} - u_{sc} & u_{sc} - u_{sa} & u_{sa} - u_{sb} \end{bmatrix} \begin{bmatrix} i_{sa} \\ i_{sb} \\ i_{sc} \end{bmatrix}$$

$(5\text{-}43)$

其中

$$\boldsymbol{I}_{s\_abc} = \boldsymbol{I}_{c\_abc} + \boldsymbol{I}_{f\_abc}$$

换流站交流侧功率为

$$P_c = \begin{bmatrix} u_{ca} & u_{cb} & u_{cc} \end{bmatrix} \begin{bmatrix} i_{ca} \\ i_{cb} \\ i_{cc} \end{bmatrix}$$

$(5\text{-}44)$

MMC-HVDC 直流侧功率表示为

$$P_{dc} = U_{dc}\left(C\,\frac{dU_{dc}}{dt} + i_L\right) \tag{5-45}$$

如果忽略换流站损耗，则交流系统注入换流站的有功功率和换流站输出到直流网络中的有功功率应该相等，即

$$P_c = P_{dc} \tag{5-46}$$

式（5-42）～式（5-46）组成了 MMC 在 abc 坐标系下的有功无功数学模型，而在 abc 坐标系和 dq 坐标系下，电阻的形式是不变的，在 dq 坐标系下电感等效为一个电感和电压源串联，电容等效为一个电容和电流源并联，因此可以画 VSC-HVDC 换流站在 dq 同步旋转坐标系下的等效电路，如图 5-36 所示。由图可以得到 MMC 在 dq 同步旋转坐标系下的有功无功数学模型，见式（5-47）。

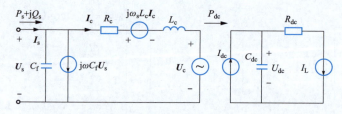

图 5-36　MMC 在同步旋转坐标系下的矢量等效电路

$$\boldsymbol{U}_s = \boldsymbol{U}_c + R_c\boldsymbol{I}_c + j\boldsymbol{\omega}_s L_c\boldsymbol{I}_c + L_c\,\frac{d\boldsymbol{I}_c}{dt}$$

$$\boldsymbol{I}_s = \boldsymbol{I}_c + \boldsymbol{I}_f = \boldsymbol{I}_c + j\boldsymbol{\omega}_s C_f\boldsymbol{U}_s + C_f\,\frac{d\boldsymbol{U}_s}{dt}$$

$$P_s + jQ_s = \frac{3}{2}\boldsymbol{U}_s\hat{\boldsymbol{I}}_s \tag{5-47}$$

$$C_{dc}\,\frac{dU_{dc}}{dt} = I_{dc} - I_L$$

$$I_{dc} = P_{dc}/U_{dc} = (P_s - I_c^2 R_c)/U_{dc}$$

其中

$$\boldsymbol{U}_c = \begin{bmatrix} u_{cd} \\ u_{cq} \end{bmatrix} = \begin{bmatrix} \lambda M_d\,\dfrac{U_{dc}}{2} \\ \lambda M_q\,\dfrac{U_{dc}}{2} \end{bmatrix}$$

可以看出，将 VSC 的数学模型从三相静止坐标系下变换到两相同步旋转坐标系下后，三相时变电气量变为两轴直流量，且实现了有功功率和无功功率的解耦，有利于对

系统进行理论分析和控制策略的研究。

5.6 MMC-HVDC 的控制

5.6.1 MMC 的均压控制

MMC 的瞬时能量存储于悬浮的独立电容之中，任一时刻每相有 N 个模块串联接入直流母线，从而实现交流侧和直流侧的能量传递。但投入的电容有的处于充电状态，有的处于放电状态，势必造成单元电容电压不均衡，进而在并联的桥臂间产生环流，增加器件负担及运行损耗，甚至造成过电流过热而损坏变流器。因此均压、均流控制是 MMC 应用中不可回避的关键技术问题。

首先分析子模块电容电压波动产生的原因。MMC 之所以可以输出不同电平，是因为选择投入的子模块是在变化的。以 MMC 的单相两桥臂为例，当桥臂子模块个数 $N=4$ 时，每个时刻相单元投入子模块个数为 $N=4$，仅上桥臂的 4 个模块投入，输出 -2 电平；相单元上、下桥臂各投入 2 个子模块，输出 0 电平；仅下桥臂四个模块投入，输出 2 电平，见表 5-5。因此，同一相的子模块可能工作在充电、放电、切除三种不同状态，在调制过程中子模块是轮换投入的。因此，子模块悬浮的电容电压会出现低频波动，而且不同子模块电容电压因工作情况不尽相同而出现不均衡。

表 5-5 　　　　　　　　　　　　MMC 输出电平及各子模块开关情况

输出电平数	SM1	SM2	SM3	SM4	SM5	SM6	SM7	SM8
-2	1	1	1	1	0	0	0	0
0	0	0	1	1	1	1	0	0
2	0	0	0	0	1	1	1	1

图 5-37 为子模块电容电压和电流的波形。从图中不难看到，子模块电容电流的变化规律基本与电压一致，负值为放电过程，正值为充电过程。引起电流波动的根本原因也在于子模块工作状态的不断切换。

子模块电容电压波动及不均衡是 MMC 运行过程中无法避免的，如果不加以控制，会造成的危害主要有：

（1）电容电压波动可能会导致电容长时间工作在过电压状态，降低电容的使用寿命。

（2）使交流侧输出电压出现偏差，增大输出波形中的谐波含量。

（3）生成相间环流，增大器件的负担和损耗，降低直流系统运行的可靠性。

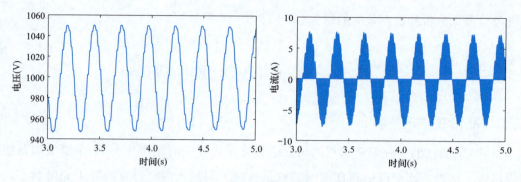

图 5-37　子模块电容电压和电流的波形

因此在控制总直流电压的同时，也需要对各子模块电容电压进行均衡控制。

为了降低子模块电容电压波动的幅度，可以通过适当增加电容值的方法抑制波动，但是电容太大会导致 MMC 装置的体积和成本增加，经济性变差。因此，在控制算法上需采取一定的均压手段。

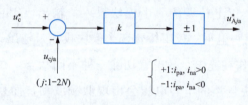

图 5-38　附加均压控制环节

采用 NLM 调制的 MMC 可以通过子模块电压排序及轮换的方法实现均压。但当 MMC 采用载波移相 PWM 调制时，无法对子模块根据电容电压大小及充放电状态进行轮换，只能在调制信号上附加均压控制环节。以 A 相为例，图 5-38 中给出了一种简单的附加均压控制环节。通过比较各模块电容电压的实测值与其参考电压值，结合该子模块所处桥臂电流的流通方向，共同决定该子模块的附加调节电压。

当桥臂电流为正且子模块额定参考电压（u_c^*）高于电容电压实测值（u_{cja}）时，MMC 电容电压均衡控制调节量（u_{Aja}^*）为正，调制波幅值随之增加，该子模块充电时间延长，子模块电容电压上升。当子模块额定参考电压低于电容电压实测值时，MMC 电容电压均衡控制调节量为负，调制波的幅值随之减小，子模块充电时间减少，降低了电容电压上升的幅度。

在桥臂电流为负的情况下分析过程类似，当额定值大于实测值时，调节量为负，调制波的幅值随之减小，该子模块放电时间缩短，子模块电容电压降低的幅度减小；当额定值小于实测值时，调节量为正，调制波的幅值随之增加，该子模块放电时间延长，该子模块电容电压值减低。由此可知，a 相电容电压均衡控制调节量的计算公式可表示为

$$u_{Aja} = \begin{cases} k(u_c^* - u_{cja}) & (i_{pa},\ i_{na} > 0) \\ -k(u_c^* - u_{cja}) & (i_{pa},\ i_{na} < 0) \end{cases}$$

(5-48)

5.6.2 MMC 的均流控制

除了电压波动，MMC 还存在环流问题。环流因电压波动和不均衡而引起，因此均压控制有利于抑制环流。但是仅控制模块电压均衡，还不能完全抑制环流，桥臂的正弦电压和正弦电流会产生二倍频的功率波动分量，从而在电容电压上产生二倍频电压波动。虽然任一时刻同一相上、下两个桥臂开通的子模块数量之和相同，都为 N，从直流侧看，每相接入直流侧的模块数相同，但是子模块电压的波动和不均衡会造成并入直流母线的各相总电压并不相同。因而在并联的三相支路间形成了环流，需对相直流电压和相间环流进行进一步控制。

同一相上所有子模块不可能同时工作在同一种状态，所以同一时刻桥臂子模块电容电压也不完全相等，因此上、下桥臂各自的电压也必然不完全相同。于是在上、下桥臂之间会产生电压差，这个电压差在桥臂上最终形成电流，这个电流不会从桥臂流出到相电流。同时，由于同一时刻三相电压也不完全相同，因此这个电流会不断从电压较高的相流向电压较低的相，最终在两相之间形成环流，如图 5-39 所示。

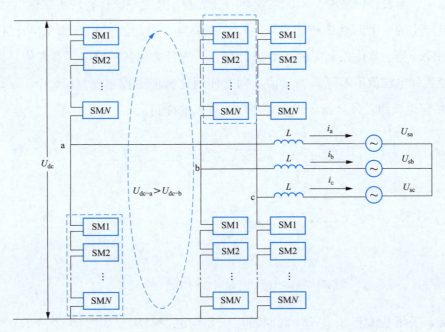

图 5-39　相间环流方向示意图

MMC 的直流母线上存在低频的电压和功率脉动。环流叠加在桥臂上，提高了器件的容量，增加了损耗。同时在 MMC 各相内还存在相内环流，如图 5-40 所示。

从图 5-40 中可以得到相电流和各桥臂电流之间的关系为

$$i_a = i_{pa} - i_{na} \tag{5-49}$$

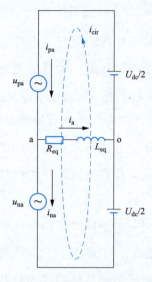

图 5-40　相内环流示意图

以及各桥臂电流和环流间的关系为

$$\begin{cases} i_{\mathrm{pa}} = \dfrac{1}{2} i_{\mathrm{a}} + i_{\mathrm{cir}} \\[2mm] i_{\mathrm{na}} = -\dfrac{1}{2} i_{\mathrm{a}} + i_{\mathrm{cir}} \end{cases} \tag{5-50}$$

将上桥臂电流与下桥臂电流相加，即可得到环流的表达式为

$$i_{\mathrm{cir}} = \frac{1}{2}(i_{\mathrm{pa}} + i_{\mathrm{na}}) \tag{5-51}$$

环流含有基波和 2、4、6 等偶数次谐波分量，其中二次谐波含量最高，其幅度与 MMC 的有功功率成正比。

环流对 MMC 运行也是有一定危害的：一是导致 MMC 损耗增大，降低开关管的使用寿命；二是导致 MMC 交流侧电流奇数次谐波含量增加，其中 3 次谐波含量最高，与环流中 2 次谐波的含量成正比。当输出交流电流含有较多谐波时，电流质量会明显变差，直流系统运行的可靠性也会降低。

环流产生的一个因素是相间直流电压存在差异，因此若三相直流总电压完全相等，则可以消除环流。具体控制流程如图 5-41 所示。先计算出各桥臂电压参考值，再利用 PI 控制器使实际电压值不断逼近参考值，同时使用比例谐振控制器（proportion resonant，PR）使桥臂电流跟随外环指令变化，实现对环流的抑制。

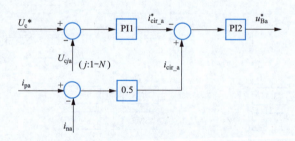

图 5-41　使用 PI 控制器的环流抑制方法

综上，采用载波移相 PWM 调制的均压和均流控制流程如图 5-42 所示。图中为对 MMC 一相上、下桥臂进行分别控制的控制流程，先用均压和均流环节分别得到对应的调制波修正值，再叠加到对应桥臂的调制波参考信号中，最终得到对应桥臂的参考调制波信号。

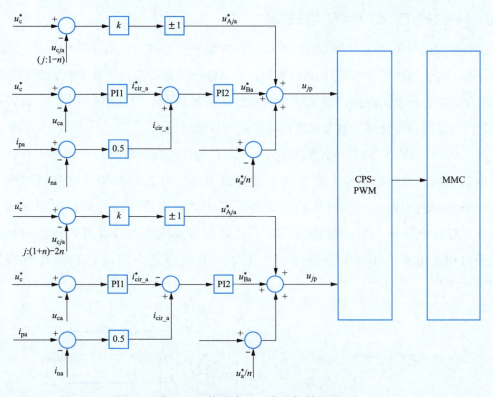

图 5-42 整体均压、均流控制流程

采用硬件电路也可抑制环流，前提是采用电容电压均衡控制，其优势在于不需要修改现有的控制策略。桥臂电感本身对环流有一定抑制作用，但仅采用增大桥臂电抗的方式，只是被动地减少环流，不可能完全消除环流，而且还会影响系统动态响应特性。由于在电容电压均衡状态下桥臂环流的主要成分为二次谐波，故可以针对二次谐波加装滤波器以实现消除环流的目的。如图 5-43 所示，L_x 为交流系统 a 相阻抗电感，L_0、C_0 为所加滤波电感、电容，L_a 为 a 相桥臂电感。理想情况下，由于参数和结构的对称性，对于交流基频电流，四个电感构成了一个电桥电路，因此滤波电容对基频电流及控制方程没有影响；而对于桥臂环流，由于 LC 构成谐振电路，因此在不增加桥臂电感的基础上实现了对环流的抑制。

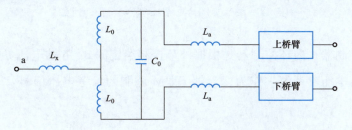

图 5-43 采用 LC 谐振电路的环流抑制法

5.6.3 MMC-HVDC 的功率和电压控制

换流站级控制策略作为 MMC-HVDC 系统控制的核心部分,其主要作用是利用功率外环控制、电流内环控制对有功功率及无功功率进行解耦控制,进而为阀组级控制提供相应的调制波。换流站级控制策略分为功率外环控制和电流内环控制,MMC-HVDC 系统的工作状态与功率外环控制及电流内环控制的效果密切相关。

(1) MMC-HVDC 的总体控制策略。一般柔直变流器采用有功功率和无功功率可以解耦的直接电流控制策略,也称为矢量控制策略,其总体控制策略框图如图 5-44 所示。矢量控制为内、外双闭环控制结构,内环为电流环,而外环根据系统需要可设为功率环或电压环。引入电流内环除了可以改善系统动态性能外,还能限制电流的最大值和变化率,有利于换流站安全工作。下面分别介绍内环和外环控制器的设计。

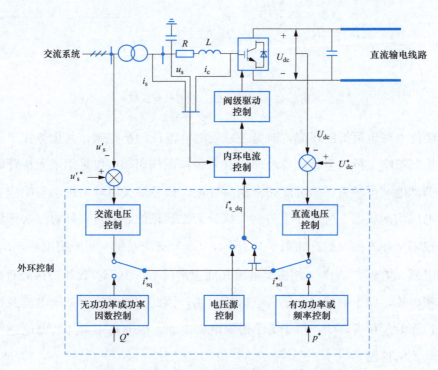

图 5-44 柔性直流输电系统总体控制策略框图

(2) 内环控制器。内环控制器是根据外环控制给定的 d、q 轴电流参考值计算出变流器应输出的交流电压参考值,作为变流器 PWM 调制的参考电压信号,其控制原理图如图 5-45 所示。

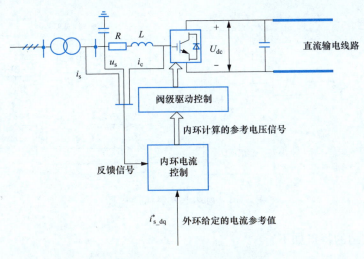

图 5-45　内环控制器原理图

在 dq 同步旋转坐标系下，变流器电压和电流的关系为

$$U_{\mathrm{c}} = U_{\mathrm{s}} - R_{\mathrm{c}} I_{\mathrm{c}} - \mathrm{j}\omega L_{\mathrm{c}} I_{\mathrm{c}} - L_{\mathrm{c}} \frac{\mathrm{d}I_{\mathrm{c}}}{\mathrm{d}t} \tag{5-52}$$

式（5-52）表明增大变流器电压 U_{c} 可以减小电流 I_{c}，而减小变流器电压 U_{c} 可以增大电流 I_{c}，但电流的 d、q 轴分量之间存在一定的耦合关系，即

$$L_{\mathrm{c}} \frac{\mathrm{d}i_{\mathrm{cd}}}{\mathrm{d}t} = u_{\mathrm{sd}} - R_{\mathrm{c}} i_{\mathrm{cd}} + \omega L_{\mathrm{c}} i_{\mathrm{cq}} - u_{\mathrm{cd}}$$

$$\tag{5-53}$$

$$L_{\mathrm{c}} \frac{\mathrm{d}i_{\mathrm{cq}}}{\mathrm{d}t} = u_{\mathrm{sq}} - R_{\mathrm{c}} i_{\mathrm{cq}} + \omega L_{\mathrm{c}} i_{\mathrm{cd}} - u_{\mathrm{cq}}$$

与有功功率、无功功率和 d、q 轴电流的完全解耦不同，d、q 轴的电流分量之间仍然存在着交叉耦合项 $\omega L_{\mathrm{c}} i_{\mathrm{cd}}$、$\omega L_{\mathrm{c}} i_{\mathrm{cq}}$。如仅需调节有功功率变化时，需调节 d 轴电流 i_{cd}，而 i_{cd} 的改变会引起 i_{cq} 的变化，从而使无功功率也随之改变。因此，设计内环电流的 PI 控制器时，需考虑电流的交叉耦合项，避免 d、q 轴电流在控制时的相互影响。

为了消除耦合，需要采用前馈解耦控制，则当电流控制器采用 PI 调节时，就可以得到 MMC 交流侧期望输出的电压量，即参考波电压

$$U_{\mathrm{c}}^{*} = U' - k_{\mathrm{p}}(I_{\mathrm{c}}^{*} - I_{\mathrm{c}}) - k_{i}\int (I_{\mathrm{c}}^{*} - I_{\mathrm{c}})\mathrm{d}t \tag{5-54}$$

电压解耦项为

$$U' = U_{\mathrm{s}} - R_{\mathrm{c}} I_{\mathrm{c}} - \mathrm{j}\omega_{\mathrm{s}} L_{\mathrm{c}} I_{\mathrm{c}} \tag{5-55}$$

由式（5-54）和式（5-55）可得如图 5-46 所示内环电流解耦控制器。

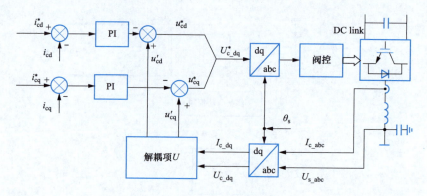

图 5-46　内环电流解耦控制器

电流内环控制的特点如下。

1）实现了有功功率和无功功率完全独立解耦控制，动态性能好且互不影响。

2）内环控制中限流环节还可以有效避免系统过电流及潮流突变。

3）当 VSC 交流侧有同步电网（有源网络）时，旋转坐标变换的角频率 ω 相位角由锁相环 PLL 计算得出。

4）当 VSC 连接的风力发电场侧没有交流电网（无源网络）时，坐标变换的相位角由 VSC 的控制器自身决定，即 VSC 输出交流电压的相位和频率是由自身控制器决定的。

（3）外环控制器。外环控制器根据系统级控制器下发的功率或电压等参考值计算内环所需要的 dq 轴电流参考值，其原理如图 5-47 所示。

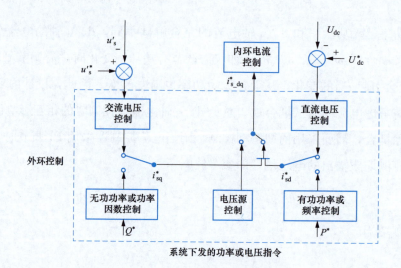

图 5-47　外环控制器原理图

外环控制目标量根据控制量性质的不同分为有功类控制和无功类控制。其中有功类控制分为定有功功率控制、定直流电压控制、定交流频率控制；无功类控制分为定无功功率控制、定交流电压控制和功率因数控制。

通过对 i_d、i_q 的控制，可以分别控制有功功率和无功功率。为了消除稳态误差，引入比例积分调节，如图 5-48 所示。

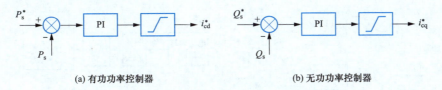

(a) 有功功率控制器　　　　　　　　(b) 无功功率控制器

图 5-48　外环有功功率和无功功率控制器

当 MMC 变流器交直流两侧的有功功率不平衡时，将引起直流电压的波动，此时有功电流将对直流侧电容充放电，直至直流电压稳定在设定值。因此变流器直流侧电压与有功电流有关，只要控制变流器吸收的有功电流稳定，就可以使直流侧电压稳定在一个定值。图 5-49 为外环直流电压控制器，通过将给定直流电压和反馈直流电压作差，经 PI 调节后得到有功电流的参考值 i_{cd}^*。

当柔性直流输电系统连接孤岛系统时，其传输功率占比较大，对弱交流系统频率有一定影响；或所连接交流电网故障扰动情况下需要功率支撑时，柔直变流器可采用频率控制以保证所连接系统的频率稳定。与电网其他可控电源一样，频率控制一般采用下垂控制，如图 5-50 所示。

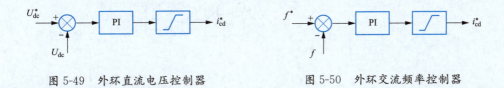

图 5-49　外环直流电压控制器　　　　　图 5-50　外环交流频率控制器

系统中无功功率不平衡会导致电网母线电压波动，定交流电压控制就是通过对交流电压 U_s 的参考值和设定值进行比较得到无功电流参考值来控制无功功率，维持交流侧母线电压稳定。该控制方式常用于风力发电或光伏发电等新能源发电并网以及向无源网络供电等领域。外环交流电压控制器如图 5-51 所示。

图 5-51　外环交流电压控制器

（4）MMC-HVDC 用于风力发电场并网的控制策略。下面以风力发电场通过柔性直流输电系统联网为例，说明变流器的内环和外环控制器的设计。风力发电场侧如果为无源网络，则风力发电场侧变流器工作于无源网络供电模式，输出电压的频率和相位由变流器内部决定。外环控制器没有有功功率和无功功率的控制需求，可用于控制并网点电压，根据并网点电压的 d、q 轴分量来确定内环电流参考值。风力发电场侧换流站控制结构如图 5-52 所示。

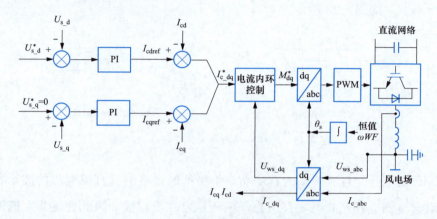

图 5-52 风力发电场侧换流站控制结构

电网侧变流器则需工作于定直流电压控制模式，维持系统稳定，接收风力发电场端变流器输送的功率。由于联结交流电网，由锁相环提供坐标变换的角度。无功环节可根据系统需求工作于无功控制模式或者电压控制模式。电网侧换流站控制结构如图 5-53 所示。

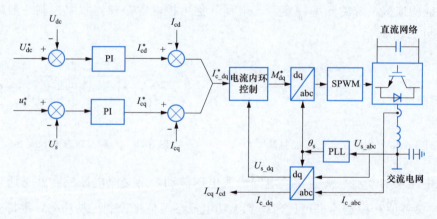

图 5-53 电网侧换流站控制结构

5.7 仿真算例

5.7.1 MMC 调制方式仿真分析

高压直流输电 MMC 变流器的子模块数量通常可达几百个，但受仿真速度所限，仅搭建了桥臂子模块数为 10 的 20kV/10MVA 的 MMC 仿真模型，系统结构如图 5-54 所示，参数见表 5-6，控制策略仅采用内环电流控制。此仿真系统主要用以分析对比两种调制方式的性能特点，基于 NLM 调制与 CPS-PWM 调制方式进行了仿真波形分析及对比，两种调制都包含均压控制。

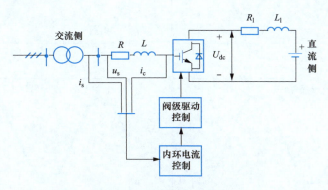

图 5-54　MMC 系统结构图

表 5-6　　　　　　　　　　　　　　MMC 系统参数

参数名称	参数值
MMC 额定容量 S_N	10MVA
额定交流电压 U_{s_N}	10kV
额定直流电压 U_{dc_N}	20kV
桥臂子模块个数 N	10
子模块电容额定电压 U_{c_N}	2kV
交流系统额定频率 f	50Hz
子模块电容 C_0	6mF
桥臂电感 L_0	9mH

（1）桥臂电压与交流电压。图 5-55（a）、（b）为直流输电系统送端 MMC 分别采用 NLM 调制和 CPS-PWM 调制时的 A 相上、下桥臂电压及 A 相输出电压。MMC 是基于桥臂进行调制的，下桥臂与上桥臂调制电压反相，而交流输出电压为下桥臂与上桥臂电压之差的一半。每桥臂子模块数量为 10 个，NLM 调制与 CPS-PWM 调制方式下生成的桥臂电压分别为 11 电平阶梯波与 11 电平 PWM 波，其直流分量为 $U_{dc}/2=10$kV，上、下桥臂的交流分量波形幅值相同但相位相反。NLM 调制时，仅在电平发生跳变时改变子模块投入切除状态，因而开关频率较低，但是电平数较少时，含有一定量的低次谐波，等效正弦的效果较差；而 CPS-PWM 调制在每个阶梯上叠加了高频 PWM 波，基本不含

低次谐波，逼近正弦效果更理想，但是开关频率显著增加。

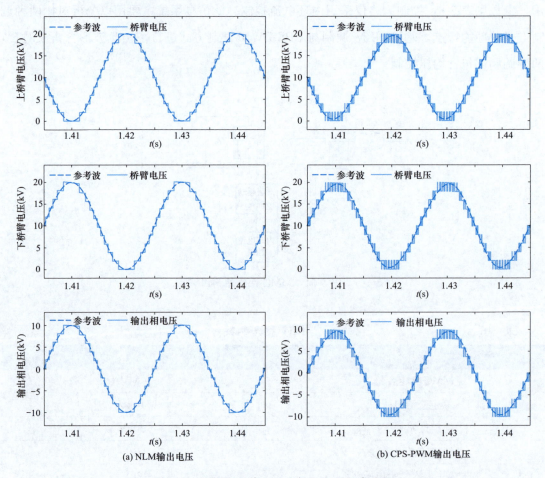

(a) NLM输出电压　　　　　　　　　　　(b) CPS-PWM输出电压

图 5-55　MMC 桥臂电压及相电压的仿真波形

图 5-56（a）、（b）分别为 NLM 调制相电压与 CPS-PWM 调制相电压谐波分析情况。在谐波成分方面，NLM 调制相电压谐波主要为低次谐波，系统中的电压谐波集中在 2kHz 以下。CPS-PWM 调制相电压谐波主要集中在开关频率的整数倍附近，仿真系统中 CPS-PWM

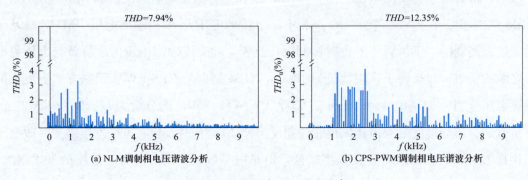

(a) NLM调制相电压谐波分析　　　　　　(b) CPS-PWM调制相电压谐波分析

图 5-56　MMC 相电压谐波分析

子模块载波频率为 200Hz，桥臂中含有 10 个子模块，因此高次谐波主要集中在 $2n$ kHz（$n=1$，2，3，…）两侧。在谐波含量方面，NLM 调制相电压谐波含量比 CPS-PWM 调制含量低，电压谐波总畸变率 THD_u 为 7.94%，而 CPS-PWM 调制因高次谐波含量较丰富，电压谐波总畸变率 THD_u 为 12.35%，但高次谐波容易被滤除，对于感性负载时，电流波形效果更好，因此电压中的高次谐波对电流畸变影响较小。

（2）桥臂电流与交流电流。图 5-57（a）、（b）为送端 MMC 分别采用 NLM 调制和 CPS-PWM 调制时的 A 相上、下桥臂电流及 A 相输出电流波形。由于模块数较少，NLM 调制产生的桥臂电压波形中含有较多的低次谐波，导致电流波形中也表现出较多的低次谐波分量，波形畸变明显；而 CPS-PWM 调制输出的是多电平 PWM 波形，高次谐波和低次谐波均得到较好抑制。桥臂电流中的直流分量为直流侧电流的 1/3，即−50A，而桥臂电流中的交流分量则为交流侧相电流的一半，输出相电流为上桥臂电流与下桥臂电流的差值。

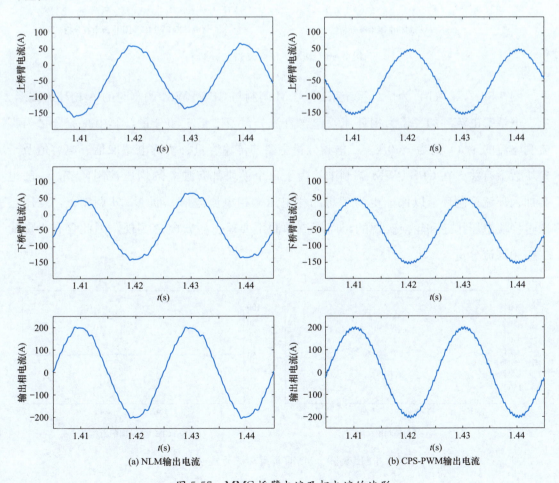

(a) NLM 输出电流　　　　　　　　　　(b) CPS-PWM 输出电流

图 5-57　MMC 桥臂电流及相电流的波形

图 5-58（a）、（b）分别为 NLM 调制相电流与 CPS-PWM 调制相电流谐波分析情况。在谐波成分方面，电流谐波主要由电压谐波情况及负载决定，因此相电流谐波成分与相电压谐波成分基本一致，NLM 调制相电流谐波主要集中在 2kHz 以下，CPS-PWM 调制相电流谐波主要集中在 2kHz 两侧，高次电流谐波成分被感性负载抑制。在谐波含量方面，NLM 调制相电流谐波含量比 CPS-PWM 调制含量高，电流谐波总畸变率 THD_i 为 3.18％，CPS-PWM 调制中含量较高的高次电压谐波在负载为感性时，对电流影响很小，电流谐波总畸变率 THD_i 为 2.28％。

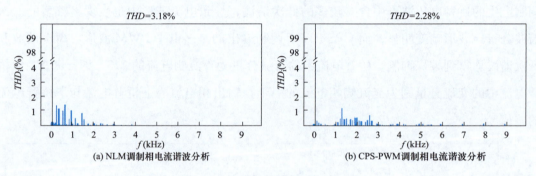

(a) NLM 调制相电流谐波分析　　　　　　　　(b) CPS-PWM 调制相电流谐波分析

图 5-58　MMC 相电流谐波分析

图 5-59（a）、（b）为仿真系统采用 NLM 调制与 CPS-PWM 调制时的 A 相环流波形。上、下桥臂电流和的一半为相环流，包含直流分量及二倍工频分量，其中直流分量为直流侧电流的 1/3，约为－50A，二倍频分量主要与传输容量、桥臂电感取值、电容值及子模块数量有关。在 CPS-PWM 调制中，由于每个模块都有独立的均压控制环节，一般也会加入环流抑制环节以保证更为理想的相电压、相电流波形。而 NLM 调制下，均压是通过模块电压排序和轮换实现的，而环流抑制主要通过桥臂电感实现，因此含有少量的二倍频环流分量。

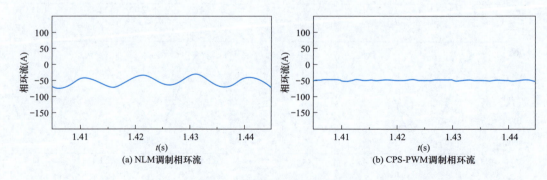

(a) NLM 调制相环流　　　　　　　　　　　　(b) CPS-PWM 调制相环流

图 5-59　MMC 桥臂环流的波形

（3）子模块电容电压与电流。图 5-60（a）、（b）分别为仿真系统采用 NLM 调制与 CPS-PWM 调制时的 A 相上桥臂子模块电容电压波形。两种调制方式下子模块电容电压均衡程度均满足要求，NLM 调制在均压时主要基于排序算法进行轮换投入，子模块电容电压之间的变化规律类似；CPS-PWM 调制通过比较单个子模块电容电压与桥臂子模块电容电压平均值来实现均压控制，各子模块电压波动较小，但平均值略有差异。

图 5-60（c）、（d）分别为 NLM 调制与 CPS-PWM 调制时的 A 相上桥臂子模块电容电流波形。从整体上看，所有子模块电容电流波形的集合即为桥臂电流，单个子模块电容电流的正负表征子模块电容的充放电情况。

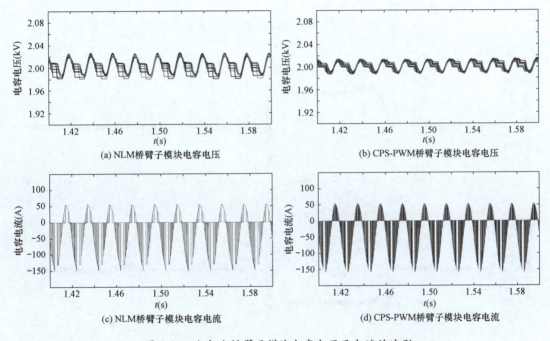

图 5-60 A 相上桥臂子模块电容电压及电流的波形

5.7.2 MMC-HVDC 控制策略仿真分析

在单端 MMC 仿真系统的基础上，为了进一步分析基于 MMC 变流器的高压直流输电系统的控制策略的性能，进一步搭建了双端 MMC-HVDC 直流输电系统的仿真模型，系统结构如图 5-61 所示，参数与单端仿真系统一致。其中，送端系统的控制策略为：外环采用定直流电压、定无功功率控制，内环采用定电流控制。受端系统的控制策略为：外环采用定有功功率、定无功功率控制，内环采用定电流控制。图 5-62 给出了有功功率给定阶跃变化时，系统直流侧的电压和电流的动态波形。

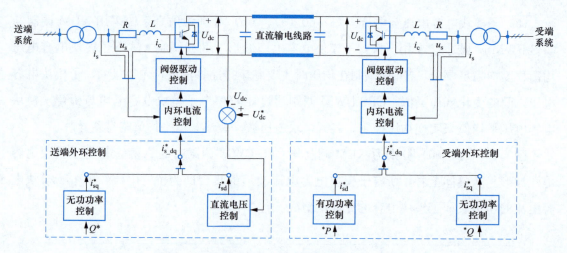

图 5-61 双端 MMC-HVDC 直流输电系统结构图

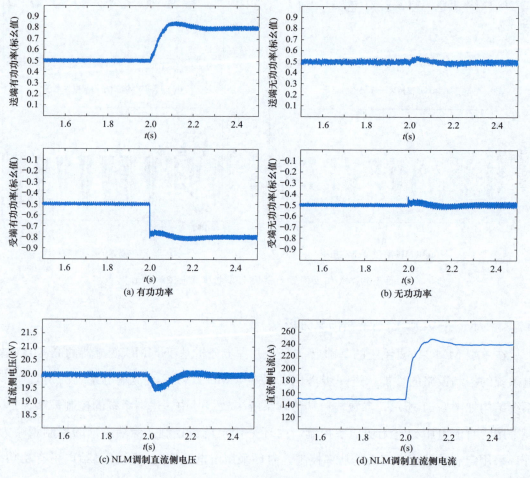

(a) 有功功率

(b) 无功功率

(c) NLM调制直流侧电压

(d) NLM调制直流侧电流

图 5-62 有功功率调控相关波形（一）

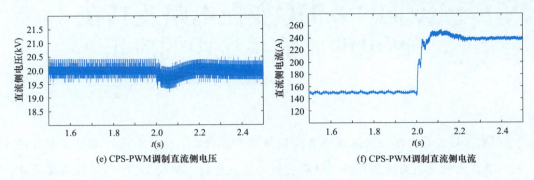

(e) CPS-PWM调制直流侧电压　　　　　　　　(f) CPS-PWM调制直流侧电流

图 5-62　有功功率调控相关波形（二）

　　图 5-62 是在受端给定有功功率改变时的相关波形。图 5-62（a）是有功功率波形，系统受端对有功功率进行控制，在给定参考值变化后，受端有功功率迅速调节到给定值。送端由于对直流侧电压进行控制，在检测到直流侧电压因功率不平衡下降后，逐渐增加送出有功功率，0.2s 后达到与受端功率平衡，直流电压恢复到额定值，直流侧电压波形如图 5-62（c）、（e）所示。直流侧电流与系统输送有功功率成正比，波形变化趋势与送端有功功率波形基本一致，直流电流波形如图 5-62（d）、（f）所示。图 5-62（b）是无功功率波形，基本不受有功功率变化的影响。此外，采用 CPS-PWM 调制时，直流电压和电流中含有一定量的高次谐波。

第6章

双向DC/DC变换电路及其在蓄电池储能系统中的应用

DC/DC 变换电路的功能是将直流能源（如蓄电池、光伏电池）或整流电路得到的直流电能变换为幅值可调、性能更好的直流电能。双向 DC/DC 变换电路是在 Buck、Boost 等基本的单向 DC/DC 变换电路基础上改进而来的，实现功率的双向流动，使其可应用于可再生能源发电、智能电网、轨道交通等需要双向功率运行的场合，如蓄电池储能充放电、直流电网接口设备等。本章将结合蓄电池储能系统及其应用阐述双向 DC/DC 变换电路的原理及控制。首先概述蓄电池储能系统在电力系统中的应用；然后介绍双向 DC/DC 变换电路的拓扑结构、工作原理及数学模型，并简要介绍蓄电池的模型；最后搭建基于双向 Buck/Boost 电路的蓄电池储能系统仿真模型，通过仿真算例分析加深对本章内容的理解。

6.1　蓄电池储能系统概述

电网需要通过削峰填谷措施来减少发电机组投资和稳定电网运行，而间歇性新能源的大规模接入则给电网的峰谷调节能力带来挑战。储能系统是未来电网进行功率波动平抑和削峰填谷的重要手段。此外，储能系统在新能源分布式发电及微电网领域，电动汽车、轨道及海空交通运输领域，甚至大数据和人工智能及 5G 建设领域等都具有广阔的应用前景。

6.1.1　储能系统的类型

新能源发电、分布式微电网和电动汽车等新兴技术和产业的发展，为储能技术的应用带来了新的机遇。目前比较受关注的储能类型可分为如下几类。

（1）化学储能：蓄电池，包括铅酸蓄电池、锂电池、钠硫电池、液硫电池等。铅酸蓄电池和锂离子电池是人们比较熟悉的电池类型。铅酸电池能量成本低、性价比高，自发明起 100 多年以来成为应用最广泛的储能技术，未来仍将继续占有市场空间。锂电池具有较高的能量密度，性能优势突出，被认为是在混合动力汽车和光伏发电系统等应用中最具发展前景的核心储能技术。图 6-1 给出的是与大规模光伏电站相配套的锂电储能系统，采用集装箱式安装，内置电池单元和并网变流器。

（2）物理储能：抽水蓄能、压缩空气储能、飞轮储能、弹簧储能等。抽水蓄能利用水的势能储存能量。图 6-2（a）中为江苏溧阳抽水蓄能电站鸟瞰图，由上水库、输水系统、地下厂房系统、下水库及地面开关站等建筑物组成；电站安装 6 台单机容量为 25 万 kW 的可逆式水泵水轮发电机组，总装机容量为 150 万 kW。

压缩空气储能技术如图 6-2（b）所示，是继抽水蓄能之后被认为又一适合兆瓦级大规模电力储能的技术。其工作原理为：在用电低谷时段，利用电能将空气压缩至高压并存于洞穴或压力容器中，转化为空气的内能存储起来；然后在用电高峰时段将高压空气释放出来驱动燃气轮机发电。

飞轮储能则是利用飞轮的旋转动能储存能量，图 6-2（c）所示的飞轮储能装置，由飞轮本体和变流器两个子系统构成。

图 6-1　与大规模光伏电站相配套的锂电储能系统

(a) 抽水蓄能电站　　　　　(b) 压缩空气储能技术　　　　　(c) 飞轮储能装置

图 6-2　三种不同的物理储能方式

（3）电磁储能：超级电容器、超导储能。如图 6-3（a）所示，超级电容器是一种拥有高功率密度的新型电化学电容器。比传统的电解电容器容量高几百倍甚至千倍，电容值从几法拉到几千法拉不等，功率密度介于传统电容和蓄电池之间。由于单体电容器的储能量有限，在高压大功率应用时，超级电容器与蓄电池一样也需要对电容单元进行串并联集成，进而构成超级电容器组，以满足合适的电压、功率等级需求。

超导磁储能（SMES）是利用超导线圈作为储能线圈，如图 6-3（b）所示，由电网经变流器供电励磁，在线圈中产生磁场而储存能量。需要时，可经逆变器将所储存的磁场能量送回电网或提供给其他负载使用。超导储能线圈几乎是无损耗的，因此线圈中储存的能量可以长久储存且几乎不衰减。与其他储能系统相比，超导磁储能具有很高的转换效率（可达95%）和很快的反应速度（可达几毫秒）。

(a) 超级电容器

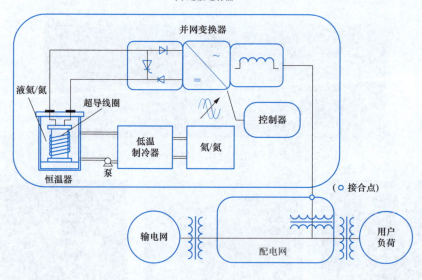

(b) 超导磁储能

图 6-3　两种电磁储能方式

各类不同的储能技术，具有各自的优缺点和适用领域，见表 6-1。

表 6-1　　　　　　　　各类储能方式的特点

储能方式	优点	缺点	应用范围
抽水储能	技术成熟、成本较低、容量大、寿命长	对地理、环境条件有较高要求	适用于大规模调峰、调频和备用电源
电池储能	能量密度大、响应速度快、使用便捷	目前成本高、使用寿命短、存在安全问题	适用于中小规模调峰、调频、紧急电源和平抑新能源功率波动
超导储能 超级电容器储能	响应速度快、转换效率高，功率型储能	制造成本高、能量密度低，需在低温下使用	适用于快速调节功率场合（电能质量调节、 UPS、削峰等）

6.1.2　电网中储能系统的作用

由于电力系统需时刻保持电能的平衡，因此储能技术在电网中的应用一直备受关注。目前由于节能减排、可再生能源代替传统化石能源的需求，以及电网升级建设遇到的困难等，为储能在电力系统中应用带来了新的机遇。在电网应用中，储能系统的作用涵盖以下多个方面。

（1）提升电网新能源消纳能力。风力发电、光伏发电等新能源具有随机性和间歇性，通常以最大功率跟踪方式发电，而不具备提供调频、调压等能力。当新能源并网渗透率较高时，由于电网消纳能力有限，一方面会造成严重的弃风、弃光现象，产生资源浪费；另一方面会对电网造成较大冲击，不利于电网安全稳定运行。解决这一问题的主要技术手段之一就是增加储能系统，进行功率波动的平抑和削峰填谷，从而提高系统的稳定性和电能质量。

（2）参与电力系统辅助服务。传统电力系统辅助服务由特定的电厂承担，经济性较差；储能系统由于具有较快的功率响应特性，启停灵活，因而在调峰、调频、不间断供电和电网故障恢复等方面具有较大的应用潜力。

（3）减缓电网建设投资。配置储能系统，能够在一定程度上缓解发电侧和用电侧的峰谷特性，从而减缓相应电网建设升级改造的压力。

（4）分布式发电和微电网应用。微电网是解决新能源分布式接入的重要技术手段，通常要求微电网具有独立运行的能力，为了保持微网内部功率和能量平衡，在微电网中需配置一定容量的储能系统，能够大大增强系统安全稳定运行的能力。

（5）用户侧能量管理。用户侧配置储能系统，可以在改善自身供电的可靠性和电能质量的同时，参与大电网的需求侧响应服务，获得更多的经济效益。

总的来说，电力系统中的储能应用涵盖从几千瓦至几百兆瓦的容量规模，不同的应用场景需要结合各类储能技术的特点，考虑不同的储能方式。例如在分布式发电和微电网应用及用户侧，容量相对较小，对功率密度的要求不是特别高，此时电池储能系统是比较合适的选择。

6.1.3　蓄电池储能在电力系统中的应用

蓄电池储能系统是目前最受关注的储能方式之一，一方面是电网对储能需求日益增加，而蓄电池储能技术是应用较为成熟的技术；另一方面是电动汽车产业的兴起也推动了蓄电池储能技术的快速进步。

蓄电池组接入电力系统时，根据接入系统类型，可以分为接入交流系统、接入直流系统和集成到新能源并网换流系统三种情况。

（1）蓄电池储能接入交流系统。蓄电池组接入交流系统时，通常有两种方式，分别是通过单级式变换和两级式变换接入交流电网，如图 6-4 所示。

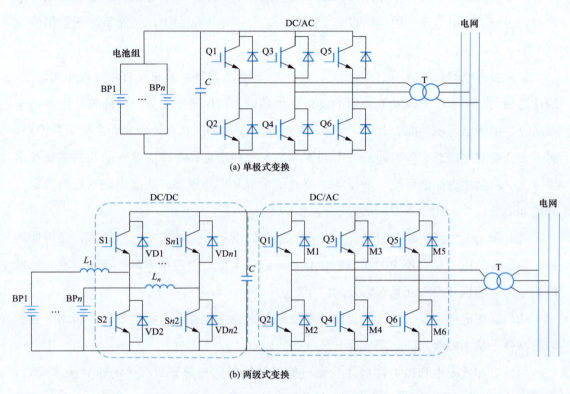

图 6-4　蓄电池储能系统接入交流电网

单级式变换储能系统只经过一级 DC/AC 变换，如图 6-4（a）所示，电池组通过三相或单相变流器接入交流电网，为了电压匹配和安全考虑，通常交流侧需配有工频变压器。这种接入方式只有一级变流器，结构简单，效率较高，但也存在一定的局限。由于大量单体电池串联时一致性难以保证，使电池组串联数目受限，仅适用于低电压等级的交流系统，储能系统的容量选择缺乏灵活性。而且由于电池端压在不同的充放电电流和荷电状态下变化幅度较大，为了保证合适的并网变换，变流器需匹配直流宽电压运行范围，电池组的电压值和功率器件的耐压都需要留有足够的裕量，同时，直流电压波动过大还会使交流输出较大谐波。

两级式变换储能系统如图 6-4（b）所示，蓄电池组通过 DC/DC 和 DC/AC 两级变流器接入交流电网。由于增加了一级双向 DC/DC 变换，其可控制中间直流母线电压，使得逆变器直流侧电压更稳定，交流侧波形质量也更好；同时 DC/DC 可实现升降压变换，使得储能侧的电池容量配置也更加灵活，能够接入更高电压等级的电网。这种结构的主要缺点是，增加了一级电力变换环节，使得系统成本有所增加，变换效率下降，因此工程上还需综合考虑经济效益。需要说明的是，在两级式变换结构中，除了如图所给出的采用低压直流母线、交流网侧接工频变压器进行隔离的方案外，还可以采用中高压直流母线，而由 DC/DC 环节高频变压器进行隔离的方案，此时 DC/AC 一般采用级联多电平电路，以解决电力电子变流器中电压等级和电流应力有限与高压大容量的矛盾，便于大容量储能系统直接接入更高电压等级的电网。

（2）蓄电池储能接入直流系统。除了接入交流系统，蓄电池储能系统接入直流电网具有更广泛的应用前景。

图 6-5 给出了一个典型含分布式电源的蓄电池储能系统接入直流电网，包括直流固态变压器（DCSST）、分布式风力发电系统、光伏发电系统、直流负荷及储能系统。在电池储能系统中，虽然蓄电池端口为直流，但需经过双向 DC/DC 变流器实现相应的电压或功率调节功能后，接入直流电网。值得注意的是，对电动汽车而言，如果电动汽车参与电网能量管理，则其与电网接口的变流器也应是双向 DC/DC 变流器，以实现直流负载和分布式储能电源的双重功能。

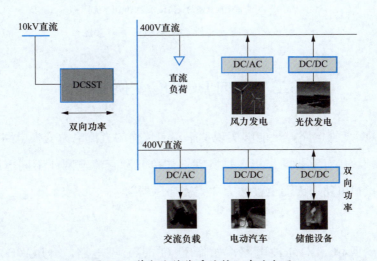

图 6-5　蓄电池储能系统接入直流电网

（3）蓄电池储能集成到新能源并网换流系统中。最后一种是蓄电池储能系统以系统集成的方式接入光伏或风力发电变流系统中。如图 6-6 所示，蓄电池单元通过双向 DC/DC 变流器接入光伏、风力发电等新能源发电系统内部的直流母线，改善相应系统的稳定性或平滑功率波动。这类储能系统还为新能源发电系统实现虚拟同步发电机特性提供了稳定的能量支撑。

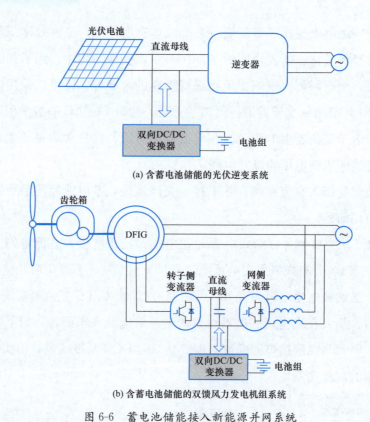

(a) 含蓄电池储能的光伏逆变系统

(b) 含蓄电池储能的双馈风力发电机组系统

图 6-6　蓄电池储能接入新能源并网系统

6.2　双向 DC/DC 变换电路

双向 DC/DC 变换电路，是能够实现功率双向传输的直流电力变换电路，在储能和直流输配电应用领域具有重要的作用，是实现储能单元和直流电网或不同电压等级直流母线互联的重要接口电路，因而也被称为"直流变压器"。

6.2.1　概述

传统非隔离型 DC/DC 斩波电路，如降压（Buck）型电路、升压（Boost）型电路、升降压（Buck-Boost）型电路等，在采用二极管和单向导通器件的条件下只能传输单向功率，如图 6-7（a）所示。然而在许多应用场合，如对蓄电池充放电及直流电网互联等应用中，需要通过 DC/DC 变流器实现功率的双向流动。双向 DC/DC 变换电路能够实现能量在直流电网与直流设备之间的双向流动。如在对蓄电池或超级电容器充电时，能量从电网流向电池或电容，放电时则功率反向。

双向 DC/DC 变流器的工作原理是在保持变流器两端的直流电压极性不变的前提下，根据需要改变电流的方向，实现电能的双向流动。实现双向 DC/DC 功能，最简单的办法是将两台单向 DC/DC 变流器反并联连接，通过切换两个单元的工作状态来调节电能的双向流动，如图 6-7（b）所示。这种方法控制简单、易于实现，但系统体积和质量庞大，相当于两台装置，但任一时刻仅有一台投入工作，系统资源浪费较大。而双向 DC/DC 变流器，如图 6-7（c）所示，是把两个变流器的功能用一个变流器来实现。实际上，将单向 DC/DC 变流器中的主开关器件和二极管均改为全控器件与二极管反并联的组合器件，即可变为双向拓扑，加上合理的控制即可实现能量的双向流动。

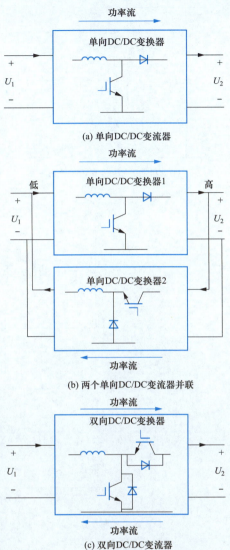

图 6-7　单向与双向 DC/DC 变流器示意图

6.2.2　双向 DC/DC 变换电路拓扑

双向 DC/DC 变流器自 20 世纪 80 年代被提出后，其拓扑类型不断地丰富和发展。目前双向 DC/DC 变流器的拓扑种类，根据输入输出的电气关系可以分为隔离型和非隔离型拓扑，以及在此基础上拓展的模块化组合型双向 DC/DC 拓扑。

（1）非隔离型双向 DC/DC 变换电路。非隔离型双向 DC/DC 变换电路是指直流输入侧和输出侧存在直接的电气连接的电路。典型的非隔离型双向 DC/DC 变换电路拓扑结构如图 6-8 所示，包括正极性双向 Buck/Boost 变换电路、反极性双向 Buck-Boost 变换电路、双向 Cuk 变换电路及双向 Sepic/Zeta 变换电路。

1）正极性双向 Buck/Boost 变换电路，如图 6-8（a）所示，输入侧和输出侧直流电压相对公共端具有相同的极性。它可以看成是在单向 Buck 或 Boost 电路的基础上，将原全控器件两端反并联一个二极管，将原二极管两端反并联一个全控器件而构成的，因此称为双向 Buck/Boost 变换电路。该电路有两种工作模式，当功率正向传输时，电路相当于 Buck 电路，工作在降压模式；当功率反向传输时，电路相当于 Boost 电路，工作在升压模式。正极性双向 Buck/Boost 变换电路，输入电压和输出电压的大小的相对关系是固定的，即图中 U_1 为高压侧，U_2 为低压侧，二者位置不变。

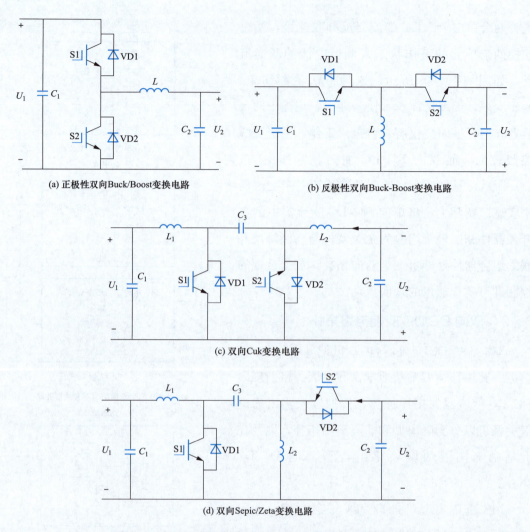

(a) 正极性双向Buck/Boost变换电路

(b) 反极性双向Buck-Boost变换电路

(c) 双向Cuk变换电路

(d) 双向Sepic/Zeta变换电路

图 6-8　典型的非隔离型双向 DC/DC 变换电路拓扑结构

2）反极性双向 Buck-Boost 变换电路，如图 6-8（b）所示，输入侧和输出侧直流电压极性相反。它可以看成是在单向升降压斩波（Buck-Boost）电路的基础上，将原全控器件和二极管均用带反并联二极管的全控型开关器件替代后而构成的。当对开关 S1 进行 PWM 控制时，电路为功率由左向右传输的升降压斩波电路，而当对开关 S2 进行 PWM 控制时，电路为功率由右向左传输的升降压斩波电路，两个方向均可以实现升压或降压，因此该电路称为双向 Buck-Boost 变换电路，其输入电压和输出电压的大小的相对关系也不是固定的。

3）双向 Cuk 和 Sepic/Zeta 变换电路分别如图 6-8（c）和图 6-8（d）所示，对比单向传统 Cuk、Sepic 和 Zeta 电路可知，双向 Cuk 电路和双向 Sepic/Zata 电路就是在对应单向电路的基础上，将原来的二极管反并联全控器件，将原来的全控器件反并联一个二极管而构成，实现了功率的双向流动。双向 Cuk 变流器的输入、输出电压极性相反，双向 Sepic/Zata 变流器的输入、输出电压极性相同，这两种电路的优点是输入和输出端均有电感，电流纹波较小；缺点是能量传输效率低，拓扑结构相对复杂。

非隔离型的双向 DC/DC 变换电路拓扑结构相对简单、设计容易、转换效率较高；但无电气隔离功能，抗干扰能力和安全性较弱，输入、输出电压变换比小，通常应用于无须电气隔离的中小功率场合。

（2）隔离型双向 DC/DC 变换电路。在电池储能系统、电动汽车充电等应用场合中，要求输入和输出间具有电气隔离的功能，这时除工频变压器的解决方案外，可以采用含中频或高频变压器的隔离型双向 DC/DC 变换电路。中/高频变压器的存在，不仅可以实现电气隔离，还能通过变压器绕组比的设计，实现输入和输出侧的电压匹配，而不仅仅是通过调节开关占空比进行电压变换，这样可使电压变换的范围进一步增大。

传统隔离型双向 DC/DC 变换电路是在单向正激变换电路、反激变换电路和推挽变换电路的基础上，在原一、二次侧特定的二极管上反并联全控型器件，全控器件两端反并联二极管而构成的，如图 6-9 所示。这些电路变压器利用率较低，主要应用于中小功率场合。

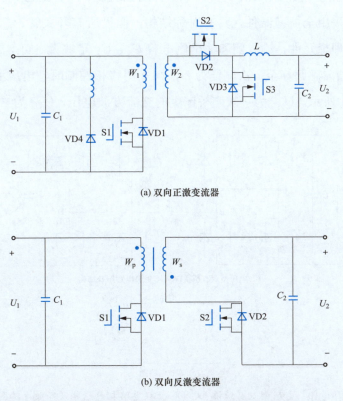

(a) 双向正激变流器

(b) 双向反激变流器

图 6-9 传统隔离型双向 DC/DC 变换电路拓扑结构（一）

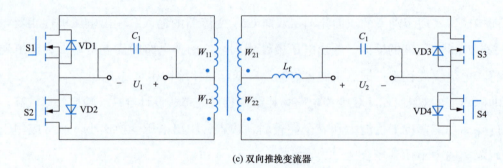

(c) 双向推挽变流器

图 6-9 传统隔离型双向 DC/DC 变换电路拓扑结构（二）

目前较为受关注的隔离型双向 DC/DC 变换电路主要是双有源桥（dual active bridge，DAB）DC/DC 变换电路，也称为双有源桥 DC/DC 变流器。当直流侧并联电容呈现电压源特性时，称为电压型 DAB，根据高频交流环节电路拓扑的不同，电压型 DAB 主要有采用移相控制的移相型 DAB 和利用谐振回路实现软开关的谐振型 DAB。当直流侧存在较大的电感时，就构成了电流型 DAB，电流型 DAB 由于电感的存在，电流纹波较小，在蓄电池功率控制领域受到了较多的关注。

图 6-10（a）所示为电压型双有源桥 DC/DC 变换电路拓扑结构，其中左侧全桥组成一次侧桥，右侧全桥组成二次侧桥，Tr 为高频变压器，变比为 $n:1$，高频变压器一、二次侧桥均采用全控型器件，具有对称结构。假设所有开关管、二极管、电感、电容和变压器均为理想元件，输入侧和输出侧电容 C_1、C_2 足够大，可等效为电压源 U_{dc1}、U_{dc2}，若将变压器漏感归算至一次侧记为 L，则采用移相控制时，电压型 DAB 等效电路如图 6-10（b）中所示。U_{AB} 为一次侧桥产生的交流方波电压，U_{CD} 为二次侧桥产生的折

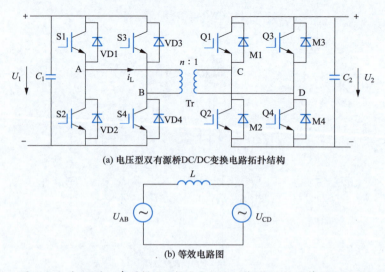

(a) 电压型双有源桥DC/DC变换电路拓扑结构

(b) 等效电路图

图 6-10 电压型双有源桥 DC/DC 变换电路拓扑结构及等效电路图

算到一次侧后的交流电压，通过控制 U_{AB} 和 U_{CD} 波形间的相位差，即可进行双向功率传输控制。双有源桥 DC/DC 变换电路及它的应用将在第 7 章中进行重点讲解，这里不做详细介绍。

与非隔离型电路相比，隔离型的双向 DC/DC 变换电路有电气隔离功能，抗干扰能力强，安全性较高，输入、输出变换比大；缺点是设计成本较高，设计复杂度增大；适用于需要电气隔离、高电压、大功率的场合。

（3）模块组合型双向 DC/DC 变换电路。为了适用于高电压大变比和大功率的场合，将隔离型或非隔离型的双向 DC/DC 电路作为基本单元，可以拓展成多模块组合结构。目前较多采用的模块化拓展形式主要有串联型、并联型和高压串联、低压并联型等。图 6-11（a）所示为串联型通用形式，多个变流器前后级串联；图 6-11（b）所示是并联型，图 6-11（c）所示为高压串联、低压并联型，或称为输入串联、输出并联（input-series output-parallel，ISOP）型，这些模块化组合结构可以解决在高压大功率场合中单个变换电路电压、电流应力受限的问题，以及降低输入、输出纹波等。

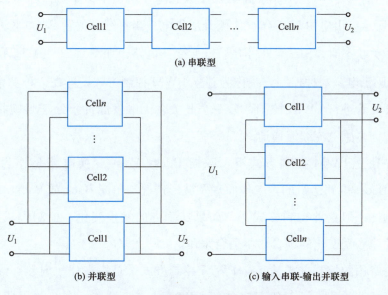

图 6-11　几种模块化组合拓扑形式

6.2.3　双向 Buck/Boost 变流器工作原理

双向 Buck/Boost 变换电路是典型的非隔离型双向 DC/DC 变换电路，拓扑结构如图 6-12 所示。电路包含上、下两个桥臂，每个桥臂由主开关器件 S1、S2（IGBT 或 MOSFET 等全控型器件）和其反并联二极管 VD1、VD2 构成，通过对上、下两个开关管进行不同的通断控制，即可实现升压及降压功能和功率的双向流动。

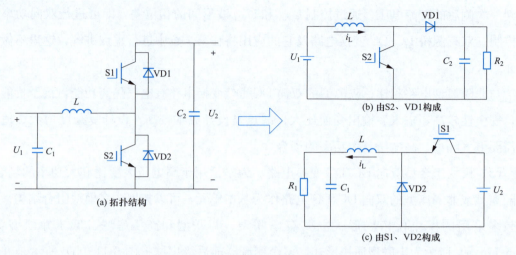

图 6-12　双向 Buck/Boost 变换电路

双向 Buck/Boost 变流器的 PWM 控制方式有独立 PWM 控制和互补 PWM 控制两种。双向 Buck/Boost 变换电路可看成是单向 Buck 电路和 Boost 电路的组合，当封锁开关管 S1 的驱动信号，令 S2 工作于高频开关状态时，S2、VD1 构成 Boost 变换电路，如图 6-12（b）所示，由电源 U_1 侧向 U_2 侧升压供电；当封锁开关管 S2 的驱动信号，令 S1 工作于高频开关状态时，S1、VD2 构成 Buck 变换电路，如图 6-12（c）所示，由电源 U_2 侧向 U_1 侧降压供电。这种控制方式称为独立 PWM 控制方式，即在一种功率方向下，只对其中一个开关管进行 PWM 控制，另一个开关管无触发脉冲，处于封锁状态，由其反并联二极管作为电感电流续流通道。

可见，在独立 PWM 控制方式下，双向 Buck/Boost 变换电路是作为独立的单向 Buck 电路或 Boost 电路运行的，工作原理及波形情况与单向 Buck 或 Boost 电路一样，这里不再详细阐述。但这种控制方式下，如果功率方向发生变化，控制模式要进行切换，因此在双向功率频繁变化的场合，不适合采用。

另一种更常用的控制方式是互补 PWM 控制方式，是指在任一时刻，无论何种功率方向，上、下桥臂的两个开关管都工作于 PWM 状态，且在一个开关周期内互补导通；功率传输方向取决于电感电流平均值的正负。

本节将重点介绍双向 Buck/Boost 变换电路在采用互补 PWM 控制方式时，分别工作在正向功率、反向功率及双向功率交替模式下的波形情况。为了分析简便，以下分析均假定：双向 Buck/Boost 变换电路由理想元件构成，输入电源内阻为零，输出端接有足够大的滤波电容。

（1）正向功率（Boost 模式）。正向功率传输，即功率由左向右传输时，双向 Buck/

Boost 电路工作状态如图 6-13 所示。电路波形如图 6-14 所示,最上面是开关信号,S1 和 S2 互补导通,电路在一个开关周期 T 内相继经历 2 个开关状态。主开关 S1 和 S2 的通态和断态分别用 1 和 0 来表示,U_1 和 U_2 分别为低压输入侧和高压输出侧电压的平均值,u_{S1}、u_{S2} 和 i_{S1}、i_{S2} 分别为开关管 S1、S2 的电压、电流,u_L 和 i_L 分别为电感 L 的电压、电流,i_{VD1}、i_{VD2} 分别为二极管 VD1、VD2 的电流。

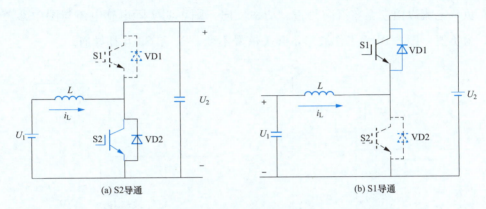

(a) S2导通　　　　　　　　　　　　(b) S1导通

图 6-13　Boost 模式双向 Buck/Boost 电路工作状态图

$t=0$ 时,驱动 S2 导通,在 $0\sim t_{on}$ 区间,电源 U_1 经电感 L,开关管 S2 能够构成回路,电源 U_1 加到电感的两端,假设此时电感电流为正,则电感储能,电感电流正向线性上升;此时开关器件 S2 的电压是 0,其电流和电感电流相同;二极管 VD1 反压截止,上桥臂 S1 和 VD1 均不能导通,将 U_1 侧回路和负载侧隔离开,负载侧电容上的电压给后面的负载供电。

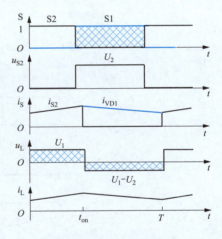

图 6-14　Boost 模式双向
Buck/Boost 电路波形

$t=t_{on}$ 时,关断 S2,驱动 S1,电源 U_1 侧回路断开,在 $t_{on}\sim T$ 区间,由于电感电流不能突变,仍为正电流,它将通过二极管 VD1 进行续流,流向高压侧,虽然此时 S1 有触发脉冲信号,但它不会导通。电感储存的能量经二极管 VD1 传递至负载侧,输出电压 U_2 的正电位相当于加到电感右端,电感两端电压为负电压 U_1-U_2,在该电压作用下电感电流线性衰减。此时开关器件 S2 两端电压为 U_2,二极管 VD1 的电流和电感电流相同。

根据前面的分析,可知当电感电流为正时,实际上电路中只有开关器件 S2 和 VD1 参与电路的工作,交替流过电感中的电流;虽然 S1 和 S2 都工作于 PWM 控制,但 S1 不流通电流，在 S1 触发的区间，是由其反并联二极管 VD1 进行续流，S2 和 VD1 交替工作，这时双向 Buck/Boost 电路和传统单向 Boost 电路工作情况相同，因此称该正向功率模式为 Boost 模式。

（2）反向功率（Buck 模式）。反向功率，即功率由右向左传输（Buck 模式）时双向 Buck/Boost 电路的工作状态如图 6-15 所示，图中电感电压和电流参考方向不变，电压为左正右负，电流以由左至右流向为正。功率反向，则表明实际电感电流与图中参考方向相反，为负值。图 6-16 为工作波形，开关信号不变，S1 和 S2 互补导通。

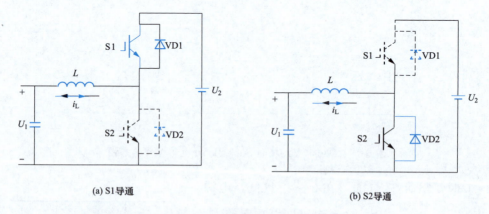

(a) S1导通   (b) S2导通

图 6-15　Buck 模式双向 Buck/Boost 电路状态图

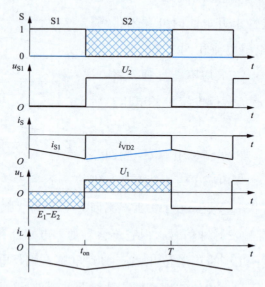

图 6-16　Buck 模式双向 Buck/Boost 电路波形

$t=0$ 时，驱动 S1 导通，在 $0 \sim t_{on}$ 区间，电源 U_2 经开关管 S1、电感 L 连接至负载侧，电感两端电压为负电压 $U_1 - U_2$，在该电压作用下电感电流线性衰减；此时开关器件 S1 电压是 0，其电流和电感电流相同；下桥臂 S2 和 VD2 均不能导通，S2 两端的电压为 U_2。

$t=t_{on}$ 时，S1 关断，S2 为触发高电平，因为此时电感电流为负值，则在 $t_{on} \sim T$ 区间，S2 即使有触发脉冲也不会导通，而是由它的反并联二极管 VD2 续流，电感电流经 VD2 流回 U_1 正极性端。此时电感两端电压就是 U_1，为正值，所以在该电压作用下电感电流向着横坐标轴线性增加，其绝对值是减小的，电感能量释放回 U_1 侧。开关管 S1 两端电压是 U_2，电流为 0；二极管 VD2 的电流等于电感电流。

由上述分析，可知当电感电流为负时，电路中只有开关管 S1 和二极管 VD2 交替流过电感中的电流；虽然 S1 和 S2 都工作于 PWM 控制，但 S2 不会导通，在 S2 触发区间，由其反并联二极管 VD2 参与续流，S1 和 VD2 交替工作，这时双向 Buck/Boost 电路相当于单向 Buck 电路，因此称这种工作模式为 Buck 模式。

（3）交替模式（i_L 正负交替）。传统单向 Buck 或 Boost 电路中，因为开关器件通常为单向器件，且续流支路只含有一个二极管，由于单向导电性，在对应的正方向定义下电感电流不能为负值，电感电流变为零后就会进入电流断续模态。因此，双向 Buck/Boost 电路采用单开关独立 PWM 控制方式时，在电感电流很小时也将进入电流断续模态。在互补 PWM 控制方式下，则不会出现电感电流断续情况，而是可以在 0 值附近正负交替流通。

双向 Buck/Boost 电路在采用互补 PWM 控制时，电感电流正负交替模式下的电路波形如图 6-17 所示。

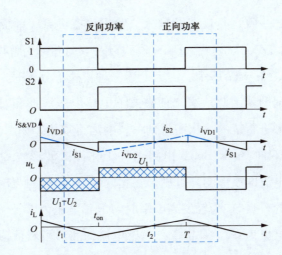

图 6-17　双向功率交替模式下双向 Buck/Boost 电路波形

结合前面 Boost 模式、Buck 模式电路状态及工作波形，双向功率交替模式下的电路状态及工作波形可分析如下：

在 $0 \sim t_1$ 时段，电感电流大于 0，此时虽然开关管 S1 有触发脉冲，但电感电流为正，由二极管 VD1 导通续流，二极管电流 i_{VD1} 等于电感电流；在 $t_1 \sim t_{on}$ 时段，电感电流过零变负，此时 S1 仍然为触发高电平，S1 导通，流过电感电流。因此，在开关 S1 触发的时间段，即 $0 \sim t_{on}$ 时间段，上桥臂导通，电感电压等于 $U_1 - U_2$，为负值，电感电流由正到负进行线性下降。该阶段由 S1 和其反并联二极管 VD1 交替流过双向的电感电流，当电感电流为正时，由 VD1 流通；当电感电流为负时，由 S1 流通。正是因为 S1 和 VD1 的反并联结构，可以实现该阶段电感电流在 0 值附近正负交替运行。

在 $t_{on} \sim t_2$ 时段，开关管 S1 关断，S2 为触发高电平，因电感电流为负值，将由二极管 VD2 导通续流，二极管电流 i_{D2} 等于电感电流。t_2 时刻之后，在 $t_2 \sim T$ 时段，电感电流过零变正，因为此时 S2 仍有触发电平，开关管 S2 会导通，其电流 i_{S2} 等于电感电流。因此，在开关管 S2 触发的时间段，即 $t_{on} \sim T$ 时间段，一直是下桥臂导通，电感电压为正值 E_1，电感电流由负到正线性增大，在该阶段由 S2 及其反并联二极管 VD2 交替流过电感电流。当电感电流为负时，由 VD2 流通；当电感电流为正时，由 S2 流通。S2 和 VD2 的反并联结构实现该阶段电感电流在 0 值附近正负交替运行。

由此可见，当采用互补 PWM 控制时，当电感电流平均值接近零时，双向 Buck/Boost 电路会工作于双向电流交替模式，而不会存在如传统单向 Buck 电路或 Boost 电路的电流断续情况。因此采用互补 PWM 控制方式，当功率方向变化时，能够实现电路工作状态的连续调节，而不用考虑电路运行模式的切换，适合应用于系统双向功率频繁变化的场合。

（4）三种模式下的一致运行规律及输入、输出稳态关系。前面本章已经分析了双向 DC/DC 变换电路分别在 Boost 模式、Buck 模式以及双向功率交替模式时的电路波形，分别如图 6-14、图 6-16、图 6-17 所示。因为上述三种模式下分析时，选取的电感电压和电流的参考方向均是相同的，因此从这三种模式下电感电压波形和对应的开关状态看，可以将三种模式下的波形进行统一，从而得到一致的运行规律，如图 6-18 所示。

图 6-18 中给出了双向 Buck/Boost 电路三种工作模式波形统一后，在 S1 和 S2 开关信号下，电感电压和电流的波形图。可见，在相同的 S1、S2 触发时间段，三种模式下电感电压波形都是相同的，当 S1 为触发高电平时，电感电压为 $E_1 - E_2$，为负值；当 S2 为触发高电平时，电感电压为 E_1，是正值。电感电流的波形虽然数值不同，但变化规律相同，当电感电压为负时，电感电流线性下降；当电感电压为正时，电感电流线性上升，而实际电感电流具体由各桥臂开关管导通或由它反并联二极管导通，取决于当时电感电流的正负。

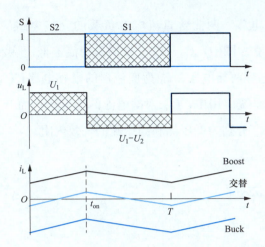

图 6-18　双向 Buck/Boost 电路三种模式下一致的波形规律

根据图 6-18 中各开关管触发信号和电感电压的波形，可以列出电感稳态时伏秒积平衡关系式，进而推导电路的高压输出侧电压 U_2 与低压输入侧电压 U_1 的稳态数量关系。

设 $D_1 = t_{on1}/T$，为开关管 S1 导通的占空比；$D_2 = t_{on2}/T$，为开关管 S2 导通的占空比。因为两管互补导通，则 $D_1 + D_2 = 1$。

利用电感的伏秒积平衡原理，即稳态条件下电感两端电压在一个开关周期内的平均值等于零，在图 6-18 中可表现为电感电压在正半波形与时间轴围成的面积和负半波形与时间轴围成的面积相等，即

$$(U_1 - U_2)D_1 T + U_1(1 - D_1)T = 0 \tag{6-1}$$

进一步整理，可得

$$U_1 = U_2 D_1, \quad U_2 = \frac{U_1}{1 - D_2} \tag{6-2}$$

经过对比，可知式（6-2）与单向 Buck 电路和 Boost 电路的稳态输入、输出关系是一致的。因此，对双向 Buck/Boost 电路而言，无论在何种模式下，其输入、输出电压稳态数量关系都是相同的，而功率方向、升降压运行模式则由实际电感电流的方向决定。忽略所有元件的损耗，根据输入功率和输出功率平衡，则可计算得到电流的输入、输出关系。

6.2.4　双向 Buck/Boost 变流器数学模型

对于电力电子系统，数学动态模型是系统控制设计的基础。本节将讨论双向 Buck/Boost 变换电路平均值模型和小信号模型的建立过程。

（1）双向 Buck/Boost 变流器平均值模型。为降低输出电压纹波，DC/DC 电路在输出端口侧需并联电容器，为实现在双向功率场合的通用性，在双向 Buck/Boost 电路建模

时，将在包含两侧端口电容、两侧含直流电源负载的完整电路的基础上，如图 6-19 所示，进行数学模型的建立。图中，C_1 和 C_2 分别为变流器低压侧和高压侧的直流端口电容；U_{c1} 和 U_{c2} 分别为电容两端电压；i_L 为变流器的电感电流；U_1 表示低压侧直流电源电压，如在蓄电池储能系统应用中，U_1 为蓄电池的端电压；而 U_2 表示高压直流母线侧等效电源电压；R_1 和 R_2 分别为低压侧和高压侧的等效内阻。

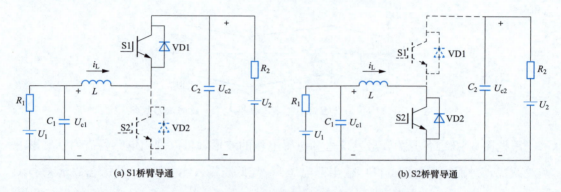

图 6-19　双侧带含源负载的双向 Buck/Boost 电路

1）开关模型。因为电力电子电路在不同的开关状态，等效电路结构不同，波形也不相同。因此需要先建立电路的分段开关模型。

根据图 6-19（a）所示，在 S1 触发、S2 关断的时段，电感电流是由上桥臂导通的，若 i_L 为正，则由二极管 VD1 续流，从低压侧流向高压侧；若 i_L 为负，则电感电流由 S1 导通，从高压侧流向低压侧，下桥臂断开。在这种电路结构下，根据基尔霍夫电压/电流定律和电感电容的伏安关系，可以列出系统中各状态变量的动态方程，见式（6-3）。式中选取电感电流 i_L、两侧电容电压 u_{c1}、u_{c2} 为状态变量。

$$\begin{cases} L\dfrac{di_L}{dt}=u_{c1}-u_{c2}\\[2mm] C_1\dfrac{du_{c1}}{dt}=\dfrac{u_1-u_{c1}}{R_1}-i_L\\[2mm] C_2\dfrac{du_{c2}}{dt}=i_L-\dfrac{u_{c2}-u_2}{R_2}\end{cases} \tag{6-3}$$

根据图 6-19（b）所示，以及前面波形分析图 6-14～图 6-16 可知，当 S2 触发、S1 关断时，电感电流由下桥臂导通，若 i_L 为正，则由开关管 S2 流通，流向 U_1 负极端；若 i_L 为负，则由二极管 VD2 续流，流回 U_1 正极端，上桥臂断开；高压直流母线侧由电容 C_2 和等效电源 U_2 及内阻 R_2 自身构成回路。在这种电路结构下，根据基尔霍夫电压、电流定律，以及储能元件的伏安关系，可列出系统中各个状态变量的动态关系为

$$\begin{cases} L\,\dfrac{\mathrm{d}i_\mathrm{L}}{\mathrm{d}t}=u_{\mathrm{c}1} \\[2mm] C_1\,\dfrac{\mathrm{d}u_{\mathrm{c}1}}{\mathrm{d}t}=\dfrac{u_1-u_{\mathrm{c}1}}{R_1}-i_\mathrm{L} \\[2mm] C_2\,\dfrac{\mathrm{d}u_{\mathrm{c}2}}{\mathrm{d}t}=-\dfrac{u_{\mathrm{c}2}-u_2}{R_2} \end{cases} \tag{6-4}$$

因此，在互补 PWM 控制方式下，在 S1 触发区间，系统的动态行为由式（6-3）描述；在 S2 触发区间，系统的动态行为由式（6-4）描述。

定义开关函数 $u(t)$ 为

$$u(t)=\begin{cases} 1, & 0\leqslant t<D_1 T \\[2mm] 0, & D_1 T\leqslant t<T \end{cases} \tag{6-5}$$

则可将式（6-3）、式（6-4）合并表示为式（6-6），即为系统的开关模型。

$$\begin{cases} L\,\dfrac{\mathrm{d}i_\mathrm{L}}{\mathrm{d}t}=u_{\mathrm{c}1}-u(t)\cdot u_{\mathrm{c}2} \\[2mm] C_1\,\dfrac{\mathrm{d}u_{\mathrm{c}1}}{\mathrm{d}t}=\dfrac{u_1-u_{\mathrm{c}1}}{R_1}-i_\mathrm{L} \\[2mm] C_2\,\dfrac{\mathrm{d}u_{\mathrm{c}2}}{\mathrm{d}t}=u(t)\cdot i_\mathrm{L}-\dfrac{u_{\mathrm{c}2}-u_2}{R_2} \end{cases} \tag{6-6}$$

2）平均值模型。开关模型显然是不连续的，各变量波形也含有开关谐波。因为在电路中，开关谐波频率较高，幅度也较小，容易被滤波元件滤除，同时为了方便系统控制的设计，一般可忽略开关谐波，如图 6-20 所示，只考虑低频扰动对系统的动态影响，即建立电路的平均值数学模型。

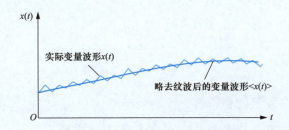

图 6-20　实际变量波形及滤除开关纹波后波形示意图

利用开关周期平均算子

$$\langle x\rangle=\frac{1}{T}\int_t^{t+T}x(\tau)\mathrm{d}\tau \tag{6-7}$$

对式（6-6）中各变量在一个开关周期内求平均值，可得到系统平均值数学模型为

$$\begin{cases} L\dfrac{\mathrm{d}\langle i_{\mathrm{L}}\rangle}{\mathrm{d}t}=\langle u_{c1}\rangle-D_1\cdot\langle u_{c2}\rangle \\[3mm] C_1\dfrac{\mathrm{d}\langle u_{c1}\rangle}{\mathrm{d}t}=\dfrac{u_1-\langle u_{c1}\rangle}{R_1}-\langle i_{\mathrm{L}}\rangle \\[3mm] C_2\dfrac{\mathrm{d}\langle u_{c2}\rangle}{\mathrm{d}t}=D_1\cdot\langle i_{\mathrm{L}}\rangle-\dfrac{\langle u_{c2}\rangle-u_2}{R_2} \end{cases} \tag{6-8}$$

式中尖括号表示状态变量在一个开关周期内的平均值。与式（6-6）对比，可知在取平均运算后，电感和电容方程的微分约束关系仍然适用，基尔霍夫电压、电流定律也适用，唯一不同的是，开关函数部分此时变为等于其平均值来表示，这里开关函数 $u(t)$ 的平均值就等于 S1 管的占空比 D_1。

（2）双向 Buck/Boost 变流器小信号模型。

1）稳态模型。根据平均值模型，可以求取双向 Buck/Boost 电路的稳态关系和小信号模型。为了简化，把式（6-8）中的尖括号省略，即平均值模型重写为式（6-9），注意此时式中各变量已经不包含开关纹波，而是开关周期内的平均值。

$$\begin{cases} L\dfrac{\mathrm{d}i_{\mathrm{L}}}{\mathrm{d}t}=u_{c1}-D_1 u_{c2} \\[3mm] C_1\dfrac{\mathrm{d}u_{c1}}{\mathrm{d}t}=\dfrac{u_1-u_{c1}}{R_1}-i_{\mathrm{L}} \\[3mm] C_2\dfrac{\mathrm{d}u_{c2}}{\mathrm{d}t}=D_1 i_{\mathrm{L}}-\dfrac{u_{c2}-u_2}{R_2} \end{cases} \tag{6-9}$$

令各状态变量的导数等于 0，可以得到电路稳态模型为

$$\begin{cases} U_{c1}=D_1 U_{c2} \\[3mm] I_1=I_L=\dfrac{U_1-U_{c1}}{R_1} \\[3mm] I_2=D_1 I_L=\dfrac{U_{c2}-U_2}{R_2} \end{cases} \tag{6-10}$$

式中用大写字母表示各变量的稳态值。

进一步，可推导得到电感平均电流 i_{L} 的稳态表达式为

$$I_L=\frac{U_1-D_1 U_2}{R_1+R_2 D_1^2} \tag{6-11}$$

可见，电感平均电流与两侧电源电压、等效电阻以及占空比有关，当 $D_1<U_1/U_2$ 时，电感平均电流大于零，功率由低压侧流向高压侧；反之，功率反向。

2）小信号模型。通过式（6-9）可以看到，由于存在控制量 D_1 和状态变量的乘积

项，双向 DC/DC 变换电路的动态行为是非线性的。而一般为了设计线性控制器，则需要进行线性化，小信号分析方法，是将非线性系统转化为线性系统的一种通用分析方法。

对式（6-9）进行一阶泰勒级数展开，令各变量都用其稳态值叠加小扰动的形式表示，即

$$\begin{cases} d_1 = D_1 + \hat{d}_1 \\ i_L = I_L + \hat{i}_L \\ u_{c1} = U_{c1} + \hat{u}_{c1} \\ u_{c2} = U_{c2} + \hat{u}_{c2} \end{cases} \quad (6\text{-}12)$$

代入平均值模型，消去稳态量和二阶及以上的扰动分量，可得系统小信号模型状态方程的复频域表达式为

$$\begin{cases} sL\hat{i}_L = \hat{u}_{c1} - D_1\hat{u}_{c2} - U_{c2}\hat{d}_1 \\ sC_1\hat{u}_{c1} = \dfrac{-\hat{u}_{c1}}{R_1} - \hat{i}_L \\ sC_2\hat{u}_{c2} = D_1\hat{i}_L - \dfrac{\hat{u}_{c2}}{R_2} + I_L\hat{d}_1 \end{cases} \quad (6\text{-}13)$$

因为采用一阶泰勒级数展开获得的线性模型只在特定工作点微小变化范围内有效，因此称为小信号模型；而初始的平均值模型在整个运行范围内有效，则称为大信号模型。双向 Buck/Boost 变流器的小信号模型也可用等效电路来表示，如图 6-21 所示。根据小信号模型，可以推导得到状态变量与控制量的传递函数，传递函数模型可以用于指导控制系统的设计。

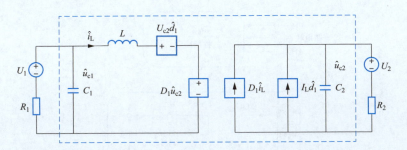

图 6-21　双向 Buck/Boost 变流器小信号等效电路

6.3　双向 Buck/Boost 蓄电池储能系统充放电控制

电池储能具有能量密度大、响应速度快、使用便捷的特点，在工业生产、消费电子

产品以及电网中小规模调峰、调频和紧急电源等领域应用广泛。随着电池技术的不断进步和电网对储能需求的日益增加，蓄电池储能技术快速进步，目前在电动汽车、新能源功率波动平抑、分布式发电和微电网中也发挥着越来越重要的作用。本节以两级式蓄电池储能并网系统为例，介绍双向 Buck/Boost 变换电路在蓄电池储能装置中的应用。

6.3.1　蓄电池等效电路模型

在蓄电池储能系统设计和运行中，需要考虑蓄电池的特性，以避免对蓄电池造成损坏，从而延长其使用寿命。下面简要介绍蓄电池的等效电路电气模型。

根据研究目的的不同，蓄电池模型主要可分为性能模型和生命周期模型两类。性能模型用于蓄电池短时间尺度的应用研究，能够描述蓄电池在不同运行条件下的输出电压、电流和功率。在涉及如蓄电池性能测试、蓄电池组能量管理、充放电装置的设计和功率控制等研究时，主要采用性能模型。

在蓄电池性能模型的建模方法中，等效电路电气模型相对而言，具有较高的精度，计算量适中，物理意义也较为明确，是一种比较好的方法。等效电路电气模型，利用等效电路描述电池端口的静态和动态电气特性，能够提供电池宏观电气量的信息；而且能够与外部变流器电路接口配合，因而是进行蓄电池充放电控制和含蓄电池动力系统复杂工况模拟研究的基础模型。

下面以锂电池为例，介绍基于等效电路的电气模型。如图 6-22 所示，电池模型的输入包括电池电流、荷电状态（SOC）和温度，输出为蓄电池端口电压，即蓄电池的工作电压。根据仿真目的和仿真精度的要求，有时可忽略温度的影响，甚至忽略荷电状态的影响。等效电路模型的基本结构由电容、电流源、受控电压源及等效电路阻抗等元件组成。

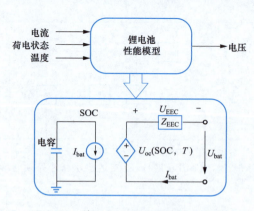

图 6-22　等效电路性能模型基本结构

从该电气模型可以看出，在充电阶段，蓄电池工作电压 U_{bat} 为开路电压 U_{oc} 与等效内阻抗压降 U_{EEC} 之和，在放电阶段，蓄电池工作电压为开路电压与等效内阻抗压降之差。

模型中电容和电流源模拟了蓄电池的荷电状态，也就是能量信息。受控电压源 U_{oc} 模拟了蓄电池的开路电压，也就是内电势，其大小与电池荷电状态 SOC 和温度 T 有关，为空载条件下的电池电压。等效阻抗电压降 U_{EEC}，描述了蓄电池的动态特性；等效电路阻抗 Z_{EEC}，其参数也受荷电状态、温度和电流的影响，根据建模要求和目的不同，如精度要求、计算时间限制、物理意义等，等效阻抗具有不同的电路形式。

在 Matlab/Simulink 仿真软件中提供了电池模块，能够实现一个可参数化的通用动态模型，通过不同的参数设置可以表示多种蓄电池类型。在蓄电池储能系统的仿真研究过程中，根据研究目的不同，上述等效电路模型还可进一步简化，最简单的形式就是理想电压源加静态等效电阻的形式。

6.3.2　双向 Buck/Boost 变流器主电路参数设计

双向 Buck/Boost 变流器主电路参数设计，主要是确定电路中电感和电容的额定参数，也就是选择低通滤波器的参数，使其截止频率远小于开关频率，从而使电流、电压的脉动满足一定的纹波要求。

（1）电感的设计方法。决定电感大小的主要考虑因素是电流纹波要求。电感电压和电流的工作波形如图 6-23（b）所示，可见在 $0\sim t_{on}$，即 S1 导通的时间段，电感承受的电压为 $U_{c1}-U_{c2}$，电感电流下降 Δi_L，根据电感自身的伏安关系，可列等式

$$U_{c1} - U_{c2} = L \frac{-\Delta i_L}{D_1 T} \tag{6-14}$$

式中，$D_1 T = t_{on}$，D_1 为开关管 S1 导通的稳态占空比，可由输入/输出电压关系确定，即稳态时，占空比 $D_1 = U_{c1}/U_{c2}$，代入式（6-14），可得电感 L 的表达式为

$$L = \frac{(U_{c2} - U_{c1})U_{c1} T}{\Delta i_L U_{c2}} \tag{6-15}$$

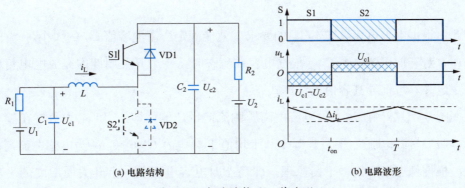

(a) 电路结构　　　　　　　　(b) 电路波形

图 6-23　电路结构及工作波形

由式（6-15）可见，根据电感电流纹波 Δi_L 的要求，即可计算所需电感值 L 的大小。

（2）电容的设计方法。决定电容大小的主要因素是电压纹波要求，工程中常采用近似的设计方法。以高压侧电容 C_2 为例，设功率是由低压侧传递至高压侧的。假设稳态时高压侧负载电流近似平直，平均值为 I_2。

从图 6-24 可以看出，在 S1 触发阶段，VD1 导通，电感电流由二极管 VD1 流向高压侧，电容 C_2 充电，i_{VD1} 与 I_2 围成的 A 部分面积为 C_2 充电电量；而 S2 触发高电平时，电感电流由 S2 流通，C_2 与 R_2、U_2 构成放电回路，图 6-24（b）中 B 部分面积为 C_2 放电电量。则根据放电区间电容能量变化可计算电压纹波与电容的关系式。显然，在 $t_{on}=D_1T\sim T$ 区间，放电电量 ΔQ_2（B 部分面积）为

$$\Delta Q_2 = I_2(1-D_1)T \tag{6-16}$$

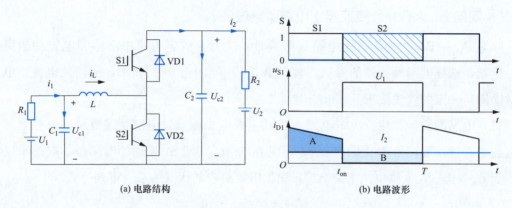

(a) 电路结构　　　　　(b) 电路波形

图 6-24　电路结构及工作波形

又由电容自身定义（$C=Q/U$）可知，电容 C_2 在电压变化 ΔU_{c2} 时，电量变化量为

$$\Delta Q_2 = C_2 \Delta U_{c2} \tag{6-17}$$

根据式（6-16）和式（6-17），可以得到电容 C_2 的表达式为

$$C_2 = \frac{I_2(1-D_1)T}{\Delta U_{c2}} \tag{6-18}$$

因此，根据电容电压纹波 ΔU_{c2} 的要求，就能确定所需电容值 C_2 的大小。

同理，对于低压侧电容 C_1，根据电容在稳态时，一个开关周期内充放电电量平衡和电容自身定义，可推导其容值的计算式。

根据图 6-24（a）所示，设电流由高压侧流向低压侧，即 i_L 和 i_1 为负，在整个工作过程中，假设负载电流 i_1 平直，等于其平均值 I_1，电容 C_1 电流 i_{c1} 为电感电流与负载电流之差。根据稳态电容安秒平衡原理，即稳态时电容电流在一个开关周期内的平均值等于零，可知电感电流的平均值与负载电流相等（$I_L=I_1$），因此电感电流的交流分量由电

容 C_1 承担，电容电流 i_{c1} 在横坐标轴上、下正负交替，平均值为 0，如图 6-24 所示，电容电压 u_{c1} 与负载电压相同，有脉动。

根据图 6-25，可计算得电容充电电量（图中三角阴影部分）为

$$\Delta Q_1 = \frac{T \Delta i_L}{8} \qquad (6-19)$$

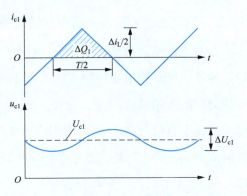

又由电容自身定义（$C = Q/U$）可知，电容 C_1 在电压变化 ΔU_{c1} 时，电量变化量为

$$\Delta Q_1 = C_1 \Delta U_{c1} \qquad (6-20)$$

根据式（6-19）和式（6-20），可得低压侧电容 C_1 的表达式为

图 6-25　电容充放电与电压纹波

$$C_1 = \frac{T \Delta i_L}{8 \Delta U_{c1}} \qquad (6-21)$$

由式（6-21）可知，因电感在低压侧，低压侧电容 C_1 的大小和电感电流纹波要求以及电容电压纹波要求均有关系。且 LC 可看成一低通滤波器，确定电感电容参数，即为选择低通滤波器的参数，使截止频率远小于开关频率，即 $\frac{1}{2\pi\sqrt{LC}} \ll \frac{1}{T}$，以消除输出电压中的脉动，且增加开关频率可减小滤波电感值，从而减小装置体积。

（3）双向 Buck/Boost 电路参数算例。结合前面计算方法，这里给出一个计算实例，作为后续仿真环节的系统参数。

给定电压纹波要求 $u_{c1} = 600\text{V} \pm 0.5\text{V}$，$u_{c2} = 800\text{V} \pm 0.5\text{V}$；电流纹波约束 $\Delta i_L = \pm 10\%$，$I_1 = 83.3\text{A}$；额定功率 $P = 50\text{kW}$，开关频率 $T = 0.2\text{ms}$（$f = 5\text{kHz}$），则可以计算出相应的电感、电容值。

根据前面的参数计算方法，可计算得

$$D_1 = 0.75, \quad t_{\text{on}} = 0.15\text{ms} \qquad (6-22)$$

$$\begin{cases} L = \dfrac{200 \times 600 \times 0.2\text{e}-3}{16.67 \times 800} = 1.8(\text{mH}) \\[3mm] C_2 = \dfrac{62.5 \times 0.25 \times 0.2\text{e}-3}{1} \approx 3.12(\text{mF}) \\[3mm] C_1 = \dfrac{0.2\text{e}-3 \times 16.67}{8 \times 1} \approx 0.42(\text{mF}) \end{cases} \qquad (6-23)$$

电感 $L = 1.8\text{mH}$，高压侧电容 C_2 约为 3mF，低压侧电容 C_1 为 0.4mF。由于储能系

统中 DC/DC 高、低压侧均可视为有源端，电压波动幅值还受相关电压箝位的影响。在所设计的参数下，电压波动幅值远小于±2%。

6.3.3　双向 Buck/Boost 蓄电池储能系统控制策略

在蓄电池储能系统（BESS）应用中，双向 DC/DC 变流器作为蓄电池组与电网的接口变换装置可采用电压控制或电流控制策略，具体采用何种控制方式应根据应用场景和系统分配的控制目标确定。在图 6-26 所示的两级式 BESS 中，蓄电池组经双向 DC/DC 电路连接于直流母线，然后由 DC/AC 逆变电路并入交流电网，参与电网的功率调节，此时双向 DC/DC 变流器通常采用定电压控制方式，维持中间直流母线电压恒定，而由 DC/AC 变流器进行并网功率控制，以满足系统的功率指令。

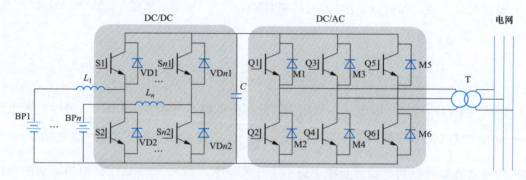

图 6-26　两级式蓄电池储能并网系统

在图 6-27 所示平抑新能源发电功率波动应用中，储能系统的目标是通过充放电控制保证并网功率没有高频波动分量。此时双向 DC/DC 变流器可以采用电流（功率）控制，平抑光伏输出的功率波动，而由 DC/AC 变流器进行直流母线电压控制，与光伏阵列相连的 Boost 变流器则进行最大功率跟踪控制。对这个系统而言，双向 DC/DC 变流器和 DC/AC 变流器的控制策略可以互换。

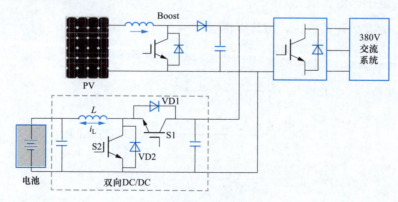

图 6-27　光伏储能并网系统

本节及后面仿真算例主要讨论图 6-26 所示的两级式储能系统，其中双向 Buck/Boost 变换电路连接蓄电池组和直流母线，实现蓄电池组的充放电管理，同时维持直流母线电压恒定。根据 6.2.4 节所建立的小信号模型式（6-13），可以推导得到状态变量 i_L 与控制量 d_1 之间，以及状态变量 u_{c2} 与状态变量 i_L 之间的传递函数，即

$$\begin{cases} \dfrac{\hat{i}_L}{\hat{d}_1} = G_{id}(s) = \dfrac{-U_{c2}/Z_{C2} - D_1 I_L}{(Z_L + Z_{C1})/Z_{C2} + D_1^2} \\[4mm] \dfrac{\hat{u}_{c2}}{\hat{i}_L} = G_{vi}(s) = \dfrac{-D_1 U_{c2} + (Z_L + Z_{C1}) I_L}{-U_{c2}/Z_{C2} - D_1 I_L} \end{cases} \tag{6-24}$$

式中：$Z_L = sL$；$\dfrac{1}{Z_{C1}} = sC_1 + \dfrac{1}{R_1}$；$\dfrac{1}{Z_{C2}} = sC_2 + \dfrac{1}{R_2}$。

根据式（6-24）可知，从占空比 D_1 到高压侧直流母线电压 U_{c2}，经过两级传递函数串联形式，根据该串级形式，可以设计双闭环控制策略，实现对直流母线电压的控制，如图 6-28 所示。图中 $G_{id}(s)$ 和 $G_{vi}(s)$ 即为式（6-24）所示的双向 Buck/Boost 电路数学模型。

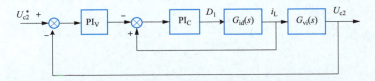

图 6-28　双向 Buck/Boost 电路双闭环控制框图

根据控制框图可以进行控制器设计。因为被控变量均为直流量，内/外环控制器均可采用 PI 控制器，在对 PI 参数进行设计时遵循先内环、后外环的步骤。

根据图 6-28，可推导得到电流内环的开环传递函数 $G_{io}(s)$ 和闭环传递函数 $G_{ic}(s)$ 分别为

$$G_{io}(s) = -\frac{k_{p\_c} s + k_{i\_c}}{s} G_{id}(s) \tag{6-25}$$

$$G_{ic}(s) = \frac{G_{io}(s)}{1 + G_{io}(s)} \tag{6-26}$$

前面已经确定了主电路参数，代入上面传递函数，然后根据自动控制理论经典频域设计方法进行参数设计。当 PI 控制器比例系数 $k_{p\_c} = 0.005$、积分系数 $k_{i\_c} = 0.01$ 时，可绘制电流环频率响应 Bode 曲线如图 6-29 所示，图中蓝色曲线为开环曲线，红色曲线为闭环曲线。由图可见，在该参数下，电流环控制带宽约为 358Hz，略小于开关频率（5kHz）的 1/10，满足实现良好动态性能以及电流环截止频率远小于开关频率的设计原则；且幅值裕度无穷大，相角裕度为 91.7°，满足稳定裕度要求。

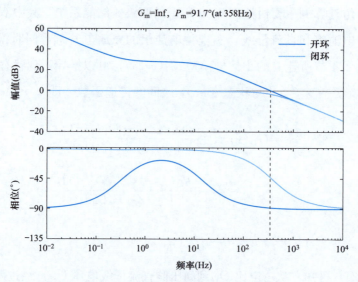

图 6-29　电流环频率响应 Bode 曲线

在电流环 PI 参数确定之后，电流内环部分可简化为用其闭环传递函数 G_{ic} 表示，根据简化控制框图，可推导得到电压外环开环传递函数 $G_{vo}(s)$ 和闭环传递函数 $G_{vc}(s)$ 为

$$G_{vo}(s) = \frac{k_{p\_v}s + k_{i\_v}}{s} G_{ic}(s) G_{vi}(s) \tag{6-27}$$

$$G_{vc}(s) = \frac{G_{vo}(s)}{1 + Gvo(s)} \tag{6-28}$$

然后再根据经典频域控制设计方法，设计电压环 PI 参数。当比例系数 $k_{p\_v}=50$、积分系数 $k_{i\_v}=1000$ 时，电压环 Bode 曲线如图 6-30 所示（蓝色曲线为开环频率特性，红色曲线为闭环特性）。由 Bode 曲线可以看出，电压环截止频率约为 15.9Hz，稳定裕度约为 129°。

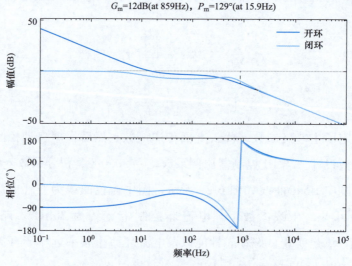

图 6-30　电压环频率响应 Bode 曲线

在图 6-26 所示的两级式储能系统中，DC/AC 变换电路实现和电网间的能量交换，工作于整流状态时，其将交流电变换为直流电，为蓄电池组充电；工作于逆变状态时，其将直流电变换为交流电，向电网传输能量。通常，DC/AC 变换电路的工作状态由电网对储能系统的功率需求决定，采用定功率控制模式，根据电网需求，发出或吸收特定的有功功率和无功功率。DC/AC 变流器在 dq 坐标系下的双通道解耦控制框图如图 6-31 所示，由功率给定值直接获得了 dq 坐标下的电流指令，进而通过 PI 控制器实现电流控制。

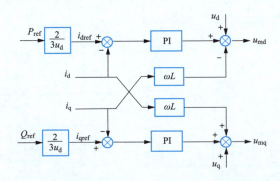

图 6-31　DC/AC 变流器在 dq 坐标系下的双通道解耦控制框图

6.3.4　基于双向 Buck/Boost 的 BESS 充放电控制仿真算例

某工程用两级式储能系统仿真模型如图 6-32 所示，前级双向 Buck/Boost 变流器连接蓄电池组；后级 DC/AC 变流器经隔离变压器接入交流电网。电网额定电压为 380V，中间直流母线电压为 800V，锂电池组额定电压为 640V，工作电压范围为 500～730V，电池最大充放电电流为 100A。双向 Buck/Boost 主电路参数与 6.3.2 节给出的算例相同，即式（6-23），控制参数同 6.3.3 节。

图 6-33 为仿真结果，从上至下依次为直流母线电压 u_{c2}、双向 Buck/Boost 电感电流 i_L、三相交流电网电压 u_{abc} 和电网电流 i_{abc}，以及传输至电网的有功功率 P 和无功功率 Q。由仿真波形可见，在 0s 时，DC/AC 变流器工作于逆变状态，有功功率指令为 $-50\mathrm{kW}$（图中功率波形为标幺值 -1，基值是 50kW），此时 DC/DC 能够维持直流母线电压为 800V 恒定。在 0.1s 时刻，DC/AC 变流器由逆变状态切换到整流状态，有功功率指令从 $-50\mathrm{kW}$ 变为 $+50\mathrm{kW}$，可看出有功功率响应 P 迅速切换为标幺值 $+1$。由于功率方向发生变化，直流母线电压 u_{c2} 突增，此时双向 DC/DC 变流器为维持直流母线电压恒定，由 Boost 放电状态转变为 Buck 充电状态，i_L 由正值变为负值，直流母线电压经过一个过渡过程重新恢复为稳态值 800V。

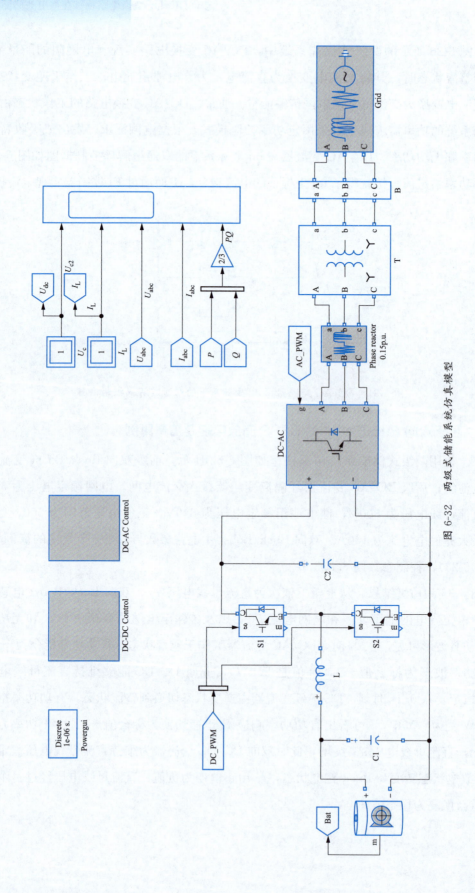

图 6-32　两级式储能系统仿真模型

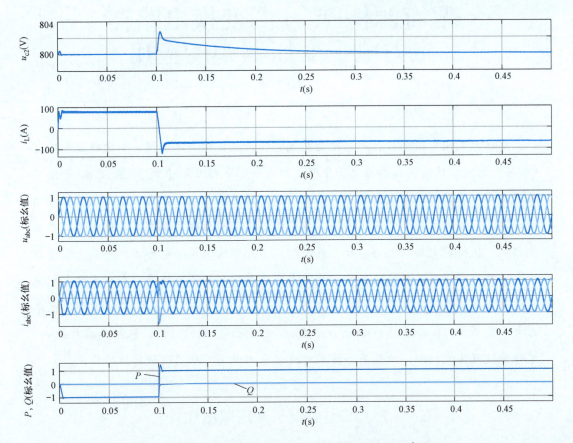

图 6-33　基于双向 Buck/Boost 的两级式储能系统仿真波形

第 7 章

双有源桥DC/DC变换电路在
电力电子变压器中的应用

变压器利用电磁感应原理来改变交流电压，主要由一次线圈、二次线圈和铁芯（磁芯）构成。传统变压器的变压原理最初由法拉第提出，直到 19 世纪 80 年代才展开应用。在著名的电流大战中，直流电和交流电展开竞争，由于交流电能够使用变压器易于实现电压的升降压变换，从而能够在电能传输过程中有效控制并减小电能损耗，使得输电距离大为延长，最终形成了交流输配电的电力系统格局。随着电力电子技术的发展，直流变压器相关技术及应用得到了快速发展。本章主要介绍电力电子变压器概述及双有源桥式变流器（dual active bride converter，DAB）在电力电子变压器（power electronic transformer，PET）中的应用，包括其拓扑结构、工作原理及优化控制、软开关等技术对改善电力电子变压器运行特性的作用。

7.1　电力电子变压器概述

电力电子变压器，也称为固态变压器（solid-state transformer，SST）或智能变压器（smart transformer，ST），一般是指通过电力电子技术及高频变压器（相对于工频变压器工作频率更高）实现的具有变压器功能的新型电力电子设备，适用于对功率密度和控制性能要求较高的变压需求的场合，如铁路系统的机车牵引用变压器等。

7.1.1　电力电子变压器的概念及特点

近年来，电力系统运行方式发生巨大变革，电网结构由传统交流电网向交直流混合电网转变。分布式电源与电力电子设备在电力系统中的渗透率不断增加，直流负荷持续增长。传统交流电网在供电效率、输电容量及电能质量等方面存在诸多限制，而直流电网凭借在提高新能源渗透率、直流负荷接入等方面展现的优势得到广泛关注。在此背景下，促进了电力电子变压器的进一步应用。

电力电子变压器也称为固态变压器，一般指通过电力电子技术及高频变压器实现的具有变压器功能的新型电力电子设备，但不限于传统工频交流变压器功能。在此，固态变压器中"固态"指的是功率半导体器件。第一代半导体器件通常称为气态电子器件，比如真空二极管、水银弧整流器等。它们工作时的电反应是在气态下进行的，因而称为气态电子器件。而固态电子器件是由半导体材料所形成的电子器件，所以固态变压器指应用 IGBT 等固态功率半导体器件构成的能够实现电压变换的变流器装置。

电力电子变压器一般应用于中、高压大功率场合，相比于传统变压器，它可以提高系统性能、减小质量和体积。电力电子变压器的功能主要有：可实现传统交流变压器的电压等级变换、电气隔离功能；实现系统闭环控制、无功功率补偿、谐波抑制、隔离故障等功能，同时实现通信功能；提供可再生能源或储能设备直流接入端口。图 7-1 为直流配电网结构，可以看出，电力电子变压器可实现新能源、储能装置及负载的接入，以及连接不同电压等级交/直流母线。传统变压器与电力电子变压器特点对比见表 7-1。

在电力系统中，电力电子变压器也可发挥重要的电能控制节点作用，也是能源互联网中实现电能路由的核心装备。

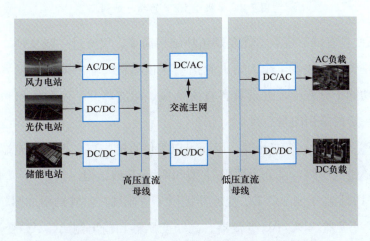

图 7-1　电力电子变压器在直流配电网中的应用

表 7-1　　　　　　　　　传统变压器与电力电子变压器特点对比

序号	传统工频变压器特点	电力电子变压器特点
1	体积大，效率低	功率密度大，体积小
2	成本低，使用寿命长	输出电压灵活控制，谐波抑制能力突出，可实现无功功率补偿和故障隔离等功能
3	动态调节能力差	动态响应速度快

7.1.2　电力电子变压器的分类

由于应用场合不同，固态变压器的高、低压端口电能形式及隔离方式也不相同，因而要采用定制化的电路拓扑，这也导致固态变压器拓扑没有统一的设计标准。大体上可进行如下分类：根据端口电压极性，电力电子变压器可以分为交流/交流（AC/AC）、交流/直流（AC/DC）及直流/直流（DC/DC）三种类型；从采用电力电子变流器的级数考虑，可以分为单级型、双级型和三级型三类。AC/AC 型电力电子变压器与传统交流变压器功能类似，以它为例进行介绍。

单极型 PET 的拓扑结构如图 7-2 所示，它是一种直接的交流变换，由输入 AC/AC 变流器、高频变压器、输出 AC/AC 变流器构成。高频变压器一、二次侧各只有一级变流器结构，所以称为单级。输入侧 AC/AC 变流器将工频交流电调制为高频交流电，并通过高频变压器连接至输出侧 AC/AC 变流器，经变换后，最终还原为工频交流电。

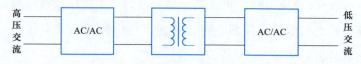

图 7-2　单级型 PET 的拓扑结构

单级型 PET 具有以下特点：优点是拓扑结构简单，仅经过一级变换，易于实现高效率运行；缺点是可控性较差，输入输出侧扰动互相耦合，输出谐波含量大，对电能质量的调节和改善功能十分有限，且不具备直流端口，功能单一，仅在体积和质量有较高要求的场合具有一定的应用前景。

两级型 PET 增加了一级变流器，因而可以提供直流端口，根据直流端口所处的电压等级在高压侧还是低压侧，可分为两级-Ⅰ型和两级-Ⅱ型结构。

两级-Ⅰ型 PET 高压侧 AC/DC 变流器提供了直流端口，其结构如图 7-3 所示，包括输入侧 AC/DC 变流器、DC/AC 变流器、高频变压器和输出侧 AC/AC 变流器。两级-Ⅱ型 PET 与两级Ⅰ型拓扑结构相似，提供了低压侧直流端口，可以在低压侧提供并网输入直流端口，其拓扑结构如图 7-4 所示。

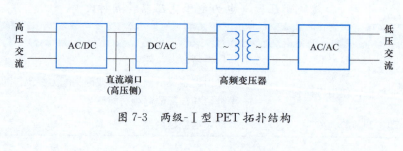

图 7-3　两级-Ⅰ型 PET 拓扑结构

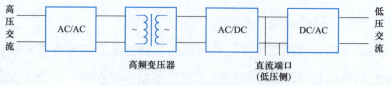

图 7-4　两级-Ⅱ型 PET 的拓扑结构

两级型 PET 的拓扑结构由于引入了一级直流环节，其可控性比单级型 PET 更强，可以实现功率因数调节和阻断交流扰动的传播，且能提供直流单元接入端口。但由于依然存在 AC/AC 变流器，故存在与单级型拓扑结构类似的固有缺点。

对于三级型 PET，其包含三次电力变换，且可提供三个端口，其拓扑结构包括输入侧 AC/DC 变流器、隔离型 DC/DC 变流器及输出侧 DC/AC 变流器，如图 7-5 所示。其中，隔离型 DC/DC 变流器一般由 DC/AC 变流器、高频变压器和 AC/DC 变流器三部分构成。

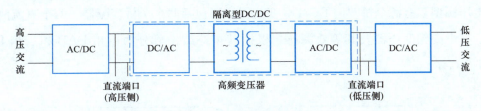

图 7-5　三级型 PET 拓扑结构

尽管三级型 PET 增加了电能变换环节，但由于没有直接的 AC/AC 变流器，所以具有更好的控制特性，可以实现输入输出侧电压、电流及功率因数的灵活控制，并提供了多种交、直流母线，因此三级型 PET 获得了广泛的关注和研究。

由于输入输出侧的 AC/DC、DC/AC 环节，可采用拓扑结构主要有 H 桥、MMC、NPC 等，而隔离型 DC/DC 变流器是 PET 的核心环节，且目前大多数 PET 均采用隔离型 DC/DC 变流器作为中间级。因此下一节将介绍隔离型 DC/DC 变流器、双有源桥式变流器（DAB）。

7.2　双有源桥式变流器的拓扑

双有源桥式变流器（DAB）作为隔离型 DC/DC 变流器中重要的一类一直受到学者的广泛关注，该变流器主要由两个全桥电路和高频变压器构成，高频变压器可以起到电气隔离的作用，同时还可以使两侧电压等级得到更宽范围的匹配，其主要结构如图 7-6 所示。

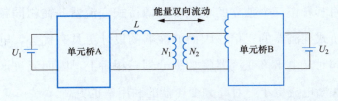

图 7-6　双有源桥变流器基本结构

双有源桥式双向 DC/DC 变流器的拓扑结构具有对称性，开关管器件均为全控型电力电子器件，使能量能够双向传输。双向全桥式结构能够适合于高电压和大功率场合，并且在微电网储能系统、充电汽车、不间断电源等领域有广泛的应用。DAB 变流器具有功率密度高的特点，而且由于对称式布局，其控制策略相对简单，能实现软开关，也可作为多端口的组成单元。

双有源桥式变流器（DAB）分为电压源型 DAB、电流源型 DAB 及谐振型 DAB。

7.2.1　电压源型双有源桥双向 DC/DC 变流器

电压源型双有源全桥双向 DC/DC 变流器主要包括两个全桥变流器、两个直流侧滤波电容、一个高频变压器及其等效漏感。根据其拓扑结构可分为单相 DAB 和三相 DAB，如图 7-7 所示。

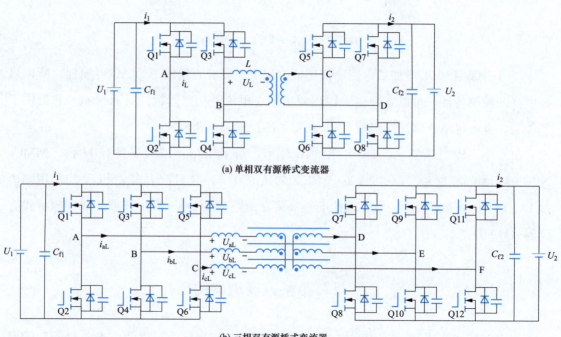

(a) 单相双有源桥式变流器

(b) 三相双有源桥式变流器

图 7-7　典型电压源型 DAB 拓扑结构

三相双有源桥式变流器是在单相桥式变流器的基础上产生的，如果忽略各相电压之间的耦合，可以将其看作三个独立的单相双有源桥式变流器。在相同频率下，该变流器谐波频率为单相桥式变流器的三倍，因而滤波器的设计更具有优势，电感中的电流也更加接近正弦波。同时又由于该变流器将功率分到三相桥上，因而流过该变流器开关器件的电流有效值与关断电流更小，对高频变压器的利用率也更高。

此外，DAB 还有多端口结构，如图 7-8 所示，其拓扑特点为有多个输入、输出端口，可实现多路输入或多路供电，广泛应用在电动汽车及三相电网负序电流平衡等方面。

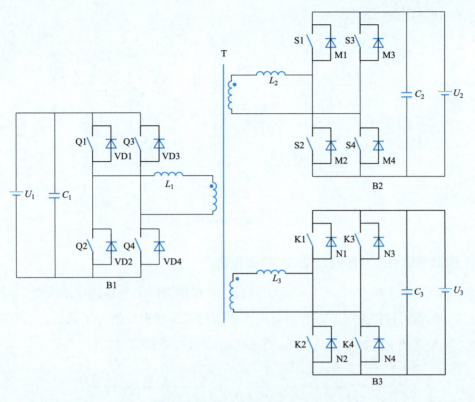

图 7-8　多端口的 DAB 拓扑结构

7.2.2　电流源型双有源桥双向 DC/DC 变流器

电流源型双有源全桥双向 DC/DC 变流器的构成，除了隔离变压器两端各有一个全桥单元外，还在输入或输出侧增加滤波电感来抑制电流纹波，减少滤波电容的体积。典型电流源型 DAB 拓扑结构如图 7-9 所示。

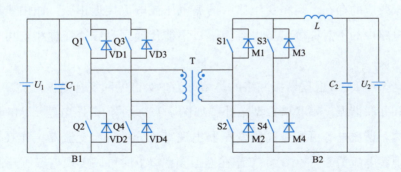

图 7-9　典型电流源型 DAB 拓扑结构

可通过在输入输出侧增加整流二极管并联有源箝位吸收电路，扩大零电压开关的负载范围。但电压尖峰是制约电流型双有源全桥双向 DC/DC 变流器广泛应用的主要因素。

有源箝位型结构如图 7-10 所示。

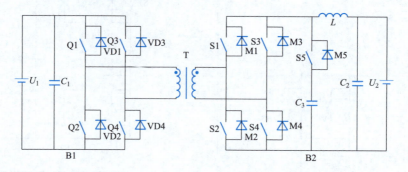

图 7-10　有源箝位型结构

7.2.3　谐振型双有源全桥双向 DC/DC 变流器

谐振型双有源全桥双向 DC/DC 变流器通过设置谐振网络来替代非谐振型 DAB 变流器中变压器的漏感，使流过谐振腔和隔离变压器的电流波形近似为正弦波，从而降低电流谐波，减小高频变压器的涡流损耗。带谐振槽桥式变流器如图 7-11 所示。

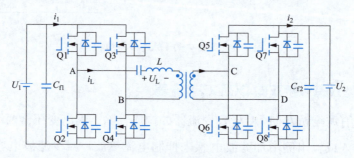

图 7-11　带谐振槽桥式变流器

由于谐振效应的存在，高频变压器中谐振电压或电流接近正弦。而由于谐振槽中电容的存在，电路中的不对称分量被电容阻隔，不能传递到高频变压器中，可以防止变压器饱和。

典型的谐振型 DAB 根据谐振网络的类型分为单级谐振和复合谐振两类。单级谐振包括串联谐振和并联谐振。串联谐振型拓扑图如图 7-12 所示，谐振电感 L_r 和谐振电容 C_r 构成串联结构，谐振电容可避免高频变压器出现直流分量。当变流器工作在谐振频率以下时可以实现零电流关断（ZCS），工作在谐振频率以上时可以实现零点压开通（ZVS）。

复合谐振拓扑结构含有多个谐振回路，如图 7-13 所示，包括 *LLC* 型、*LCL* 型、*CLLLC* 型等谐振类型，相比于单级谐振，其优势为具有更大的谐振容量，在同等功率条件下，开关管的电压、电流应力更小。

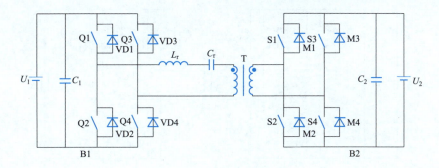

图 7-12　串联 LC 谐振型

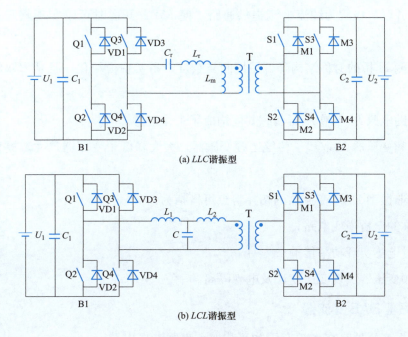

(a) LLC谐振型

(b) LCL谐振型

图 7-13　复合谐振型

7.3　DAB 的工作原理及控制方法

双有源桥式变流器（DAB）从拓扑结构上划分，DAB 分为非谐振型和谐振型两种，本节将分别对其进行介绍。

7.3.1　非谐振型 DAB 变流器

传统非谐振型 DAB 由两个全桥 DC/AC、AC/DC 电路、一个高频变压器 T 及辅助电感 L_r 组成，其拓扑结构如图 7-14 所示。其结构特点如下。

（1）一、二次侧均为四个 IGBT 开关管反并联二极管构成的全桥电路。

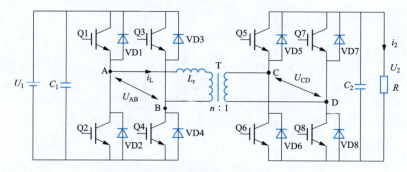

图 7-14　传统非谐振型 DAB 拓扑结构

（2）反并联二极管为续流电流提供通路，使 IGBT 开通时可以实现软开关，减小开关损耗。

（3）两侧 H 桥的对称结构降低了控制复杂度，易实现模块化，且功率双向传输特性一致。

（4）辅助电感 L_r 与变压器漏感共同构成了工作电感。

（5）高频变压器 T 取代了传统工频变压器，大大降低了变压器尺寸，提高了变流器功率密度。

传统非谐振型 DAB 变流器的拓扑特点可概括为：

1）对称的全桥逆变电路；

2）通过电感实现功率传输；

3）高频变压器实现变压变比及电气隔离。

7.3.2　谐振型 DAB 变流器

串联谐振变流器是在高频变压器环节加入串联谐振电路（series resonant converter，SRC），如图 7-15 所示。其结构特点如下。

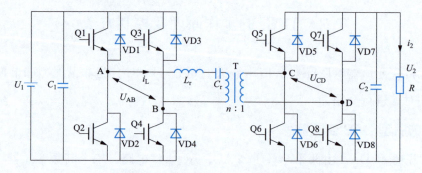

图 7-15　串联谐振型 DAB 拓扑结构

（1）谐振电容 C_r 和辅助电感 L_r 构成了 LC 型谐振电路；

（2）通过改变 DAB 的阻感特性，可改善器件管软开关特性，从而提升运行性能；

（3）在传统控制下，SRC 结构不对称，功率反向传输时电压增益受限；

（4）增加电容元件改变拓扑结构，增大了体积、设备故障率及制造成本，其调压范围窄，降低了灵活性。

谐振型 DAB 变流器的拓扑特点概括为：

1）高频环节为谐振型电路；

2）一、二次侧结构不对称；

3）高频变压器实现变压变比及电气隔离。

7.3.3 DAB 的等效电路

图 7-16 所示为 DAB 的等效电路，U_{AB} 为一次侧 H 桥逆变方波电压，U_{CD} 为归算至一次侧的二次侧 H 桥逆变方波电压。电感 L 为变压器漏感与辅助电感 L_r 串联后的等效电感，通过控制 IGBT 开关管的导通顺序及时间，即可控制逆变方波电压的脉冲宽度与相位。

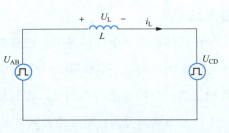

图 7-16 DAB 等效电路

当电感 L 两侧逆变电压 U_{AB}、U_{CD} 相位不等时，即可通过电感 L 实现功率的传输。因此，通过调节一、二次侧 H 桥间相位差，即可控制 DAB 传输功率，与传统同步发电机并网，采用功角差控制输出功率相类似。当 U_{AB} 超前 U_{CD} 时，功率由一次侧向二次侧传输；当 U_{AB} 滞后于 U_{CD} 时，功率由二次侧向一次侧传输。由于 DAB 拓扑结构高度对称，正、反向功率传输原理相同。

7.3.4 DAB 的控制方法

基于控制高频变压器一、二次侧相位差调节传输功率这一工作原理，DAB 通常采用移相控制调制方式，如图 7-17 所示。移相控制下，一次侧 H 桥开关管 Q1～Q8 工作频率相等，导通占空比均为 0.5，H 桥同一桥臂内上、下开关管驱动信号互补导通。一、二

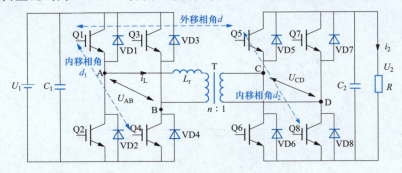

图 7-17 DAB 的移相控制方法

次侧 H 桥内对应开关管间存在移相角，称为外移相角 d，同一桥臂内对角开关管存在移相角，称为内移相角。因此通过调节驱动信号间的移相角可以控制 H 桥逆变电压的占空比及相位，从而控制传输功率。

根据移相角，DAB 的控制方法可分为如下类型。

（1）当控制仅有外移相角时，为单移相控制。

（2）在单移相控制方法的基础上增加一次侧桥内移相角，控制变为双移相控制，控制自由度为 2。

（3）在双移相控制的基础上，增加二次侧 H 桥内移相角，控制变为三移相控制，控制更加灵活。

在三移相控制中，如果两个内移相角相等，则控制被称为同步三移相控制，此时控制自由度同样为 2；如果两个内移相角不相等，则控制被称为异步三移相控制。异步三移相控制三个控制量均不相等，控制复杂，应用较小，且优化算法困难。

（1）单移相控制。单移相控制是最基础的控制方法，内移相角为 0，仅有一个外移相角 d。通过对 DAB 进入稳态后的相关模态进行分析，可以得到 DAB 的传输功率表达式为

$$p=\frac{2}{T}\int_0^{\frac{T}{2}}U_{AB}i_L(t)\mathrm{d}t=\frac{nU_1U_2}{2fL}d(1-d) \tag{7-1}$$

可以看出，传输功率与输入输出电压、变压器变比、等效电感、开关管开关频率及移相角等因素有关。其中变压器变比、等效电感、开关频率为 DAB 电路属性；输入、输出电压与系统运行状态有关。因此，一般通过控制移相角调节 DAB 传输功率。

以最大传输功率为基准值，可得到标幺值表达式，并根据该表达式绘制传输功率 p 随移相角 d 的变化曲线，如图 7-18 所示。

$$p=\frac{P}{P_N}=4d(1-d) \tag{7-2}$$

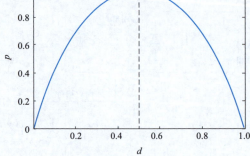

图 7-18 单移相控制下功率传输曲线

可以看出，传输功率 p 与移相角 d 成二次函数关系，即对于任一传输功率，存在两个关于 0.5 对称的移相角。考虑到电感电流峰值与 d 呈正相关，因此一般取 d 在 $[0，0.5]$ 区间内。

（2）双移相控制。单移相控制实现简单，但并未充分利用可控自由度，导致功率特性及电流应力特性较差。因此，在单移相控制基础上，使高压侧 H 桥内对角开关管 Q1、Q4 间加入内移相角 d_1，即为双移相控制，如图 7-19 所示。在双移相控制下，一次侧逆变电压 U_{AB} 由两电平变为三电平，二次侧逆变电压 U_{CD} 仍为两电平，电感电流分段数增多。采用同样的模态分析法，可以得到相应传输功率标幺值表达式为

$$p=\frac{P}{P_N}=4d(1-d)-2d_1(2d-d_1-1) \tag{7-3}$$

引入移相角 d_1 后，传输功率同时受移相角 d 和 d_1 控制。

图 7-20 所示为双移相控制下的功率传输曲线，比较不同控制的传输功率曲线可以看出，双移相控制下 DAB 的传输功率范围不变。同时针对任意给定功率，存在多组移相角组合与之对应。因此，引入内移相角增加了控制自由度，使功率调节更加灵活，理论上可以抑制无功功率、降低电流应力、改善 DAB 的稳态特性。

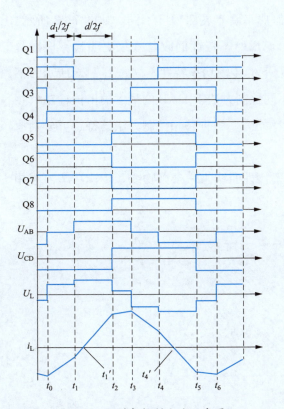

图 7-19　双移相控制方法示意图

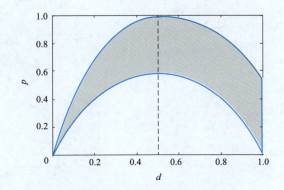

图 7-20　双移相控制下的功率传输曲线

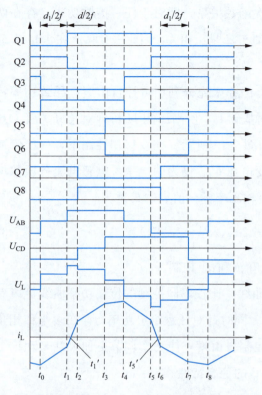

图 7-21　三移相控制方法示意图

（3）三移相控制。双移相控制下二次侧逆变电压 U_{CD} 仍为两电平方波，对 DAB 稳态特性改善的效果不佳。同步三移相控制在二次侧 H 桥内加入移相角 d_2，同时使两侧 H 桥内移相角相等（$d_1 = d_2$），控制自由度与双移相控制相同，但优化效果更好。控制方法示意图如图 7-21 所示。

U_{AB}、U_{CD} 都由两电平方波变为三电平方波，电感电流波形更加平滑。传输功率仍受外移相角 d 和内移相角 d_1 控制。其中外移相角 d 起主要作用，内移相角 d_1 使传输功率更加灵活。

$$p = \frac{P}{P_N} = 4d(1-d) - 2d_1^2 \qquad (7\text{-}4)$$

不同移相控制对应传输功率范围相同，但功率调节灵活程度不同，如图 7-22 所示。

随着控制变量的不断增加，移相控制方法对 DAB 稳态特性的改善效果更明显。根据分析，DAB 在单移相、双移相和同步三移相控制下的传输功率特性不同。图 7-23 所示为不同控制下的功率传输特性曲线。可以看出，不同控制方法下 DAB 的最大输出传输功率相等，即多移相控制方法不会限制 DAB 传输功率能力。三种移相控制方法的特点可分别概括如下。

1）单移相控制简单，控制自由度低，功率特性曲线为一条抛物线，传输功率与移相角一一对应，因此无法对稳态特性进行优化；

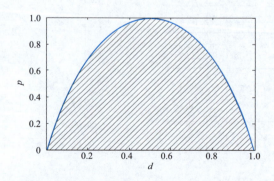

图 7-22　同步三移相控制下传输功率的调节范围

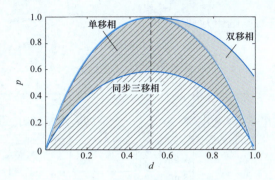

图 7-23　三种控制方式下的功率传输特性曲线

2）双移相控制增加了一次侧全桥内移相角，提高了控制自由度，功率特性曲线转为曲面，功率调节更加灵活，在一定程度上改善了稳态特性；

3）同步三移相控制增加二次侧全桥内移相角，控制自由度未改变，针对特定功率的移相角组合变多，可以同时改善变压器两侧的功率特性。

7.3.5　DAB 变流器软开关特性

软开关（soft-switching）是相对硬开关（hard-switching）而言的。理想的软开关过程是电流或电压先降到零，然后电压或电流再缓慢上升到稳态值，所以开关损耗近似为零，因而分别称为零电压开关（zero voltage switch，ZVS）和零电流开关（zero current switch，ZCS），如图 7-24 所示。

图 7-25 为 ZVS 和 ZCS 的电路结构，软开关电路中增加了谐振电感 L_r 和谐振电容 C_r，与滤波电感 L、电容 C 相比，它们的值小得多，同时开关增加了反并联二极管。其工作原理是在开关过程前后引入谐振，使开关开通前电压先降到零，关断前电流先降到零，消除了开关过程中电压、电流的重叠，从而减小甚至消除开关损耗，同时，谐振过程限制了开关过程中电压和电流的变化率，使开关噪声减小。

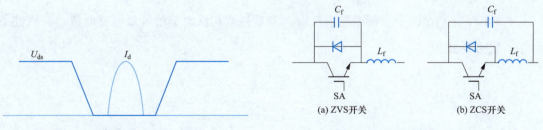

图 7-24　ZVS 与 ZCS 示意图　　　　图 7-25　ZVS 与 ZCS 的电路结构

双有源桥式变流器（DAB）在一定条件下所有开关都可实现零电压开关（ZVS），如图 7-26 所示，高频变压器等效漏感与开关器件的寄生电容构成谐振回路，从而实现响应开关器件在一定范围内的零电压开通。

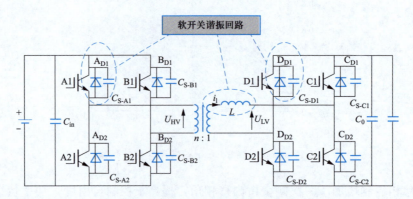

图 7-26   DAB 软开关谐振回路

但当传输功率较低时，零电压开关的特性面临失效，尤其是高压侧，从而造成系统效率降低。DAB 高频变压器输入侧与输出侧电压波形及输入侧电流波形如图 7-27 所示。

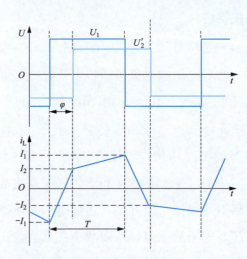

图 7-27   DAB 高频变压器输入侧与输出侧电压波形及输入侧电流波形

I_1 和 I_2 分别是两个全桥中超前桥臂和滞后桥臂切换时刻的等效漏感电流，在线性条件下，其表达式为

$$I_1 = \frac{\pi U_i + (2\phi - \pi)\dfrac{U_0}{n}}{2L\omega} \tag{7-5}$$

$$I_2 = \frac{(2\phi - \pi)U_i + \pi\dfrac{U_0}{n}}{2L\omega} \tag{7-6}$$

从式（7-5）和式（7-6）可知，I_1 和 I_2 两个电流值与变压器一次侧电压、二次侧电

压及移相角有关。实现零电压开关的必要条件是 I_1 和 I_2 必须都大于零,即此时变压器漏感中有电流存在,且此电流不能突变,从而确保了开关管中反并联二极管的导通,为实现零电压开关提供了条件。

根据之前定义的电压变比 $k = nU_o/U_i$,n 为变压器的匝数比。可将 I_1 和 I_2 的表达式可以改写为

$$I_1 = \frac{\pi U_i [1 + (2D - 1)k]}{2L\omega} \tag{7-7}$$

$$I_2 = \frac{\pi U_i [(2D - 1) + k]}{2L\omega} \tag{7-8}$$

当 $k = 1$ 时,I_1 和 I_2 的值相等。当 $k \neq 1$ 时,实现零电压开关的必要条件是满足 k 和 D 的值。$k > 1$ 时,可以看出 I_2 的值恒大于 0,滞后桥臂可以实现零电压开关。然而,当 $k < 1$ 时,滞后桥臂想要实现零电压开关,则要满足

$$D > \frac{1 - k}{2} \tag{7-9}$$

同理当 $k \leq 1$ 时,从 I_1 表达式可以看出 I_1 恒大于 0,超前桥臂可以实现零电压开关。否则必须满足式 (7-10),以确保超前桥臂实现零电压开关:

$$D > \frac{k - 1}{2} \tag{7-10}$$

图 7-28 所示为实现零电压开关的必要条件。横坐标表示高频变压器两侧电压 U_1 和 U_2 之间的移相占空比 D,纵坐标表示输出和输入电压之间的关系 k。从中可以看出,移相占空比 D 越高,意味着电流越大,功率也越大,甚至可以在 $k \neq 1$ 时实现零电压开关。然而,D 较小时,则只有在 k 接近 1 时才可实现零电压开关。

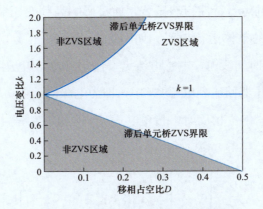

图 7-28　实现零电压开关的必要条件

实现零电压开关的充分条件是电流 I_1 和 I_2 大于 0,即谐振回路中,电感当开关动作

时变压器等效漏电感中储存的能量（E_L），必须大于开关管寄生电容里存储的能量（E_{Coss}），由以下不等式表示为

$$E_L > E_{Coss} \rightarrow Li_{L\,FBX}^2 > 4C_{eq}U^2 \tag{7-11}$$

式中：$i_{L,FBX}$ 是桥臂切换时通过漏电感 L 的电流；C_{eq} 是开关管寄生电容的值；U 在 DAB 电路中可能是输入或输出电压；$i_{L,FBX}$ 可能是 I_1 或 I_2。通过漏感的电流值可以从式（7-12）中计算得出

$$i_{L\,FBX} > 2U\sqrt{\frac{C_{eq}}{L}} \tag{7-12}$$

可得充分条件的边界为

$$D > \frac{k-1}{2k} + \frac{2\sqrt{LC_{eq\_i}}}{k} \tag{7-13}$$

$$D > \frac{1-k}{2} + \frac{2kn\sqrt{LC_{eq\_o}}}{T} \tag{7-14}$$

式中：C_{eq_i} 和 C_{eq_o} 分别是输入侧和输出侧开关管寄生电容的等效值。

满足式（7-13）可确保超前桥实现零电压开关，满足式（7-14）可确保滞后桥实现零电压开关。从而可知，实现零电压开关的充分条件不仅取决于变压器的变比和移相占空比，与变流器的一些参数也有关，如开关频率、漏电感和开关管寄生电容等。因此，零电压开关充分条件的范围对每个双有源桥式变流器的设计会有所不同。

7.4 DAB 最小无功功率优化控制

无功功率对 DAB 的运行特性影响显著，通过影响高频变压器的效率及 DAB 的开关损耗，进而影响 DAB 的整体运行效率。如图 7-29 所示，由于 U_{AB} 与 U_{CD} 间存在相移，在功率传输过程中某一时间段内，电感电流 i_L 与一次侧输出电压 U_{AB} 相位相反，传输功率 P_1 为负，功率由变压器回流到电源 U_1 中，即为电源侧无功功率；当电感电流 i_L 与二次侧 H 桥输出电压 U_{CD} 相位相反时，传输功率 P_2 为负，功率从负载侧回流到变压器，即为负载侧无功功率。

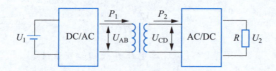

图 7-29 DAB 功率流动方向不同控制下的无功功率

当平均传输功率一定时，电源侧和负载侧的回流功率会导致瞬时功率和视在功率增加，使开关器件电流应力增大，增大了功率器件、磁性元件的损耗，降低了变流器效率，增加了运行成本。因此，采用合适的控制方法对无功功率进行优化十分必要。

7.4.1　单移相控制下的无功功率

DAB中高频变压器一次侧和二次侧电压及一次侧电流，如图7-30所示。黄色填充区域为电源侧无功功率（一次侧无功功率），蓝色填充区域为负载侧无功功率（二次侧无功功率）。由于逆变电压 U_{AB} 和 U_{CD} 均为两电平方波，且两电压间存在相位差，即移相角，因而势必造成电感电流 i_L 与两逆变电压乘积发生符号变化，引起无功功率。因此，对于单移相控制而言，无功功率环流是移相控制的固有问题，难以进行优化。

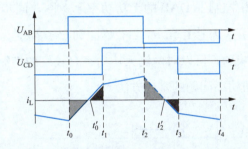

图 7-30　单移相控制下 DAB 的无功功率示意图

无功功率大小与电感电流过零点位置有关。当电感电流过零点在 $[t_0, t_1]$ 区间内，无功功率标幺值表达式如下：

电源侧无功功率标幺值

$$Q_1 = \frac{(2D+k-1)^2}{2(k+1)} \qquad (7\text{-}15)$$

负载侧无功功率标幺值

$$Q_2 = \frac{(2kD+1-k)^2}{2k(k+1)} \qquad (7\text{-}16)$$

$$k = \frac{U_1}{nU_2} \qquad (7\text{-}17)$$

当电压转换比 $k=1$ 时，电源侧和负载侧无功功率相等。当 $k>1$ 时，电源侧无功环流现象更显著。

7.4.2　双移相控制下的无功功率

双移相控制在电源侧 H 桥内引入内移相角 d_1 后，U_{AB} 变为三电平方波，输出零电平时即等效减少高频变压器一次侧电压 U_{AB} 与一次侧电流 i_L 反向持续时间，即回流功率时间。如图7-31所示，双移相控制可以对电源侧无功功率有较好的抑制效果。而高频变压器二次侧电压 U_{CD} 仍为两电平方波，对负载侧无功功率优化效果不明显。因此，可采用同步三移相控制同时对电源侧与负载侧无功功率进行优化。

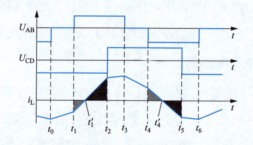

图 7-31 双移相控制下 DAB 的无功功率示意图

7.4.3 三移相控制下的无功功率

图 7-32 所示为三移相控制下 DAB 的无功功率示意图，同步三移相控制在电源侧 H 桥和负载侧 H 桥内同时引入内移相角 d_1 后，U_{AB} 和 U_{CD} 都变为三电平方波，逆变电压与电感电流 i_L 反向时间减少，可以对两侧无功功率有较好的抑制效果，因此，选择同步三移相控制作为优化无功功率问题的基础方法。

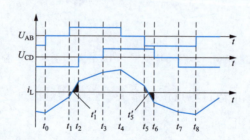

图 7-32 三移相控制下 DAB 的无功功率示意图

7.4.4 最小无功功率移相调制

当 DAB 的内、外移相角 d_1、d_2 满足式（7-18）时，可实现最小无功功率控制。

$$d_1 = \begin{cases} d_2 & 0 \leqslant d_2 \leqslant 1/3 \\ 1 - 2d_2 & 1/3 < d_2 \leqslant 1/2 \end{cases} \tag{7-18}$$

当 DAB 采用最小无功功率移相调制方式时，其传输功率标幺值 P 和无功功率 Q 可表示为

$$P = \begin{cases} -6d_2^2 + 4d_2 & 0 \leqslant d_2 \leqslant 1/3 \\ -12d_2^2 + 12d_2 - 2 & 1/3 < d_2 \leqslant 1/2 \end{cases} \tag{7-19}$$

$$Q = \begin{cases} 0 & 0 \leqslant d_2 \leqslant 1/3 \\ 18d_2^2 - 12d_2 + 2 & 1/3 < d_2 \leqslant 1/2 \end{cases} \tag{7-20}$$

图 7-33（a）、（b）给出了传输功率标幺值 P 和无功功率标幺值 Q 关于外移相角的关系曲线。当外移相角 d_2 从 0 增大到 0.5 的过程中，传输功率标幺值即可相应地从 0 变化到 1。在这一过程中，$d_2 \leqslant 1/3$ 时能够实现零无功功率，$1/3 < d_2 \leqslant 1/2$ 时能够实现无功功率最小控制。

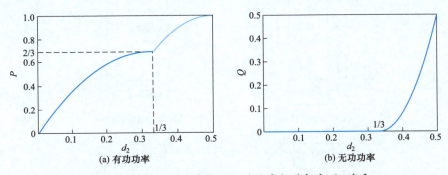

图 7-33　最小无功功率控制下的功率与移相角 d_2 关系

7.5　DAB 型电力电子变压器

DAB 型直流电力电子变压器常用于中高压和大功率的场合。单体电力电子器件耐压值有限，单个 DAB 模块无法满足应用场景的实际要求。因此需要通过多模块的串并联来拓展直流变压器的电压等级和功率等级。

7.5.1　DAB 型直流电力电子变压器

模块化结构优点显著，引入模块化概念，可实现 $n+1$ 模块的冗余供电，提高了系统可靠性；模块化设计节约了制作成本，缩短了开发周期；模块化结构容易拓展，可随时根据输入输出功率变化重新配置模块数量；降低了功率器件承受的热应力和电气应力，提高了系统可靠性；单个模块仅需提供系统功率的 $1/n$，简化了系统设计，进一步降低开发难度；当采用交错控制手段后能够减小输入输出电压和电流纹波，减小滤波器容量，提高功率密度。

常规的级联结构可大致分为以下四类：

（1）输入并联输出串联（input parallel output series，IPOS）；

（2）输入串联输出并联（input series output parallel，ISOP）；

（3）输入串联输出串联（input series output series，ISOS）；

（4）输入并联输出并联（input parallel output parallel，IPOP）。

四种常规的 DAB 级联结构如图 7-34 所示。此外还有独立输入串联输出等结构。四种串并联组合方式根据其各自原理不同有着各自的优势，进而应用于不同的场合。对低功率等级的 DC/DC 模块采用 IPOS 结构即可实现大的电压变化，假设直流变压器采用的子模块数量为 n 个，其具有的优势是：采用并联方式可以将电流降为 $1/n$；采用串联方式可以将电压降为 $1/n$。

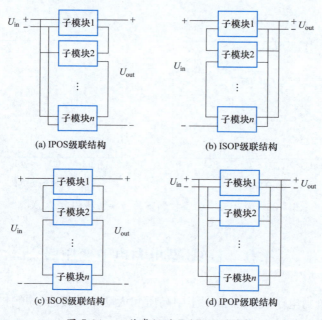

图 7-34　四种常规的 DAB 级联结构

输入并联输出串联（IPOS）和输入串联输出并联（ISOP）都是非常常见的模块化级联结构。

IPOS 系统输入侧采用并联形式，可承受大电流；输出侧采用串联形式，可输出高电压。因此 IPOS 系统常应用于将较低输入电压变换为较高输出电压的场合，如半导体制造设备、光伏直流升压汇集系统和燃料电池系统等。

ISOP 系统输入侧采用串联形式，可承受高电压；输出侧采用并联系统，输出大电流。因此 ISOP 系统可以应用于输入电压较高而输出电压相对较低的场合，如高速机车中的车载牵引变压器及工业电动机驱动等。

输入串联输出串联（ISOS）系统输入侧及输出侧均采用串联结构，可承受高电压，因此 ISOS 系统可以应用于输入、输出电压都较高的场合，如海上风力发电等。

输入并联输出并联（IPOP）系统输入侧及输出侧都采取并联形式，可以承受大电流。但输入侧不能承受高电压，因此在输出低压、大电流场合得到广泛应用，如大型计算机电源和电压调节模块。

7.5.2　DAB 型高频逆变器

高频链逆变电路中的"高频"，指整个逆变装置主电路的能量传输采用高频方式，没有低频能量传输元件。整个电路利用高频变压器代替低频变压器，通过二次侧的周波变流器传输电能，并实现了变流装置输入输出侧之间的电气隔离。不但大大减小了逆变电源的体积和质量，提高了装置的功率密度，而且使装置具有更优良的动态响应特性和交互噪声抑制能力。

为了去除常规逆变电源中庞大而笨重的工频变压器、减小输出滤波器的体积、消除工频变压器和滤波器的音频噪声并加快逆变电源对输入电压和负载扰动的动态响应，1977 年提出的高频链逆变技术的概念，其主要思想就是用高频变压器代替工频变压器以减小逆变器的体积和质量。经过四十年的发展，高频链逆变技术在拓扑结构、控制技术、有源箝位及软开关技术等方面取得了可喜的成就。按照不同的分类方式可以将 DAB 分为以下类别。

（1）按负载的相数分类。典型的拓扑结构为双有源全桥 DC/DC 变换电路级联 DC/AC 逆变器的结构，可将其视为 DC/AC 型电力电子变压器。有以下几类常见的划分形式。按负载的相数可分为单相和三相。图 7-35 为不同负载的高频链逆变器拓扑结构。

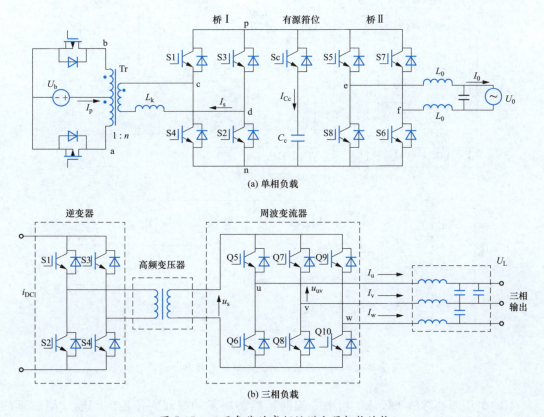

图 7-35　不同负载的高频链逆变器拓扑结构

（2）按功率能否双向流动分类。高频链逆变可分为单向逆变和双向逆变；单向变流器通常输出侧采用二极管构成，电流只能单向流动；双向变流器通常在高频变压器二次侧采用 IGBT 反并联二极管的器件，实现有功功率和无功功率双向流通。

  图 7-36 为不同功率流向的高频链逆变器拓扑结构，单向电压源高频链逆变器应用较为广泛，多用于 UPS 系统和太阳能系统。这类变流器在直流侧和逆变器之间插入一级 DC/DC 变换，使用高频变压器实现电压比调整和电气隔离。其缺点是：只适用于从电源向负载单向传输功率的系统，负载不能向电源回馈能量；能量需要经过三级功率变换（即高频逆变、高频整流和低频逆变），系统效率较低。其中的低频逆变环节与上述高频链逆变器的概念有所抵触，但考虑到它采用了高频变压器传输能量，所以仍归为此类；但直流侧 LC 滤波器的存在使系统的动态响应变慢；此外三级功率变流器使得系统复杂，降低了系统的可靠性。双向逆变器电路不仅能双向传输功率，而且只需要经过高频逆变器和周波变流器两级功率变换，其结构比单向电压源高频链 DC/AC 功率变流器简单，通态损耗低，系统效率高。

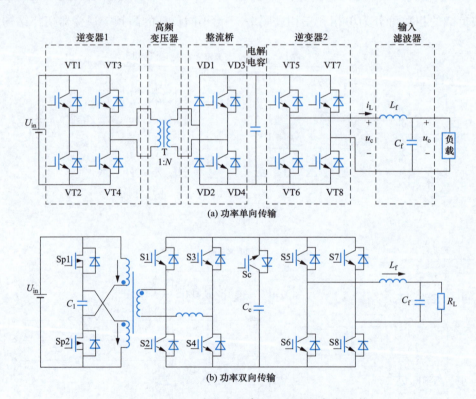

(a) 功率单向传输

(b) 功率双向传输

图 7-36 不同功率流向的高频链逆变器拓扑结构

  双向电压源高频链 DC/AC 功率变流器虽然解决了功率双向传输的问题，但由于两种拓扑的开关器件都工作在硬开关工作状态，开关损耗较大；又由于周波变流器采用的是双向开关，在换流期间，没有续流回路，产生很高的过电压，电路工作不稳定，电磁干扰严重。因而必须采用缓冲电路或有源电压箝位电路来吸收过冲电压。

（3）按电能变换次数分类。高频链逆变器可分为单级变换和两级变换，如图 7-37 所示。

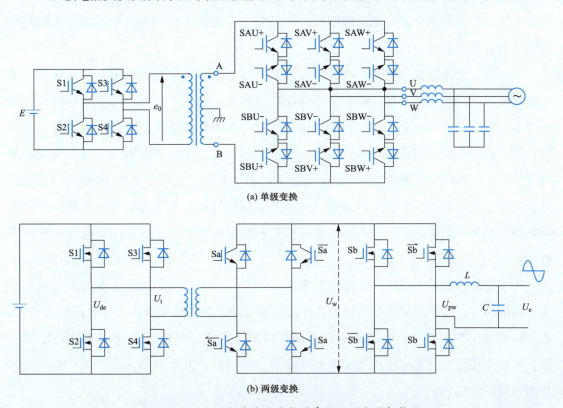

图 7-37　不同电能变换次数的高频链逆变器拓扑

（4）根据功率变流器类型分类。高频链逆变器可分为电压源型和电流源型。双向电压源高频链 DC/AC 功率变流器拓扑的开关器件都工作在硬开关工作状态，开关损耗较大；又由于周波变流器采用的是双向开关，在换流期间，没有续流回路，产生很高的过电压，电路工作不稳定，电磁干扰严重。因而必须采用缓冲电路或有源电压箝位电路来吸收过冲电压，如图 7-38 所示。

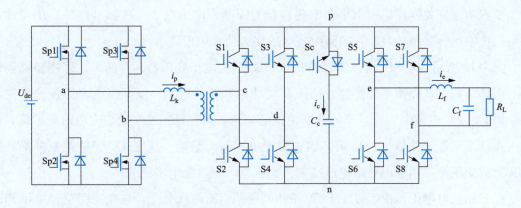

图 7-38　采用有源箝位的双向电压源型高频链逆变器拓扑

电流源高频链逆变器具有拓扑结构简单、能量双向流动、控制易于实现的优点，解决了电压源逆变器固有的电压过冲问题，但是由于逆变器工作在电流断续状态，电路的电流应力和通态损耗较大。

（5）根据变压器输入侧电压波形分类。高频链逆变器可分为谐振型和非谐振型。基于谐振环节的高频链逆变器，依靠谐振电流传递能量。高频变压器前端为全桥结构加谐振网络。电路的工作频率由谐振频率决定，一、二次侧开关器件在谐振电流的过零点进行切换，各开关管可实现零电流开关（ZCS）。高频变压器后级存在由双向开关组成的周波变流器，电路能够实现四象限工作，能量可以双向流动，适用于各种不同性质的负载。此类拓扑结构依靠谐振电流来传递能量，滤波器设计简单，只有电容没有电感。此类电路拓扑结构很好地解决了双向电压源型高频链逆变器由于硬开关带来的双向开关电压尖峰问题。

为了适应负载的多样性并实现高功率密度逆变，单级双向高频链逆变电源获得了较为广泛的应用，即基于周波变流器的高频链逆变电源。其主电路结构主要由高频逆变桥、高频隔离变压器、周波变流器和输出滤波器四部分组成，图 7-39 给出了相应的结构框图。而且全控型器件的应用使逆变电源实现四象限运行，其等效结构为 DAB 与 DC/AC 变流器级联的结构。

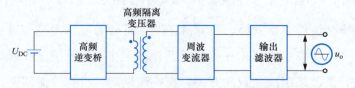

图 7-39　单级双向高频链逆变电源结构框图

7.5.3　DAB 型交流电力电子变压器

受到功率开关器件耐压水平和电流容量的限制，电力电子变压器（PET）仍需通过电路拓扑的组合（串、并联）来匹配高电压和大功率应用需求。

图 7-40 所示为单相 H 桥级联结构 AC/AC 电力电子变压器。在前级，采用整流器级联的拓扑结构，从而使系统能够在高压和大功率领域的应用。级联整流器后级分别与双有源桥 DC/DC 变流器相连，形成并联输出的结构，可在低压端实现更大电流的输出，以适应在低压大电流领域中的应用，如直流微电网等。最后一级为 DC/AC 逆变器端，将双有源桥变压器并联输出直流电压逆变为交流电，供给配电网负载。

在三相配电网中，由于以上 PET 拓扑高压侧直流母线分立，往往使用三套单相 PET 星接或者三角接，如图 7-41 所示。

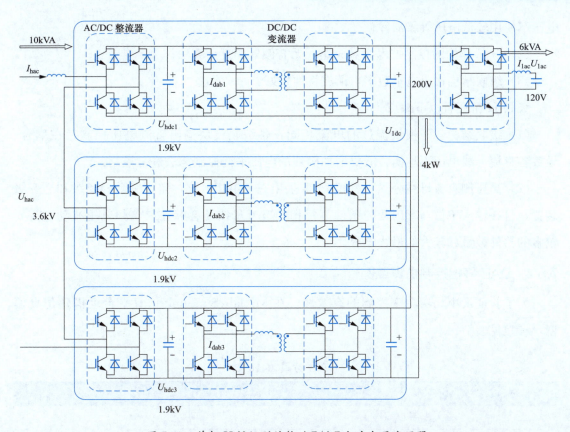

图 7-40　单相 H 桥级联结构 AC/AC 电力电子变压器

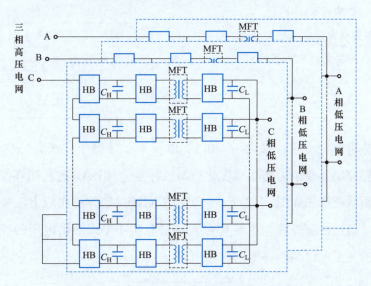

图 7-41　采用 H 桥级联结构的三相 PET

级联 H 桥具有以下优点。

（1）级联 H 桥拓扑高度模块化，易于扩展，当选择合适级联数时，可以在较高输入电压下使用较低电压等级器件；

（2）H 桥结构的控制技术相对成熟，无需额外的复杂算法；

（3）级联结构输出电平数多，谐波特性较好。

级联 H 桥还有以下缺点。

（1）级联结构各子模块流过的电流相同，各级联模块输出直流电压控制存在耦合，导致各直流母线电压不均衡，需要增加额外的电压平衡控制算法进行控制。

（2）高压侧直流母线分立，三相 PET 采用三个单相系统，需要三套隔离级和逆变级装置，且在输入单位功率因数的条件下每相的直流母线还会存在二倍频电压波动，需要较多的器件数量和较大的母线电容。

7.5.4　DAB 移相控制仿真算例

为了验证最小无功功率控制的有效性，在 Matlab/Simulink 仿真平台上搭建仿真模型，参数见表 7-2。

表 7-2　　　　　　　　　　　　　DAB 仿真参数表

参数	数值
输入电压 U_1（V）	54
输出电压 U_2（V）	54
电感 L（μH）	160
支撑电容 C_1、C_2（mF）	4.7
开关频率 f（kHz）	5
变压器变比 n	1
额定功率 P（kW）	2

为与理论分析保持一致，选取 $p=0.64$ 和 $p=0.88$ 两个工况，分别采用单移相控制、同步三移相控制及最小无功功率优化控制三种方法对 DAB 进行闭环控制。

具体的控制系统框图如图 7-42 所示，可以看到该控制方法实际上已经简化成了单一变量控制系统，通过控制外移相角 d 即可实现对有功功率或输出电压的控制，同时根据内、外移相角的关系可以相应得出内移相角 d_1。

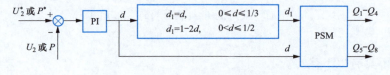

图 7-42　DAB 闭环控制系统框图

图 7-43 所示为传输功率 $p=0.64$ 时不同控制方法下输出电压 U_{AB}、U_{CD} 和电感电流 i_L 仿真波形。经过对比可以看出，三种控制方法中，单移相控制运行点存在逆变输出电压与电感电流反向阶段，因此存在无功功率；同步三移相控制运行同样存在无功功率，但比单移相控制下无功功率小，运行点对应电流应力很大，即对运行点不恰当的选取会使 DAB 运行特性变差；采用最小无功功率移相控制优化策略运行点对应无功功率为 0，验证了所提最小无功功率控制能够有效抑制无功功率，且与同步三移相控制相比，优化控制方法能够在一定程度减小电流应力。

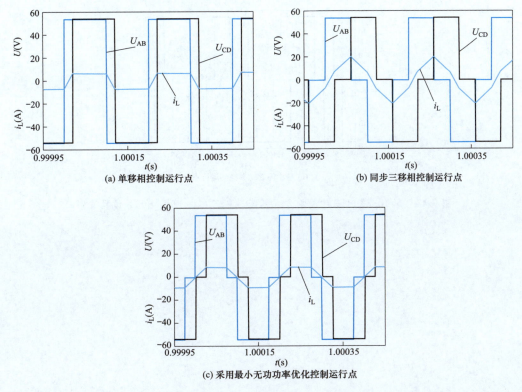

图 7-43　$p=0.64$ 时三种控制方式不同运行点 U_{AB}、U_{CD} 和 i_L 仿真波形

图 7-44 所示为传输功率 $p=0.88$ 时不同控制方法下输出电压 U_{AB}、U_{CD} 和电感电流 i_L 仿真波形。对于 $p>2/3$ 的工况，最小无功功率控制下 DAB 仍存在无功功率，相比于单移相控制和同步三移相控制，无功功率有所减小。在轻载时优化效果比较明显。在实际应用中，DAB 需要具备一定的过负荷能力，因此 DAB 实际传输功率一般低于理论最大可输出功率 P_N。

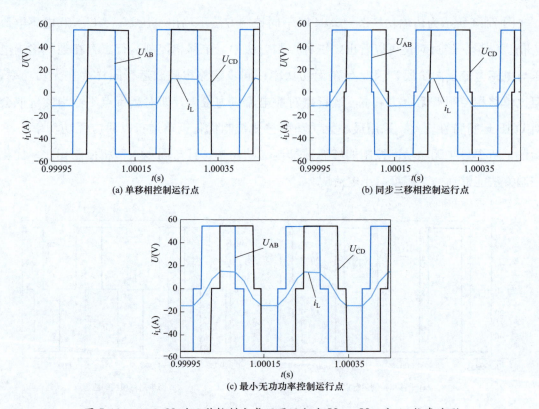

(a) 单移相控制运行点　　　　　　　　　(b) 同步三移相控制运行点

(c) 最小无功功率控制运行点

图 7-44　$p=0.88$ 时三种控制方式不同运行点 U_{AB}、U_{CD} 和 i_L 仿真波形

第 8 章

电力电子装置中的控制技术

电力电子技术是指通过功率半导体器件实现对电能的高效率变换与控制，或是指对电机运动实现精密控制。为了使电力电子系统达到所需的动态和静态指标，需要引入反馈控制。自动控制理论是进行反馈控制的有效工具，其中控制器或补偿网络设计的主要方法有频域法和根轨迹法，两者均适用于线性系统的分析。电力电子装置中包含功率开关器件或二极管等非线性器件，因此电力电子系统是一个非线性系统，但在研究其在某一稳态工作点附近的动态特性，或研究其控制带宽频域范围内特性时，仍可以把其作为线性系统来等效。本章将介绍控制系统中主要调节器的原理、VSC 变流器中常用的矢量控制和直接功率控制策略。

8.1 电力电子装置中的主要控制器类型及稳定性分析

电力电子装置需要满足静态指标和动态指标，如开关电源、逆变电源、UPS 等通常要满足电源调整率、负载调整率、输出电压精度、纹波、动态性能、变换效率、功率密度、均流程度、功率因数、EMC 等指标要求。这些技术指标可以分为两类：一类与主回路拓扑结构、磁性元件设计、热特性、器件选择、驱动电路设计等有关；另一类主要由控制系统决定。故控制系统设计与主电路设计同等重要，控制系统对保证系统静态、动态性能指标，提高系统总体性能发挥着重要作用。

8.1.1 电力电子装置建模

电力电子装置控制系统的设计主要包括控制环路架构设计和控制参数设计。如图 8-1 所示，电力电子装置反馈控制系统通常由功率变换电路、滤波器、PWM 调制、反馈控制单元构成。要进行反馈控制设计，首先要了解被控对象的动态模型。在经典自动控制原理中，需要获得电力电子变流器和 PWM 调制器的传递函数，之后利用频域法或根轨迹方法来设计反馈控制网络。

以降压斩波电路（BUCK 电路）为例，其电路拓扑结构如图 8-2 所示。

对滤波电感和电容建立状态方程，表示为

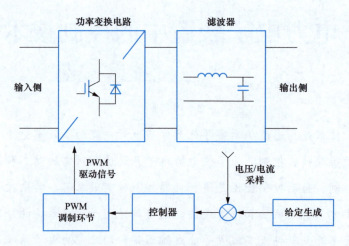

图 8-1　电力电子装置反馈控制系统

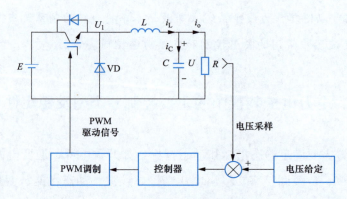

图 8-2　降压斩波电路拓扑图

$$L\ \frac{\mathrm{d}i_{\mathrm{L}}}{\mathrm{d}t}=U_1-U \tag{8-1}$$

$$C\ \frac{\mathrm{d}U}{\mathrm{d}t}=i_{\mathrm{L}}-i_{\mathrm{o}} \tag{8-2}$$

从而可得滤波器传递函数为

$$G_{\mathrm{F}}(s)=\frac{U}{U_1}=\frac{1}{LCs^2+1} \tag{8-3}$$

电感左端电压 U_1 根据降压斩波电路工作原理，其状态空间平均表达式为

$$U_1=ED \tag{8-4}$$

式中：D 为占空比。

PWM 调制环节，根据状态空间平均模型表达式，可简化为比例环节，其系数 K 为

$$K=\frac{1}{U_{\mathrm{tri}}} \tag{8-5}$$

其中，U_{tri} 为三角载波幅值，当三角载波幅值为 1 时，调制环节等效为 1，则最终可得 BUCK 斩波电路的传递函数为

$$G(s) = \frac{E}{U_{tri}} \frac{1}{LCs^2+1} G_C(s) \tag{8-6}$$

其中，E 为调节器输出调制波，$G_C(s)$ 为控制器传递函数，从而可得 BUCK 斩波电路单电压环控制下的传递函数，进而根据波特图和根轨迹可分析评估系统的动态响应特性和稳定裕度。

8.1.2　电力电子装置的控制器类型

电力电子装置闭环控制系统中的调节器（也称为控制器），其特性在很大程度上影响电力电子装置的动态特性，常规的控制器有比例积分（PI）调节器、比例谐振（PR）调节器、准比例谐振（QPR）控制器等。

（1）比例积分（PI）控制。PI 控制器的数学表达式可以表示为

$$G_{PI}(s) = K_p + \frac{K_i}{s} \tag{8-7}$$

式中：K_p 表示比例系数；K_i 表示积分系数。

比例环节 K_p 的作用是对偏差做出快速的反应，来减小信号偏差。当 K_p 增大时，系统的响应速度会加快，但是闭环系统的超调量也会增大。K_p 也存在限值，超过限值时，系统就会不稳定。

积分环节 K_i 用来消除系统的静态误差。当系统输出含有误差时，积分环节能够使得静态误差不断地积累，系统不断调整输出控制量以减小静态误差，直到静态误差为 0。

在图 8-3 中画出了 PI 控制器的伯德图。从图中可看出，PI 控制器对低频信号的增益较大，使得系统能够消除低频稳态误差。然而 PI 控制器也存在无法克服的缺点，从数学本质上讲，由于 PI 控制未引入角速度的条件，所以无法实现对正弦信号的无静差跟踪。所以通常需要将三相交流系统中的交变控制量转化为两相同步旋转坐标系（dq坐标系）中的直流量后，再进行 PI 控制。

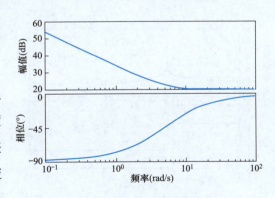

图 8-3　PI 控制器伯德图

（2）比例谐振（PR）控制。为了直接实现对正弦信号的无静差控制，根据内模原理，需要在开环传递函数中加入正弦信号的 s 域模型。sin 和 cos 为正弦信号的两种表现形式，正弦信号的 s 域模型可以由以下两个对应的传递函数表示：

$$G_1(s) = \frac{s}{s^2 + w^2} \tag{8-8}$$

$$G_2(s) = \frac{w}{s^2 + w^2} \tag{8-9}$$

为了对两种传递函数的特性进行比较，通过 MATLAB 画出以上两个控制器传递函数的伯德图，如图 8-4 所示。图中，ω 取的是 50Hz，传递函数在 50Hz 频率附近增益均为无穷大，因而均可实现特定频率正弦信号的无静差控制。从稳定性的角度进行分析，$G_1(s)$ 相角的变化范围是 $90°\sim-90°$，$G_2(s)$ 相角的变化范围是 $0°\sim180°$，式中 $G_1(s)$ 传递函数更有利于系统的稳定性，式（8-9）中 $G_2(s)$ 传递函数则会使系统的相角裕度不足，易引起振荡。因此在实际的 PR 控制器设计时，采用第一种传递函数，即 sin 正弦信号所对应的传递函数。

PR 控制器的数学表达式可以表示为

$$G_{\text{PR}}(s) = K_{\text{p}} + \frac{2K_{\text{r}}s}{s^2 + w^2} \tag{8-10}$$

式中：K_{p} 表示比例系数；K_{r} 表示谐振系数。

相比于 PI 控制，PR 控制引入了一个角频率 ω，使得其能够跟踪特定频率的信号，达到无静差控制的目的。

图 8-5 是 PR 控制器的伯德图，可知 PR 控制器在指定频率处能够获得无穷大的增益，但在指定频率附近，增益发生较大幅度的衰减。由于在实际的电力系统中，电网电压的频率在一定范围内波动，不是唯一固定的，所以 PR 控制器无法克服交流电网频率的偏移带来的增益衰减，因而不能消除系统稳态误差。

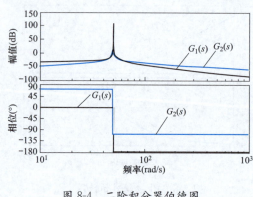

图 8-4 二阶积分器伯德图

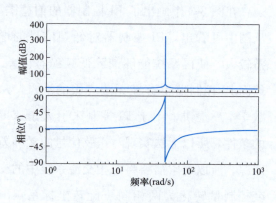

图 8-5 PR 控制器伯德图

从式（8-10）中能够看到，PR 控制器性能主要由 K_{p} 和 K_{r} 两个系数得到，通过波特图，能得到 K_{p} 和 K_{i} 单独变化时 PR 控制器控制性能的变化情况。如图 8-6 和图 8-7 所示，当参数 K_{p} 增大时，系统的幅频特性曲线虽然整体有上移趋势，但是其在特定频率附近的增益仍然大幅衰减；当参数 K_r 增大时，系统的幅频特性曲线在特定频率附近的增益有所增加，但是增加幅度较小，无法消除 PR 控制在谐振频率偏移时无法起到作用的缺陷。如果无限制地增大两个参数，当其超过某一临界值时，会使系统失稳。在实际应用中，由于电力电子器件性能的限制以及数字控制器的控制精度的问题，PR 控制器在实际中并未实现广泛应用。

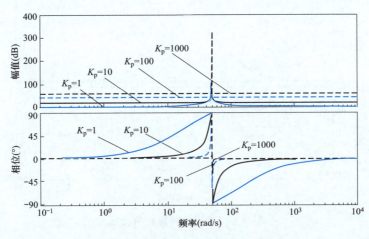

图 8-6　PR 控制器不同 K_p 下的伯德图

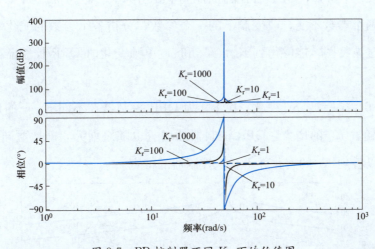

图 8-7　PR 控制器不同 K_r 下的伯德图

（3）准比例谐振（QPR）控制。准比例谐振控制（quasi proportion resonant，QPR）能够在继承 PR 控制优点的基础上，改善 PR 控制无法解决频率偏移影响的缺点，且实现简单，其传递函数为

$$G_{QPR}(s) = K_p + \frac{2K_r w_c s}{s^2 + 2w_c s + w^2} \tag{8-11}$$

式中：K_p 表示比例系数；K_r 表示谐振系数；ω_c 为截止频率。

QPR 控制器的伯德图如图 8-8 所示。从图中可以看到，QPR 控制除了于指定频率处获得一个较大的增益之外，在指定频率附近也具有足够大的增益，这就保证了 QPR 控制器在频率变化时，仍能保持良好的性能，克服了 QPR 控制器的不足，增大了系统带宽，在电流环的控制中具有更好的暂态和稳态性能。

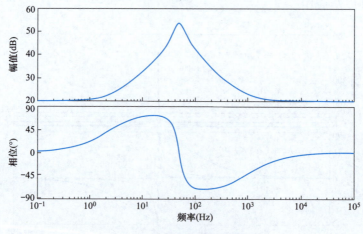

图 8-8　QPR 控制器的伯德图

从式（8-11）中可知，QPR 控制器的性能主要由 K_p、K_i 和 ω_c 三个参数决定，可以通过控制其中两个参数不变，改变剩下的一个参数，分析各个参数的变化对整体控制性能的影响。通过波特图，能够得到 K_p、K_r 和 ω_c 单独变化时 QPR 控制器控制性能的变化情况。

保持 $K_p=0$、$\omega_c=1$，K_r 变化，图 8-9 为 QPR 控制器在不同 K_r 下的伯德图。从图中可以看出，随着 K_r 的增大，QPR 控制器的增益也随之增大，即增益同 K_r 的值成正比；同时也可以看到 K_r 的变化并不影响控制器的带宽。

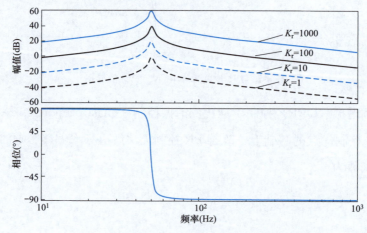

图 8-9　QPR 控制器在不同 K_r 下的伯德图

保持 $K_p=0$，$K_r=1$，ω_c 变化，图 8-10 为 QPR 控制器在不同 ω_c 下的伯德图。可以看到，随着 ω_c 的增大，系统的带宽也随之变大，即 ω_c 与带宽成正比；系统的增益也会随着 ω_c 的增大而变大，但是峰值增益不变。

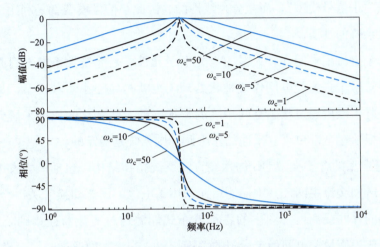

图 8-10　QPR 控制器在不同 ω_c 下的伯德图

保持 $K_r=100$，$\omega_c=10$，K_p 变化，图 8-11 为 QPR 控制器不同 K_p 下的伯德图。从图中可以看到随着 K_p 值的增大，频带以外的值也一并增大，但是所设定的基准频率处的增益基本保持不变。

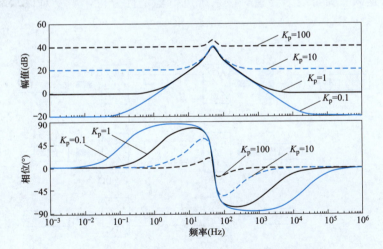

图 8-11　QPR 控制器在不同 K_p 下的伯德图

在设计一个适用于系统的准 PR 控制器时，需要根据各个参数所对应的特性，如带宽、峰值增益、比例增益等进行综合考虑，使得控制器达到最优的控制性能。

8.1.3　控制系统的稳定性分析

由自动控制理论可知，非线性系统的分析是非常困难的，因此可以通过建立小信号模型的手段把一个非线性系统处理为一个线性系统，达到简化分析的目的。下面所建的小信号模型都是建立在稳态工作点上的，也就是说，常见的小信号参数都是在稳态工作点处求得的微分，由于微分是在稳态工作点附近很小的范围内才满足的，所以要求输入信号很小，即"小信号模型"，而微分是线性的，因此小信号模型就是利用线性方程来近似计算非线性系统的性质。

例如，一个直流配电网含有大量的电力电子元件，是非线性系统，因此要想分析其稳定性，需要对整个直流配电网作线性化处理，也就是建立小信号模型，从而得到系统的状态空间矩阵，然后通过状态空间矩阵的特征根随参数变化的轨迹来研究系统的稳定性，如果特征根轨迹全部位于复平面的左半侧，则系统是稳定的。

图 8-12 是典型的含多类型 DG 的六端直流系统拓扑结构，包括风力发电、光伏、储能、交直流负载和交流主网，其中储能单元采用蓄电池，固态切换开关（SSTS）用以实现直流配电网的并网或离网。图中的各种分布式能源通过变流器连接到公共直流母线，直流母线电压成为衡量配电网稳定运行的关键指标。交流主网通过联网变流器 G-VSC 与直流母线相连，通常情况下新能源发电单元处于最大功率跟踪状态。根据额定电压的大小，直流负载可以直接接入直流母线，也可以经升压或降压斩波变流器 L-DC 连入直流母线，而交流负载先连接逆变器 L-VSC 再连入直流母线。储能单元蓄电池经升降压斩波变流器 B-DC 连入直流母线。要想对该系统进行稳定性分析，需要对该六端直流系统进行小信号建模。

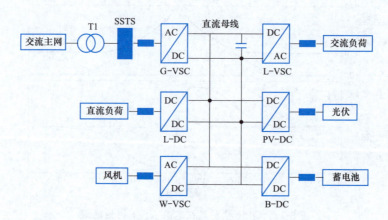

图 8-12　含多类型 DG 的直流电网的拓扑结构图

控制系统的稳定性分析步骤如下（以图 8-12 所示的直流系统为例）：

（1）建立整个控制系统的小信号模型；

（2）建立联网变流器 G-VSC 的小信号模型；

（3）建立储能变流器 B-DC 的小信号模型；

（4）建立整个直流配电网的小信号模型。

为了简化分析，可以将风机和光伏两端合并为新能源发电单元，将直流负荷和交流负荷合并为一端，不计线路的阻抗，且配电网各端连接到公共直流母线，直流配电网简化后的拓扑结构如图 8-13 所示。图 8-14 是直流配电网的电流关系图，通过基尔霍夫电流定律（KCL），可以将简化后的四端系统联系起来，可列写出关于直流母线电压的微分方程为

$$C_{dc}\frac{\mathrm{d}u_{dc}}{\mathrm{d}t} = I_{dc\_G} + I_{dc\_E} + I_{dc\_NE} - I_{dc\_L} \tag{8-12}$$

式中：C_{dc} 表示直流母线电容，I_{dc_G}、I_{dc_E}、I_{dc_NE}、I_{dc_L} 分别代表交流电网、储能单元、新能源发电单元以及负荷单元的直流侧电流的大小，且均以流入直流母线为正。

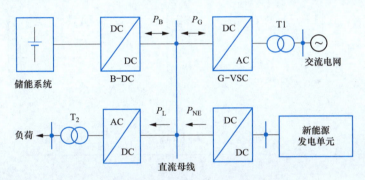

图 8-13　直流配电网简化后的拓扑结构

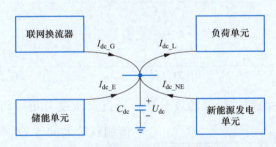

图 8-14　直流配电网电流关系图

上述各个电流可进一步表示为

$$\begin{cases} I_{dc\_G} = 3(M_d i_d + M_q i_q)/2 \\ I_{dc\_E} = (1-D)i_E \\ I_{dc\_NE} = P_{NE}/u_{dc} \\ I_{dc\_L} = P_L/u_{dc} \end{cases} \tag{8-13}$$

对式（8-12）在稳态值附近进行线性化处理，便可得到图 8-12 所示的整个六端直流配电网的小信号模型，即整个系统的状态空间矩阵为

$$\frac{\mathrm{d}\Delta\boldsymbol{x}}{\mathrm{d}t}=\boldsymbol{A}_{\mathrm{sys}}\Delta\boldsymbol{x} \tag{8-14}$$

式中 $\Delta\boldsymbol{x}=[\Delta\boldsymbol{x}_{\mathrm{G}},\ \Delta\boldsymbol{x}_{\mathrm{E}},\ \Delta\boldsymbol{y}]^{\mathrm{T}}$；系数矩阵 $\boldsymbol{A}_{\mathrm{sys}}$ 为

$$\boldsymbol{A}_{\mathrm{sys}}=\begin{bmatrix} \boldsymbol{A}_{\mathrm{G}} & 0 & \boldsymbol{B}_{\mathrm{G}} \\ 0 & \boldsymbol{A}_{\mathrm{E}} & \boldsymbol{B}_{\mathrm{E}} \\ \boldsymbol{A}_{\mathrm{G0}} & \boldsymbol{A}_{\mathrm{E0}} & \boldsymbol{A}_{\mathrm{dl}} \end{bmatrix} \tag{8-15}$$

其中

$$\boldsymbol{A}_{\mathrm{G0}}=\begin{bmatrix} \dfrac{3(M_{\mathrm{d0}}-G_{\mathrm{dP}}i_{\mathrm{d0}})}{2C_{\mathrm{dc}}} & \dfrac{3(M_{\mathrm{q0}}-G_{\mathrm{qP}}i_{\mathrm{q0}})}{2C_{\mathrm{dc}}} & \dfrac{3i_{\mathrm{d0}}}{2C_{\mathrm{dc}}} & \dfrac{3i_{\mathrm{q0}}}{2C_{\mathrm{dc}}} \\ 0 & 0 & 0 & 0 \end{bmatrix}$$

$$\boldsymbol{A}_{\mathrm{E0}}=\begin{bmatrix} \dfrac{1-D_0+G_{\mathrm{EP}}i_{\mathrm{E0}}}{C_{\mathrm{dc}}} & -\dfrac{i_{\mathrm{E0}}}{C_{\mathrm{dc}}} \\ 0 & 0 \end{bmatrix},\quad \boldsymbol{A}_{\mathrm{dl}}=\begin{bmatrix} A_{\mathrm{dl\_11}} & A_{\mathrm{dl\_12}} \\ 1 & -\dfrac{1}{T} \end{bmatrix}$$

其中

$$A_{\mathrm{dl\_11}}=-\frac{3G_{\mathrm{dP}}U_{\mathrm{dc\_G}}^{*}\left[k_1k_2\left(u_{\mathrm{dc0}}-\dfrac{\delta u_{\mathrm{dc0}}}{T}\right)^{k_2}+\alpha\right]i_{\mathrm{d0}}}{2C_{\mathrm{dc}}}- \tag{8-16}$$

$$\frac{3G_{\mathrm{dP}}k_{\mathrm{G}}i_{\mathrm{d0}}}{2C_{\mathrm{dc}}}+\frac{G_{\mathrm{EP}}i_{\mathrm{E0}}k_{\mathrm{E}}}{C_{\mathrm{dc}}}-\frac{P_{\mathrm{NE}}}{C_{\mathrm{dc}}u_{\mathrm{dc0}}^2}+\frac{P_{\mathrm{L}}}{C_{\mathrm{dc}}u_{\mathrm{dc0}}^2}$$

$$A_{\mathrm{dl\_12}}=\frac{3G_{\mathrm{dP}}U_{\mathrm{dc\_G}}^{*}k_1k_2\left(u_{\mathrm{dc0}}-\dfrac{\delta U_{\mathrm{dc0}}}{T}\right)^{k_2}i_{\mathrm{d0}}}{2C_{\mathrm{dc}}T}+\frac{3G_{\mathrm{dP}}U_{\mathrm{dc\_G}}^{*}\alpha i_{\mathrm{d0}}}{2C_{\mathrm{dc}}T} \tag{8-17}$$

对控制系统的相关参数进行灵敏度分析，通过灵敏度分析可得到控制系统中灵敏度值相对较大的参数，即找到对系统稳定性影响较大的关键参数。

通过所建立的状态空间矩阵的特征根随关键参数变化的轨迹来研究系统的稳定性，如图 8-15 所示，通过绘制根轨迹的方法揭示控制系统中关键参数的变化对系统稳定性的影响规律，如果特征根轨迹全部位于复平面的左半侧，则系统是稳定的，如果特征根出现在了复平面的右半侧，则

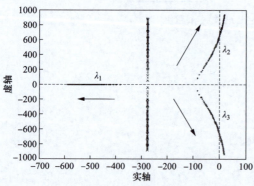

图 8-15　系统根轨迹平面图

系统不稳定。根据特征根所处位置与横轴的夹角关系，可判断系统的阻尼比。根据特征根所处实轴分量距离虚轴的远近可判断系统的动态响应速度，进而可评估系统多方面的动态和稳态特性。

8.2 VSC 变流器的矢量控制

DC/AC 变流器是一种将直流电转化为交流电的装置，广泛应用于新能源发电并网、电机控制等场合。DC/AC 变流器应用广泛，种类众多，其分类方法有多种，按输出相位数分为单相、三相、多相；按交流侧是否连接电网可分为有源逆变器、无源逆变器；按直流电源的性质分为电压源型逆变器、电流源型逆变器。三相电压型 DC/AC 变流器应用广泛，本节以其为对象进行阐述。

8.2.1 VSC 变流器建模分析

典型三相两电平 DC/AC 变流器主电路和控制电路如图 8-16 所示。主电路采用三相桥式结构，各开关器件和一个二极管反并联构成不对称双向开关，使能量可以双向流动，滤波环节采用低通滤波器。

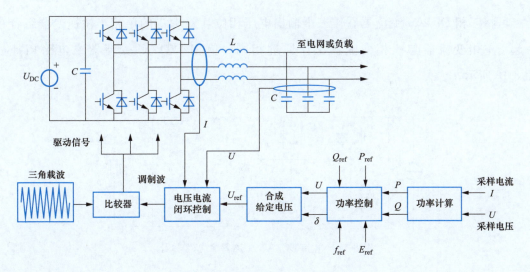

图 8-16 三相电压型逆变器拓扑图

控制回路采集逆变器输出的电感电流和电容电压作为控制的动态输入量，经计算得到逆变器输出的有功和无功功率，经过功率控制环节，根据上层调度需求和设定的稳态工作点（给定的功率及电压幅值和频率），合成给定电压，再经过电压电流双闭环系统最终得到调制波信号。控制环节通常将反馈的电压、电流信号经过坐标变换，将静止坐标系下的交流信号转化为旋转坐标系下的直流量，以便于采用 PI 调节器进行控制，改善动态性能，消除稳态误差。最终得到调制波的波形和三角载波比较，得到三相桥臂的驱动信号。

当主电路中的开关器件通以正弦规律变化的脉宽驱动信号时，交流侧就可得到三相正弦电压。原理如图 8-17 所示，调制波与三角载波相互比较，产生方波驱动信号，驱动不同桥臂的开关管，每相桥臂的两个开关管互相取反，预留死区，即得到基波为正弦的 PWM 波形，经过 LC 滤波最终可得标准的正弦电压。三相桥臂之间正弦调制波信号相差 120°即可产生三相交流电压。通过改变调制波的幅值和频率，来调节逆变器输出三相电压的幅值和频率。

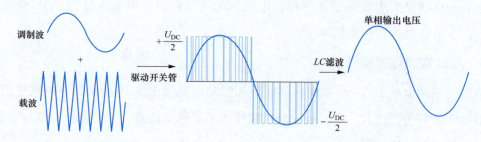

图 8-17　单个开关器件电源周期内的 PWM 驱动波形

可将三相 DC/AC 变流器看作三个输出电压相位互差 120°的单相半桥逆变器组合在一起。单相变流器与三相变流器工作原理相同，单相 DC/AC 变流器主电路拓扑如图 8-18 所示。

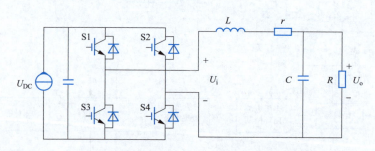

图 8-18　单相 DC/AC 变流器主电路拓扑

独立带电阻负载时，设 S 为开关函数，如式（8-18）所示，U_i 的表达式如式（8-19）所示。

$$S = \begin{cases} 1 \rightarrow \text{S1、S4 导通时} \\ 0 \rightarrow \text{S2、S3 导通时} \end{cases} \tag{8-18}$$

$$U_i = U_{DC}(2S-1) \tag{8-19}$$

双极性 SPWM 控制方式占空比 $D(t)$ 为

$$D(t) = \frac{1}{2}\left(1 + \frac{U_{\text{ref}}}{U_{\text{tri}}}\right) \tag{8-20}$$

式中：U_{tri} 为调制波的幅值；U_{ref} 为三角载波的幅值。

开关函数 S 的平均值为

$$\langle S \rangle_{T_S} = D(t) \tag{8-21}$$

从而可得

$$U_{\text{i}} = U_{\text{DC}}(2\langle S \rangle T_S - 1) \tag{8-22}$$

$$U_{\text{i}} = U_{\text{DC}}\frac{U_{\text{ref}}}{U_{\text{tri}}} \tag{8-23}$$

由主电路结构图可得

$$\frac{U_{\text{o}}}{U_{\text{i}}} = \frac{\dfrac{RC_{\text{s}}}{R + C_{\text{s}}}}{\dfrac{RC_{\text{s}}}{R + C_{\text{s}}} + L_{\text{s}} + r} = \frac{1}{LC_{\text{s}}^2 + \left(\dfrac{L}{R} + rC\right)s + 1 + \dfrac{r}{R}} \tag{8-24}$$

当忽略电感阻抗时，主电路开环传函为式（8-25），等效框图如图 8-19 所示。

$$G_{\text{o}}(s) = \frac{U_{\text{o}}(s)}{U_{\text{ref}}} = \frac{U_{\text{DC}}}{U_{\text{tri}}}\frac{1}{LC_{\text{s}}^2 + \dfrac{L}{R}s + 1} \tag{8-25}$$

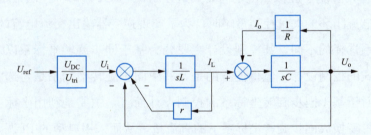

图 8-19　DC/AC 变流器主电路等效框图

当 DC/AC 变流器交流侧连接电网时，拓扑如图 8-20 所示，等效的系统框图如图 8-21 所示。

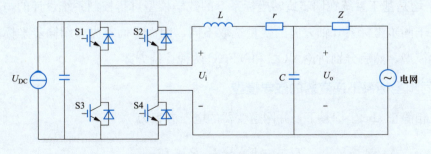

图 8-20　逆变器并网拓扑

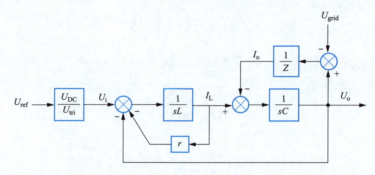

图 8-21　DC/AC 变流器并网时系统框图

并网时，若以输出电流为最终输出量，由图可推导出，并网电流的表达式为

$$I_o(S) = \frac{1}{LCZs^2 + (L + rCZ)s + 1 + r} U_{DC} \frac{U_{ref}}{U_{tri}} +$$

$$\frac{s^2 LC + SCr + 1}{LCZs^2 + (L + rCZ)s + 1 + r} U_{grid}(s) \tag{8-26}$$

从上式中可以看出，并网时输出电流不仅与输入电压有关，还与电网电压有关。

8.2.2　基于电流闭环的矢量控制策略

基于电流闭环的矢量控制策略按其矢量定向的不同，主要分为基于电网电压定向的矢量控制（VOC）和基于虚拟磁链定向的矢量控制（VFOC）两种控制策略。

采用基于电流闭环的矢量控制策略时，为了实现逆变器输出交流电流的无静差控制，根据参考坐标系选择的不同，其控制设计主要分为基于同步旋转坐标系以及基于静止坐标系的两种方式的控制设计。值得注意的是，其中同步旋转坐标系是与选定的定向矢量同步旋转的。对于基于同步旋转坐标系的控制设计而言，主要是利用坐标变换将静止坐标系中的交流量变换成同步旋转坐标系下的直流量，从而采用典型的 PI 调节器设计即可实现交流电流的无静差控制；而对于基于静止坐标系的控制设计而言，采用典型的 PI 调节器设计则无法实现交流电流的无静差控制，可采用比例谐振（PR）调节器。

由于基于电网电压定向的矢量控制（VOC）和基于虚拟磁链定向的矢量控制（VFOC）均是基于系统在同步旋转坐标系下的数学模型进行控制系统设计的，其主要不同只是在于同步坐标系 d 轴方向的变量选取不同，因而下面首先介绍同步坐标系下逆变器的数学模型，然后分别讨论 VOC 和 VFOC 两种控制方案。

8.2.3　同步坐标系下逆变器的数学模型

在三相静止 abc 坐标系下，并网逆变器的电压方程为

$$U_{iabc} - E_{abc} = I_{abc}R + L \frac{dI_{abc}}{dt} \tag{8-27}$$

其中，令矢量 $\boldsymbol{X}_{\mathrm{abc}} = (x_{\mathrm{a}}, x_{\mathrm{b}}, x_{\mathrm{c}})^{\mathrm{T}}$，$x$ 表示相应的物理量，下标表示 abc 坐标系中各相的变量，而 $\boldsymbol{X}_{\mathrm{abc}} \in (\boldsymbol{E}_{\mathrm{abc}}、\boldsymbol{U}_{\mathrm{iabc}}、\boldsymbol{I}_{\mathrm{abc}})$。

当只考虑三相平衡系统时，系统只有两个自由度，即三相系统可以简化成两相系统，因此可将三相静止 abc 坐标系下的数学模型变换成两相垂直静止 αβ 坐标系下的模型，即

$$\boldsymbol{X}_{\beta\alpha} = \boldsymbol{T} X_{\mathrm{abc}} \tag{8-28}$$

式中：$\boldsymbol{T}$ 为变换矩阵，$\boldsymbol{T} = \dfrac{2}{3}\begin{pmatrix} 1 & -\dfrac{1}{2} & -\dfrac{1}{2} \\ 0 & \dfrac{\sqrt{3}}{2} & -\dfrac{\sqrt{3}}{2} \end{pmatrix}$；$\boldsymbol{X}_{\beta\alpha}$ 为矢量，$\boldsymbol{X}_{\beta\alpha} = (x_{\beta}, x_{\alpha})^{\mathrm{T}}$。

相应的逆变换可表示为 $\boldsymbol{X}_{\mathrm{abc}} = \boldsymbol{T}^{-1}\boldsymbol{X}_{\beta\alpha}$，将其代入式（8-27）并化简得

$$\boldsymbol{U}_{\mathrm{i}\beta\alpha} - \boldsymbol{E}_{\beta\alpha} = \boldsymbol{I}_{\beta\alpha}R + L\frac{\mathrm{d}\boldsymbol{I}_{\beta\alpha}}{\mathrm{d}t} \tag{8-29}$$

再将两相静止 αβ 坐标系下的数学模型变换成同步旋转 dq 坐标系下的数学模型，即

$$\boldsymbol{X}_{\mathrm{qd}} = \boldsymbol{T}(\theta)\boldsymbol{X}_{\beta\alpha} \tag{8-30}$$

式中：$\boldsymbol{T}(\theta)$ 为变换矩阵，$\boldsymbol{T}(\theta) = \begin{pmatrix} \cos\theta & \sin\theta \\ -\sin\theta & \cos\theta \end{pmatrix}$；$\boldsymbol{X}_{\mathrm{qd}}$ 为矢量，$\boldsymbol{X}_{\mathrm{qd}} = (x_{\mathrm{q}}, x_{\mathrm{d}})^{\mathrm{T}}$。

联立式（8-29）和式（8-30）并进行相应的数学变换可得

$$\boldsymbol{U}_{\mathrm{iqd}} - \boldsymbol{E}_{\mathrm{qd}} = L\begin{pmatrix} 0 & \omega_0 \\ -\omega_0 & 0 \end{pmatrix}\boldsymbol{I}_{\mathrm{qd}} + L\frac{\mathrm{d}\boldsymbol{I}_{\mathrm{qd}}}{\mathrm{d}t} + \boldsymbol{I}_{\mathrm{qd}}R \tag{8-31}$$

式中：ω_0 为同步旋转角频率，且 $\omega_0 = \mathrm{d}\theta/\mathrm{d}t$。

在零初始状态下，对式（8-31）进行拉氏变换，可得到系统在同步旋转 dq 坐标系下逆变器频域的数学模型为

$$\begin{cases} U_{\mathrm{q}}(s) - E_{\mathrm{q}}(s) - L\omega_0 I_{\mathrm{d}}(s) = (sL + R)I_{\mathrm{q}}(s) \\ U_{\mathrm{d}}(s) - E_{\mathrm{d}}(s) - L\omega_0 I_{\mathrm{q}}(s) = (sL + R)I_{\mathrm{d}}(s) \end{cases} \tag{8-32}$$

与式（8-32）相对应的模型结构如图 8-22 所示。

从图 8-23（a）可以看出，在 dq 坐标系中，逆变器的数学模型在 d、q 轴间存在耦合。为了实现 d、q 轴的解耦控制，通常可以采用前馈解耦策略，如图 8-23 所示，即在逆变器输出交流电压中分别引入前馈量 $+L\omega_0 I_{\mathrm{d}}(s)$ 和 $-L\omega_0 I_{\mathrm{q}}(s)$，使其与图 8-22 模型中的耦合项 $-L\omega_0 I_{\mathrm{d}}(s)$ 和 $+L\omega_0 I_{\mathrm{q}}(s)$ 分别进行对消，从

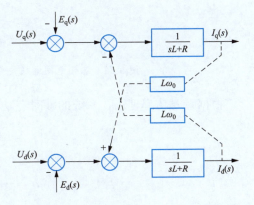

图 8-22　系统在同步坐标系下的模型

而实现了 d、q 轴间的解耦，解耦后的系统模型转化为相互独立且完全对等的两部分，如图 8-23（b）所示。前馈解耦等效为开环解耦方案，其控制简单且不影响系统稳定性，然而这种前馈解耦的性能取决于系统参数，因而难以实现完全的解耦，实际上，前馈解耦是一种削弱耦合的补偿控制。

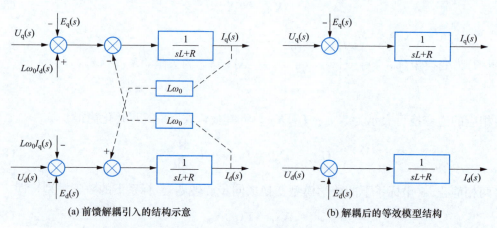

(a) 前馈解耦引入的结构示意　　　　　　　(b) 解耦后的等效模型结构

图 8-23　引入前馈解耦的模型结构

8.2.4　基于电网电压定向的矢量控制（VOC）

若同步旋转坐标系与电网电压矢量 E 同步旋转，且同步旋转坐标系的 d 轴与电网电压矢量 E 重合，则称该同步旋转坐标系为基于电网电压矢量定向的同步旋转坐标系。而基于电网电压定向的并网逆变器输出电流矢量图如图 8-24 所示。在电网电压定向的同步旋转坐标系中，有 $e_d = |E|$，$e_q = 0$。

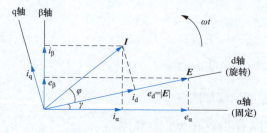

图 8-24　基于电网电压定向的矢量控制（VOC）系统矢量图

根据瞬时功率理论，系统的瞬时有功功率 p、无功功率 q 分别为

$$\begin{cases} p = \dfrac{3}{2}(e_d i_d + e_q i_q) \\ q = \dfrac{3}{2}(e_d i_q - e_q i_d) \end{cases} \tag{8-33}$$

由于基于电网电压定向时，$e_q = 0$，则式（8-33）可简化为

$$\begin{cases} p = \dfrac{3}{2}e_d i_d \\[2mm] q = \dfrac{3}{2}e_d i_q \end{cases} \qquad (8\text{-}34)$$

若不考虑电网电压的波动，即 e_d 为一定值，则由式（8-34）表示的并网逆变器的瞬时有功功率 p 和无功功率 q 仅与并网逆变器输出电流的 d、q 轴分量 i_d、i_q 成正比。这表明，如果电网电压不变，则通过 i_d、i_q 的控制就可以分别控制并网逆变器的有功、无功功率。

在逆变器中，直流侧输入有功功率的瞬时值为 $p = i_{dc}u_{dc}$，若不考虑逆变器的损耗，则由式（8-34）可知，$i_{dc}u_{dc} = p = \dfrac{3}{2}e_d i_d$。当电网电压不变且忽略逆变器损耗时，逆变器的直流侧电压 u_{dc} 与逆变器输出电流的 d 轴分量 i_d 成正比，而逆变器的有功功率 p 又与 i_d 成正比，因此逆变器直流侧电压 u_{dc} 的控制可通过有功功率 p 即 i_d 的控制来实现。

基于电网电压定向的逆变器的控制结构如图 8-25 所示。控制系统由直流电压外环和有功、无功电流内环组成。直流电压外环的作用是稳定或调节直流电压。引入直流电压反馈并通过 PI 调节器可实现直流电压的无静差控制。由于直流电压的控制可通过 d 轴电流 i_d 的控制来实现，因此直流电压外环 PI 调节器的输出量即为有功电流内环的电流参考值 i_d^*，从而对逆变器输出的有功功率进行调节。无功电流内环的电流参考值 i_q^* 根据需向电网输送的无功功率参考值 q^*（由 $q^* = e_d i_q^*$ 运算）而得，当令 $i_q^* = 0$ 时，逆变器运行于单位功率因数状态，即仅向电网输送有功功率。

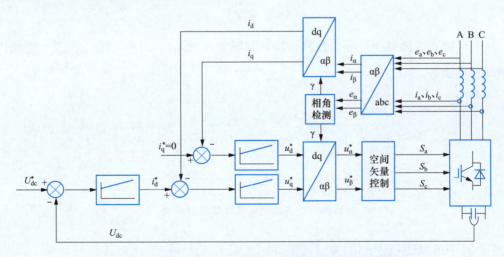

图 8-25　基于电压定向的矢量控制系统（VOC）示意图

电流内环是在 dq 坐标系中实现控制的，即逆变器输出电流的检测值 i_a、i_b、i_c 经过

abc/αβ/dq 的坐标系变换转换为同步旋转 dq 坐标系下的直流量 i_d、i_q，将其与电流内环的电流参考值 i_d^*、i_q^* 进行比较，并通过相应的 PI 调节器控制分别实现对 i_d、i_q 的无静差控制。电流内环 PI 调节器的输出信号经过 dq/αβ 逆变换后，即可通过正弦脉宽调制（SPWM）或空间矢量脉宽调制（SVPWM）得到逆变器相应的开关驱动信号 S_a、S_b、S_c，从而实现逆变器的并网控制。

采用电网电压的前馈控制可补偿电网电压变化对系统控制的影响，解耦后的 i_d 电流内环控制结构如图 8-26 所示（i_q 电流环与 i_d 电流环相同）。当开关频率足够高时，其逆变桥的放大特性可由比例增益 K_{PWM} 近似表示。

图 8-26　电流内环控制结构

逆变器的直流电压是通过逆变器的有功功率 p 即有功电流 i_d 进行控制的，由电路原理可得 $C\dfrac{\mathrm{d}u_{dc}}{\mathrm{d}t}=i_c$，$i_c=i_{dc}-i_d$。因此要构建并网逆变器的直流电压外环，关键在于求得电流内环的输出 i_d 与逆变桥直流输入电流 i_{dc} 之间的传递关系。由 $p=i_{dc}u_{dc}=\dfrac{3}{2}e_d i_d$，可得 $i_{dc}=\dfrac{3}{2}\dfrac{e_d i_d}{u_{dc}}$，若令稳态时 $u_{dc}=U_{DC}$，则

$$i_{dc}=\frac{3}{2}\frac{e_d i_d}{U_{DC}} \tag{8-35}$$

从而可得直流侧电压外环的控制结构，如图 8-27 所示。图中，$G_c(s)$ 表示电流内环的闭环传递函数。

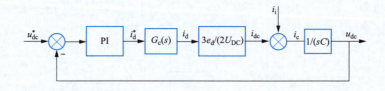

图 8-27　直流侧电压外环控制结构

8.2.5　基于虚拟磁链定向的矢量控制（VFOC）

基于虚拟磁链定向的矢量控制（VFOC）是在基于电网电压定向的矢量控制（VOC）基础上发展出来的，是对 VOC 方案的一种改进。VOC 方案的问题在于：当电网电压含

有谐波等干扰时，就会直接影响电网电压基波矢量相角的检测，从而影响 VOC 方案的矢量定向的准确性及控制性能，甚至使控制系统振荡。为抑制电网电压对矢量定向及控制性能的影响，应当寻求能克服电网电压谐波影响的定向矢量，即可考虑采用基于虚拟磁链定向的矢量控制（VFOC）。

虚拟磁链定向的基本出发点是将逆变器的交流侧（包括滤波环节和电网）等效成一个虚拟的交流电动机，如图 8-28 所示。其中，R_s、L 是该交流电动机的定子电阻和定子漏感，三相电网电压矢量 E 经过积分后所得的矢量 $\Psi=\int E \mathrm{d}t$ 为该虚拟交流电动机的气隙磁链 Ψ。显然，由于积分的低通滤波特性，可以有效克服电网电压谐波对磁链 Ψ 的影响，从而确保矢量定向的准确性。

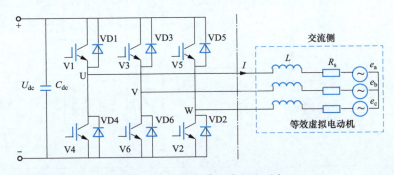

图 8-28　交流侧等效虚拟电动机

基于虚拟磁链定向的矢量控制（VFOC）的矢量图如图 8-29 所示，令磁链矢量 Ψ 与同步选择坐标系的 d 轴重合，由于虚拟磁链矢量 Ψ 比电网电压矢量 E 滞后 $90°$，因而当采用 VFOC 方案时，若控制逆变器运行于单位功率因数状态时，需满足：$e_\mathrm{d}=0$，$e_\mathrm{q}=|E|$ }，这样逆变器的输出瞬时功率即为

$$\begin{cases} p = e_\mathrm{q} i_\mathrm{q} \\ q = -e_\mathrm{q} i_\mathrm{d} \end{cases} \qquad (8\text{-}36)$$

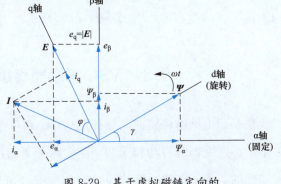

图 8-29　基于虚拟磁链定向的
矢量控制（VFOC）的矢量图

可见，通过控制与磁链矢量 Ψ 相重合的 d 轴电流分量 i_d 即可控制逆变器输出的无功功率，而控制与磁链矢量 Ψ 相垂直的 q 轴电流分量 i_q 即可控制逆变器输出的有功功率。显然，这与 VOC 方案中的 d、q 轴电流分量的有功、无功定义恰好相反。基于虚拟磁链定向的矢量控制（VFOC）的结构如图 8-30 所示，由于 VFOC 方案和 VOC 方案的被控对象没有改变，仅是定向矢量和 d、q 轴

变量性质有所不同，因而两者的控制结构是类似的。由于采用磁链矢量 $\boldsymbol{\Psi}$ 定向，其磁链矢量 $\boldsymbol{\Psi}$ 的位置角 γ 由 $\alpha\beta$ 坐标系下电网电压 α、β 轴分量 e_α、e_β 积分所得的磁链分量 Ψ_α 和 Ψ_β 计算而得，即

$$\begin{cases} \sin\gamma = \dfrac{\Psi_\beta}{\sqrt{\Psi_\alpha^2 + \Psi_\beta^2}} \\[3mm] \cos\gamma = \dfrac{\Psi_\alpha}{\sqrt{\Psi_\alpha^2 + \Psi_\beta^2}} \end{cases} \tag{8-37}$$

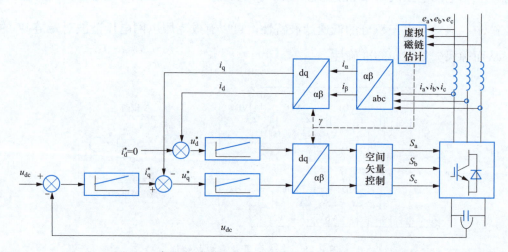

图 8-30　基于虚拟磁链定向的矢量控制（VFOC）的结构

值得注意的是，基于虚拟磁链定向的矢量控制须克服积分漂移问题，否则将同样影响矢量定向的准确度，本书不做详细介绍。

8.3　VSC 变流器直接功率控制（DPC）

在基于电网电压定向矢量控制 VOC 和基于虚拟磁链定向矢量控制 VFOC 两种控制策略中，逆变器的有功和无功功率实际上是通过 dq 坐标系中的相关电流的闭环控制来间接实现的。为了取得功率的快速控制响应，可以借鉴交流电动机驱动控制中的直接转矩控制（DTC）的基本思路，即采用直接功率控制（DPC）。与基于电流闭环的矢量定向控制不同，DPC 无须将功率变量换算成响应的电流变量来进行控制，而是将逆变器输出的瞬时有功功率和无功功率作为被控量进行功率的直接闭环控制。基本的控制思路是：首先对逆变器输出的有功功率、无功功率进行检测运算，再将其检测值与给定的瞬时功率的偏差送入两个相应的滞环比较器，根据滞环比较器的输出以及电网电压矢量位置的判

断运算，确定驱动功率开关管的开关状态。

根据 DPC 中定向矢量的不同，DPC 又可分为基于电压定向的直接功率控制（V-DPC）以及基于虚拟磁链定向的直接功率控制（VF-DPC）。与基于矢量定向的电流控制相同，VF-DPC 方案中，矢量定向的准确性对电网谐波不敏感。

与基于矢量定向的电流控制相比，针对逆变器的功率控制，DPC 具有鲁棒性好、控制结构简单等优点。由于 DPC 是基于瞬时有功功率和无功功率进行控制的，前面在8.2.4 节已经介绍了瞬时功率的定义以及不同坐标系中瞬时功率的计算方法，接下来对基于电网电压定向和基于虚拟磁链定向的两种 DPC 方案进行阐述，为了克服 DPC 采用滞环控制时所导致的开关频率不固定的不足，本节还将介绍一种基于固定开关频率的DPC 策略，即基于空间矢量调制的直接功率控制（SVM-DPC）策略。

8.3.1　基于电压定向的直接功率控制（V-DPC）

（1）有电网电压传感器时的瞬时功率的计算。在逆变器 DPC 中，需要计算网侧的瞬时功率，因此只需要将前述瞬时功率计算中的电压矢量 U 以电网电压矢量 E 代之即可。一般情况下，逆变器的控制均采用电网电压传感器以检测电网电压，例如当采用基于两相静止 $\alpha\beta$ 坐标系的瞬时功率计算时，仅需将检测得到的三相电压 e_a、e_b、e_c 和电流 i_a、i_b、i_c 通过 $T_{abc/\alpha\beta}$ 变换得到 e_α、e_β 和 i_α、i_β，即可计算得到相应的瞬时有功功率和无功功率。

（2）无电网电压传感器时的瞬时功率的计算。在逆变器的控制中，一般情况下共用到了三种传感器：①交流电流传感器；②直流电压传感器；③电网电压传感器。实际应用中，由于系统控制和系统保护（输出侧过电流保护和直流母线过电压保护）的需求，交流电流传感器、直流电压传感器必不可少。而针对电网电压传感器，为降低成本和提高系统的可靠性，有时则可能被省略，为此必须通过算法来对电网电压值进行估计。以下介绍无电网电压传感器时的瞬时功率计算和电网电压估算方法。

首先逆变器的瞬时复功率表达式为

$$
\begin{aligned}
S = EI^* &= p + \mathrm{j}q \\
&= e_a i_a + e_b i_b + e_c i_c + \mathrm{j}\frac{1}{\sqrt{3}}[(e_b - e_c)i_a + (e_c - e_a)i_b + (e_a - e_b)i_c]
\end{aligned}
\tag{8-38}
$$

其中，并网输出电流的瞬时值 i_a、i_b、i_c 是直接由传感器检测得到的，但由于没有电网电压传感器，因此电网电压的瞬时值 e_a、e_b、e_c 为未知量。实际上，电网电压可以通过基于瞬时功率的电网电压估算方法进行估计，其主要思想是：将逆变器瞬时功率表达式中的电网电压用所检测的逆变器输出电流和直流侧电压进行描述，进而通过逆变器回路的电压方程运算获得电网电压的估算值。采用这种方法先运算出瞬时有功、无功功率的估算值，再得出电网电压的估算值，而瞬时有功、无功功率的估算值可作为直接功率控制器的反馈信号。具体讨论如下。

由式（8-38），逆变器输出的瞬时无功功率 q 为

$$q = \frac{1}{\sqrt{3}}(e_{bc}i_a + e_{ca}i_b + e_{ab}i_c) \tag{8-39}$$

其中

$$e_{bc} = e_b - e_c$$

设逆变器开关调制时 a、b、c 各相的开关函数分别为 S_a、S_b、S_c。这里，当上桥开关管导通时，令 $S_x(x=a、b、c)=1$，而当下桥开关管导通时，令 $S_x(x=a、b、c)=0$。如果忽略逆变器输出回路中电阻的影响，则可得逆变器中的电网电压表达式为

$$\begin{cases} e_a = S_a u_{dc} - L\dfrac{di_a}{dt} \\[2mm] e_b = S_b u_{dc} - L\dfrac{di_b}{dt} \\[2mm] e_c = S_c u_{dc} - L\dfrac{di_c}{dt} \end{cases} \tag{8-40}$$

对应的线电压形式为

$$\begin{cases} e_{bc} = L\dfrac{di_c}{dt} - L\dfrac{di_b}{dt} - S_c u_{dc} + S_b u_{dc} \\[2mm] e_{ca} = L\dfrac{di_a}{dt} - L\dfrac{di_c}{dt} - S_a u_{dc} + S_c u_{dc} \\[2mm] e_{ab} = L\dfrac{di_b}{dt} - L\dfrac{di_a}{dt} - S_b u_{dc} + S_a u_{dc} \end{cases} \tag{8-41}$$

联立式（8-38）和式（8-40），可得瞬时有功和无功功率的估算值 $\bar{p}$、$\bar{q}$ 分别为

$$\bar{p} = -L\left(\frac{di_a}{dt}i_a + \frac{di_b}{dt}i_b + \frac{di_c}{dt}i_c\right) + u_{dc}(S_a i_a + S_b i_b + S_c i_c) \tag{8-42}$$

$$\bar{q} = \frac{1}{\sqrt{3}}\left\{3L\left(\frac{di_c}{dt}i_a - \frac{di_a}{dt}i_c\right) - u_{dc}[S_a(i_b - i_c) + S_b(i_c - i_a) + S_c(i_a - i_b)]\right\} \tag{8-43}$$

由式（8-42）和式（8-43）可以看出，瞬时有功和无功功率的估算值 $\bar{p}$、$\bar{q}$ 不仅与逆变器的开关状态有关，而且与滤波电感参数有关。可见逆变器瞬时有功和无功功率估算的精度取决于电感参数的准确程度。功率估算中存在电流微分的运算，然而实际计算时微分由差分运算来代替。为了使电流的差分运算尽可能准确，应当尽量避免电流尖峰的

影响。为此，一方面要求交流侧采用尽量大的电感进行滤波；另一方面，由于估计值与开关状态有关，因而采样及估算时应当避开开关动作的时刻，以减小误差。

获得瞬时有功和无功功率的估算值 $\bar{p}$、$\bar{q}$ 后，再由 $\bar{\boldsymbol{S}}=\bar{p}+\mathrm{j}\bar{q}$ 并根据关系式 $\boldsymbol{S}=\boldsymbol{EI}^{*}$ 得

$$\boldsymbol{SI}=\boldsymbol{EI}^{*}\boldsymbol{I}=\boldsymbol{E}\,|\,\boldsymbol{I}\,|^{\,2} \tag{8-44}$$

从而估算的电网电压矢量 $\bar{\boldsymbol{E}}$ 为

$$\bar{\boldsymbol{E}}=\frac{\boldsymbol{I}}{|\,\boldsymbol{I}\,|^{\,2}}\bar{\boldsymbol{S}} \tag{8-45}$$

将式（8-45）写成基于 αβ 坐标系的矩阵形式，即

$$\begin{bmatrix} \bar{e}_{\alpha} \\ \bar{e}_{\beta} \end{bmatrix}=\frac{1}{i_{\alpha}^{2}+i_{\beta}^{2}}\begin{bmatrix} i_{\alpha} & -i_{\beta} \\ i_{\beta} & i_{\alpha} \end{bmatrix}\begin{bmatrix} \bar{p} \\ \bar{q} \end{bmatrix} \tag{8-46}$$

可见，通过检测逆变器的输出电流 i_{a}、i_{b}、i_{c}，并经过坐标变换运算，即得 αβ 坐标系下的输出电流（i_{α}、i_{β}），将 i_{α}、i_{β} 以及由式（8-42）和式（8-43）得到的瞬时有功、无功功率的估算值 $\bar{p}$、$\bar{q}$ 代入式（8-32），即可得基于 αβ 坐标系的电网电压的估算值 $\bar{e}_{\alpha}$、$\bar{e}_{\beta}$，从而可求得电网电压矢量的位置角估算值 $\bar{\gamma}$。

8.3.2　无电网电压传感器的 V-DPC 结构

基于电网电压定向的直接功率控制（V-DPC）是 DPC 基本的控制策略，一般可采用有电网电压传感器的 V-DPC，但也可以利用上述电网电压的估算来实现无电网电压传感器的 V-DPC，其控制系统结构如图 8-31 所示（图中略去了输出滤波器等效电阻的影响）。

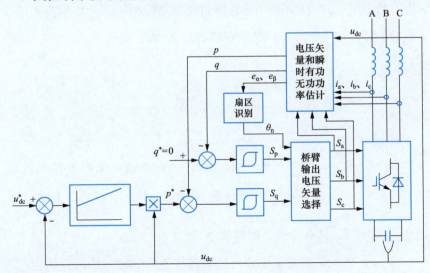

图 8-31　无电网电压传感器的 V-DPC 结构

其基本的控制思路为：功率和电压估算单元根据并网逆变器的开关函数（S_a、S_b、S_c）、输出电流检测值（i_a、i_b）以及直流侧电压检测值 u_{dc} 经过式（8-42）～式（8-44）计算，得到瞬时有功、无功功率的估计值 $\bar{p}$、$\bar{q}$ 以及三相电网电压在 $\alpha\beta$ 坐标系下的估计值 $\bar{e}_\alpha$、$\bar{e}_\beta$；$\bar{p}$、$\bar{q}$ 与瞬时有功、无功功率参考值 p^* 和 q^* 比较后送入滞环比较器，得到相应的 S_p、S_q 信号；瞬时有功功率参考值 p^* 由直流电压外环调节器输出给定，而瞬时无功功率参考值 q^* 则由系统的无功指令给定，若使逆变器单位功率因数运行，则 $q^*=0$；由 e_α、e_β 可算出电网电压矢量的位置角估算值 $\bar{\gamma}$，从而可判断出电网电压矢量所处扇区的信息 θ_n；最后根据 S_p、S_q 和 θ_n 通过既定开关表的查表获得所需输出电压的开关函数 S_a、S_b、S_c，以驱动逆变器的开关管调制，同时将此开关状态信号反馈给功率和电压估算单元，以便功率和电压的估计。

关于逆变器输出瞬时有功、无功功率的估计，以上已经做了介绍。而在图 8-31 所示的 V-DPC 结构中，其控制的关键在于：将瞬时功率的参考值与瞬时功率的估算值比较后，其差值输入到功率滞环比较器中，并根据功率滞环比较器的输出和电压矢量位置查相应的开关表，以获得开关状态输出。另外，对于 DPC 而言，功率管开关频率的限定控制也较为关键。以下将研究功率滞环比较器、开关表以及开关频率的限定控制等。

8.3.3 功率滞环比较器

功率滞环比较器是 DPC 控制器的关键环节，主要包括有功功率滞环比较器和无功功率滞环比较器。在无电网电压传感器的 V-DPC 系统中，功率滞环比较器的输入分别为：瞬时有功功率参考值与瞬时有功功率估算值的差值 Δp，以及瞬时无功功率参考值与瞬时无功功率估算值的差值 Δq。功率滞环比较器的输出是反映实际功率偏离给定功率程度的开关状态量 S_p 和 S_q。功率滞环比较器的滞环特性如图 8-32 所示。

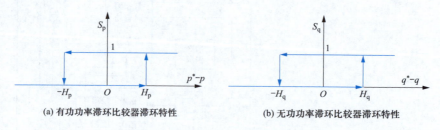

(a) 有功功率滞环比较器滞环特性　　　(b) 无功功率滞环比较器滞环特性

图 8-32　功率滞环比较器滞环特性

图 8-32 中：S_p 和 S_q 只有 1 或 0 两种状态。

针对图 8-32（a）所示的有功功率滞环比较器特性，其输入输出判据为：

（1）当 $\Delta p > H_p$ 时，$S_p=1$；当 $-H_p < \Delta p < H_p$ 时，$\mathrm{d}\Delta p/\mathrm{d}t < 0$，$S_p=1$。

(2) 当 $\Delta p < -H_p$ 时，$S_p = 0$；当 $-H_p < \Delta p < H_p$ 时，$\mathrm{d}\Delta p / \mathrm{d}t > 0$，$S_p = 0$。

其中，$\Delta p = p^* - p$，H_p 为有功功率滞环比较器滞环宽度。

同理，针对图 8-28 (b) 所示的无功功率滞环比较器特性，其输入输出判据为：

(1) 当 $\Delta q > H_q$ 时，$S_q = 1$；当 $-H_q < \Delta q < H_q$ 时，$\mathrm{d}\Delta q / \mathrm{d}t < 0$，$S_q = 1$。

(2) 当 $\Delta q < -H_q$ 时，$S_q = 0$；当 $-H_q < \Delta q < H_q$ 时，$\mathrm{d}\Delta q / \mathrm{d}t > 0$，$S_q = 0$。

其中，$\Delta q = q^* - q$，H_q 为无功功率滞环比较器滞环宽度。

综上可得

$$S_p = \begin{cases} 1 & p < p^* - H_p \\ 0 & p > p^* + H_p \end{cases} \tag{8-47}$$

$$S_q = \begin{cases} 1 & q < q^* - H_q \\ 0 & q > q^* + H_q \end{cases} \tag{8-48}$$

可见，当瞬时功率偏差量的绝对值大于滞环宽度时，开关状态改变以使其偏差量减小，而在偏差量绝对值减小的过程中，则保持开关状态不变，直到其偏差量绝对值反向增大且再次超过滞环宽度时，开关状态才再次改变。

应当注意的是：滞环宽度 H_p、H_q 的大小将直接影响并网逆变器输出电流的 THD、平均开关频率和瞬时功率跟踪能力。例如，当滞环宽度增加时，并网逆变器的开关频率随即降低，而谐波电流则相应增大，功率跟踪能力也随之下降。

8.3.4 开关状态表

三相电压型逆变器的电压空间矢量由 8 个矢量组成，如图 8-33 所示，即 U_0、U_1、$\cdots$、U_7，其中，$U_1 \sim U_6$ 为非零矢量，U_0、U_7 为零矢量，电压矢量其值又由 S_a、S_b、S_c 和 u_{dc} 决定，即 $S_a S_b S_c = 000$：111 对应于 U_0：U_7 [U_0 (000)、U_1 (100)、U_2 (110)、U_3 (010)、U_4 (011)、U_5 (001)、U_6 (101)、U_7 (111)]。由于开关状态的获得不仅和滞环比较器的输出结果有关，还和电网电压矢量所在的矢量区域位置有关，这种区域位置通常采用矢量"扇区"表示。以下首先介绍矢量"扇区"的划分方法，接着介绍相关开关状态表的形成。

(1) 矢量"扇区"的划分。第一种矢量"扇区"的划分方法：该方法是通过电压型逆变器输出的 6 个非零电压空间矢量将 αβ 平面分成 6 个独立的矢量"扇区"，如图 8-33 (a) 所示的 1～6 "扇区"。这种划分方法形成了一个正六边形，分别由 6 个非零电压空间矢量 (U_k，$k = 1$，2，$\cdots$，6) 和两个零电压矢量 (U_0，U_7) 组成。这种扇区划分方法在空间矢量的调制中得到了广泛的应用，并可以通过参考电压矢量所在"扇区"的两个相邻的非零电压矢量和一个零电压矢量的合成来实现参考电压矢量的跟踪控制。然而，在直接功率控制中，瞬时功率的滞环比较代替了参考电压矢量的跟踪控制，因而空间矢量调制方法不能直接用于调节瞬时功率。

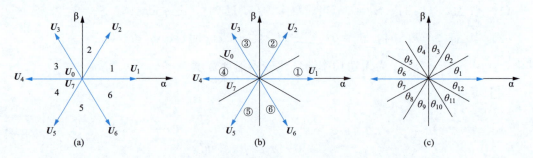

图 8-33 矢量"扇区"的划分方法

实际上，通过改变开关函数，这种"扇区"的划分仍然可以用于瞬时功率的跟踪控制，而通过控制并网逆变器输出电压的幅值和相位就可以达到调节逆变器输出功率的目的。

第二种矢量"扇区"划分的方法：该方法以电压型逆变器的 6 个非零电压空间矢量作为中线，将 αβ 平面分成滞后第一种矢量"扇区"30°的 6 个矢量"扇区"，如图 8-33（b）所示的①～⑥矢量"扇区"。当然，这种矢量"扇区"的划分同样可以实现瞬时功率的跟踪控制。

第三种矢量"扇区"划分的方法：该方法是将上述两种划分的矢量"扇区"重叠，从而将 αβ 平面划分成 12 个矢量"扇区"，如图 8-33（c）所示的 $\theta_1 \sim \theta_{12}$ 矢量"扇区"，12 个矢量"扇区"在 αβ 平面的相角范围计算式为 $(n-2)\pi/6 \leqslant \theta_n \leqslant (n-1)\pi/6$，$(n=1$，2，…，12)。

为确定电网电压矢量所处区间，由 e_α、e_β 确定矢量 E 的相角 $\theta = \arctan \dfrac{e_\beta}{e_\alpha}$，再根据上述相角范围计算式确定矢量 E 所处区间。例如 $\theta = \arctan \dfrac{e_\beta}{e_\alpha} = -30° \sim 0°$，说明电压空间矢量 E 在扇区内。

（2）开关状态表的确定。由于并网逆变器中每个电压矢量 $U_0 \sim U_7$ 对瞬时有功功率和无功功率的影响是不同的，因此必须通过选择合适的电压矢量实现对输出瞬时有功、无功功率的调节。而开关状态表就是通过滞环比较器的输出结果以及电网电压矢量的位置来确定 DPC 控制所需的开关状态 S_a、S_b、S_c。而 S_a、S_b、S_c 的取值即决定了所需的逆变器桥臂输出电压矢量 U_r。

由并网逆变器的主回路分析，若略去输出电感等效电阻的影响，可得

$$I^* = I(0) + \frac{1}{L}\int_0^t (E - U_r)\mathrm{d}t \tag{8-49}$$

式中：U_r 为逆变器桥臂输出电压矢量。

如果考虑一个采样周期 T 的时间间隔，且在采样周期 T 中 $E - U_r$ 不变，并假设当前 0 时刻的电流矢量为 I，而此时的参考电流矢量为 I^*，则式（8-49）可以改写为

$$I^* = I + \frac{1}{L}\int_0^T (E - U_r)\mathrm{d}t = I + \frac{T}{L}(E - U_r) \tag{8-50}$$

式（8-50）表明，在一个采样周期 T 中，为了使电流矢量 I 能跟踪参考电流矢量 I^*，则必须使逆变器输出合适的电压矢量 U_r，使电流矢量 I 沿 $E - U_r$ 矢量方向跟踪参考电流矢量 I^*。

如图 8-34（a）所示，设 E 在 θ_1 区域，I^* 为与 p^*、q^* 相对应的电流矢量，若 I 滞后并小于 I^*，此时 $p^* - p > H_p$，$q^* - q > H_q$，由式（8-47）、式（8-48）得 $S_p = 1$、$S_q = 1$。这种情况下，应选择逆变器输出的空间电压矢量 U_5（001），从而使电流矢量 I 沿 $E - U_5$ 矢量方向趋近于 I^*，从而使 p 趋近于 p^*，q 趋近于 q^*，从而确定 $S_a S_b S_c = 001$。

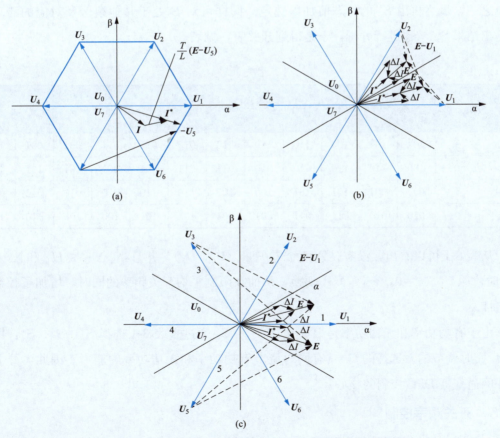

图 8-34　不同 S_p、S_q 状态值时的 U_r 矢量的选取规律示意

为了进一步研究开关表的基本规律，以下分成两种情况加以研究。

(1) 设矢量 E 分别在 θ_2、θ_3 两区域，且 $p>p^*+H_p$，即 $S_p=0$，如图 8-34（b）所示。此时，若 $q<q^*-H_q$，即 $S_q=1$，则无论 E 在 θ_2 区或 θ_3 区，均应选取 U_1（100），以使电流矢量 I 沿 $E-U_1$ 矢量方向趋近于 I^*，此时 $S_aS_bS_c=100$；若 $q>q^*+H_p$，即 $S_q=0$，则无论 E 在 θ_2 区或 θ_3 区，均应选取 U_2（110），以使电流矢量 I 沿 $E-U_2$ 矢量方向趋近于 I^*，此时 $S_aS_bS_c=110$。变换区域分析不难发现：当 $S_p=0$ 时，所选择的 U_r 矢量一定是包围 E 矢量的 1～6 矢量"扇区"边界的矢量之一，最终再由 S_q 的状态值加以选定。

(2) 设矢量 E 分别在 θ_1、θ_2 两区域，且 $p<p^*-H_p$，即 $S_p=1$，如图 8-34（c）所示。此时，若 $q<q^*-H_q$，即 $S_q=1$，则无论 E 在 θ_1 区或 θ_2 区，均应选取 U_5（001），以使电流矢量 I 沿 $E-U_5$ 矢量方向趋近于 I^*，此时 $S_aS_bS_c=001$；若 $q>q^*+H_q$，即 $S_q=0$，则无论 E 在 θ_1 区或 θ_2 区，均应选取 U_3（010），以使电流矢量 I 沿 $E-U_3$ 矢量方向趋近于 I^*，此时 $S_aS_bS_c=010$。变换区域分析不难发现：当 $S_p=1$ 时，所选择的 U_r 矢量定是与 E 矢量成钝角且与包围 E 矢量的 1～6 矢量"扇区"边界相垂直的空间电压矢量之一，最终再由 S_q 的状态值加以选定。同样可对 E 处于其他扇区及对应的滞环比较输出结果 S_p、S_q 进行分析，于是得到开关表，见表 8-1。

表 8-1　　　　　　　　　　　　　开关表

S_p	S_q	$S_aS_bS_c$											
		θ_1	θ_2	θ_3	θ_4	θ_5	θ_6	θ_7	θ_8	θ_9	θ_{10}	θ_{11}	θ_{12}
0	1	101	100	100	110	110	010	010	011	011	001	001	101
0	0	100	110	110	010	010	011	011	001	001	101	101	100
1	1	001	001	101	101	100	100	110	110	010	010	011	011
1	0	010	010	011	011	001	001	101	101	100	100	110	110

从表 8-1 可以看出，没有使用两个零矢量（U_0，U_7），并且当 $|\Delta p|\leqslant H_p$ 和 $|\Delta q|<H_q$ 时，原 U_k（$k=0,\cdots,7$）不切换，从而在限制平均开关频率的同时，增加了控制的稳定性。

由于有功功率和无功功率是根据 θ_n 和 S_p、S_q 通过查表 8-1 选择 S_a、S_b、S_c，即选择 U_r 实时调节的。选择的 U_r 具有同时调节有功功率和无功功率的能力。因此，开关表是并网逆变器 DPC 控制的核心。

8.3.5　开关频率控制

由于滞环控制中开关频率的不确定性，因此应采取一定措施将其开关频率限定在一定范围内。为此首先应当从并网逆变器的数学模型出发寻找影响开关频率大小的因素。

并网逆变器 dq 坐标系中的电压方程为

$$\begin{cases} L\dfrac{\mathrm{d}i_\mathrm{d}}{\mathrm{d}t}=S_\mathrm{d}u_\mathrm{dc}-e_\mathrm{d}-Ri_\mathrm{d}+\omega Li_\mathrm{q} \\[3mm] L\dfrac{\mathrm{d}i_\mathrm{q}}{\mathrm{d}t}=S_\mathrm{q}u_\mathrm{dc}-e_\mathrm{q}-Ri_\mathrm{q}+\omega Li_\mathrm{d} \end{cases} \tag{8-51}$$

式中：S_d、S_q 为开关函数在 d、q 轴上的分量。

当采取电网电压定向时，因为采用的是"等功率"坐标变换，因而有 $e_\mathrm{d}=\sqrt{3/2}U_\mathrm{m}$，$e_\mathrm{q}=0$（$U_\mathrm{m}$ 为电网相电压幅值）。代入同步坐标系下瞬时功率表达式得

$$\begin{cases} p=\sqrt{3/2}U_\mathrm{m}i_\mathrm{d} \\[3mm] q=-\sqrt{3/2}U_\mathrm{m}i_\mathrm{q} \end{cases} \tag{8-52}$$

将等式（8-51）两边同乘以 $\sqrt{3/2}U_\mathrm{m}$，可得并网逆变器的有功、无功功率 p、q 为变量的功率方程为

$$\begin{cases} L\dfrac{\mathrm{d}p}{\mathrm{d}t}=p_\mathrm{rd}-1.5U_\mathrm{m}^2-Rp-\omega Lq \\[3mm] L\dfrac{\mathrm{d}q}{\mathrm{d}t}=q_\mathrm{rd}-Rq+\omega Lp \end{cases} \tag{8-53}$$

其中

$$p_\mathrm{rd}=\sqrt{3/2}U_\mathrm{m}S_\mathrm{d}u_\mathrm{dc}; \quad q_\mathrm{rd}=\sqrt{3/2}U_\mathrm{m}S_\mathrm{q}u_\mathrm{dc}$$

若忽略输出滤波器的等效阻抗 R，当逆变器运行于单位功率因数，$q=0$ 时，则式（8-53）可化简为

$$\begin{cases} L\dfrac{\mathrm{d}p}{\mathrm{d}t}=\sqrt{3/2}U_\mathrm{m}u_\mathrm{dc}S_\mathrm{d}-1.5U_\mathrm{m}^2 \\[3mm] L\dfrac{\mathrm{d}q}{\mathrm{d}t}=\sqrt{3/2}U_\mathrm{m}u_\mathrm{dc}S_\mathrm{q}+\omega Lp \end{cases} \tag{8-54}$$

考虑到"等功率"变换中，$S_\mathrm{dmax}=\sqrt{3/2}$、$S_\mathrm{dmin}=-\sqrt{3/2}$、$S_\mathrm{qmax}=\sqrt{3/2}$、$S_\mathrm{qmin}=-\sqrt{3/2}$，因而由式（8-54）可得

$$\begin{cases} L\dfrac{\mathrm{d}p}{\mathrm{d}t}\bigg|_\mathrm{max}=-1.5U_\mathrm{m}^2+U_\mathrm{m}u_\mathrm{dc} \\[3mm] L\dfrac{\mathrm{d}p}{\mathrm{d}t}\bigg|_\mathrm{min}=-1.5U_\mathrm{m}^2-U_\mathrm{m}u_\mathrm{dc} \end{cases} \tag{8-55}$$

$$\begin{cases} L \left. \dfrac{\mathrm{d}q}{\mathrm{d}t} \right|_{\max} = \omega L p_{\max} + U_{\mathrm{m}} u_{\mathrm{dc}} \\ L \left. \dfrac{\mathrm{d}q}{\mathrm{d}t} \right|_{\min} = \omega L p_{\min} - U_{\mathrm{m}} u_{\mathrm{dc}} \end{cases} \tag{8-56}$$

若令 T 为开关频率 f_{s} 所对应的开关周期，则 $|\mathrm{d}p/\mathrm{d}t| = 2H_{\mathrm{p}}/T = 2H_{\mathrm{p}}f_{\mathrm{s}}$，由式（8-55）可得

$$2LH_{\mathrm{p}}(f_{\mathrm{smaxp}} + f_{\mathrm{sminp}}) = 3U_{\mathrm{m}}^2 \tag{8-57}$$

式中：f_{smaxp}、f_{sminp} 分别对应有功功率模值变化率最大和最小时的最大开关频率和最小开关频率。

从而可得有功功率滞环控制的平均开关频率 f_{savp} 表达式为

$$f_{\mathrm{savp}} = \frac{f_{\mathrm{smaxp}} + f_{\mathrm{sminp}}}{2} = \frac{3U_{\mathrm{m}}^2}{4LH_{\mathrm{p}}} \tag{8-58}$$

同理，根据式（8-56）及 $|\mathrm{d}q/\mathrm{d}t| = 2H_{\mathrm{q}}/T = 2H_{\mathrm{p}}f_{\mathrm{s}}$ 可得无功功率滞环控制的平均开关频率 f_{savp} 表达式为

$$f_{\mathrm{savq}} = \frac{f_{\mathrm{smaxq}} + f_{\mathrm{sminq}}}{2} = \frac{\omega L(p_{\max} + p_{\min})}{4H_{\mathrm{p}}L} = \frac{\omega p^*}{2H_{\mathrm{p}}} \tag{8-59}$$

其中，f_{smaxq}、f_{sminq}、f_{savp} 分别对应于无功功率 p 在 $2H_{\mathrm{p}}$ 变化范围内的最高、最低和平均开关频率；p^* 为有功功率参考值。

由于利用并网逆变器的输出电压空间矢量同时对相互独立的 p 和 q 进行调节，则开关频率的平均值 f_{sav} 应取 f_{savp} 和 f_{savq} 的几何平均值，即

$$f_{\mathrm{sav}} = \sqrt{f_{\mathrm{savp}} f_{\mathrm{savq}}} = \sqrt{\frac{3\omega p^* U_{\mathrm{m}}^2}{8LH_{\mathrm{q}}H_{\mathrm{p}}}} \tag{8-60}$$

由式（8-60）可以看出：当 U_{m}、p^* 一定时，平均开关频率 f_{sav} 的平方与电感 L、$H_{\mathrm{q}}H_{\mathrm{p}}$ 成反比，因而 $H_{\mathrm{q}}H_{\mathrm{p}}$ 和 L 不能太小，以免 f_{sav} 过高。当 U_{m}、p^* 及 L 一定时，f_{sav} 增大，则 $H_{\mathrm{q}}H_{\mathrm{p}}$ 变小，即动态跟踪偏差减小，而当 $f_{\mathrm{sav}} \to \infty$ 时，$H_{\mathrm{q}}H_{\mathrm{p}} \to 0$，则无动态跟踪偏差。

事实上，由于功率开关管受其能量等级的限制，需要将开关频率限制在一定的范围之内。一种有效的方法就是使用可变滞环宽度的滞环比较器，并将开关管的平均开关频率限制在开关器件所允许的范围内。对于某一确定系统，可以采用调节滞环宽度的方法限制开关管的平均开关频率，即：当滞环宽度增加时，平均开关频率将减小；而当滞环宽度减小时，则平均开关频率将增大。显然，滞环控制精度与开关频率间存在矛盾，为此，可采用以下平均开关频率的调节方法。

（1）在暂态时使用大的滞环宽度以限制开关频率，当系统进入稳态时，使滞环宽度变小从而减小输出电流谐波。

（2）通过计算半个周期内开关脉冲上升沿的数目来计算平均开关频率。如果平均开关频率过高，则使滞环宽度增加；如果平均开关频率减小，则适当增减小滞环宽度。

8.3.6　基于虚拟磁链定向的直接功率控制（VF-DPC）

基于电压定向的直接功率控制（VF-DPC）具有高功率因数、低 THD、算法及结构简单等特点，但是对于电网电压存在谐波、畸变和不平衡等情况时，会影响电压定向准确度，致使 DPC 控制性能下降，甚至导致系统振荡。为克服电网电压对 DPC 控制性能的影响，波兰学者 Mariusz Malinowski 提出了基于虚拟磁链定向的直接功率控制策略（VF-DPC）。

（1）基于虚拟磁链定向的瞬时功率估算。基于电网电压定向的无电网电压传感器时的瞬时功率估算公式（8-43），不难看出，功率估算公式中的前半部分具有微分项的运算表示电感中的储存能量，而后半部分具有开关函数项的运算则表示直流侧的输入能量，并由此存在以下问题。

1）为克服微分噪声，估算器运算中需要较为平滑的电流波形，由此需要足够大的滤波电感和足够高的采样频率设计。

2）由于瞬时功率估算与开关状态有关，因此对功率和电压的估算应尽量避免开关时刻，否则会带来较大的估算误差。

然而，采用基于虚拟磁链定向的瞬时功率估算可以避免上述问题的产生，分析如下：

图 8-35 为基于虚拟磁链定向的逆变器的矢量图，根据虚拟磁链的定义 $\boldsymbol{\Psi}=\int \boldsymbol{E}\mathrm{d}t$ 可得 $\boldsymbol{\Psi}$ 在 αβ 坐标系下的表达式为

$$\boldsymbol{\Psi}_{\beta\alpha}=\begin{bmatrix}\boldsymbol{\Psi}_{\beta}\\\boldsymbol{\Psi}_{\alpha}\end{bmatrix}=\begin{bmatrix}\int e_{\beta}\mathrm{d}t\\\int e_{\alpha}\mathrm{d}t\end{bmatrix} \tag{8-61}$$

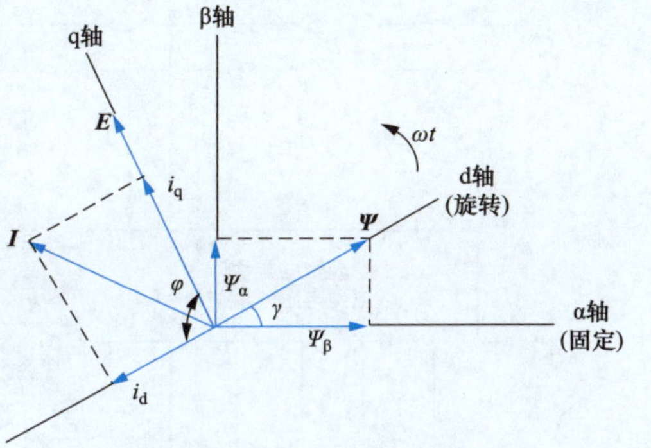

则逆变器交流侧电压方程可以表示为

$$U_{\mathrm{i}}=RI+\frac{\mathrm{d}}{\mathrm{d}t}(LI+\boldsymbol{\Psi}) \tag{8-62}$$

实际中如果忽略 R，则式（8-62）可化简为

图 8-35　基于虚拟磁链定向的逆变器的矢量图

$$U_{\mathrm{i}}=L\frac{\mathrm{d}I}{\mathrm{d}t}+\frac{\mathrm{d}\boldsymbol{\Psi}}{\mathrm{d}t}=L\frac{\mathrm{d}I}{\mathrm{d}t}+\boldsymbol{E} \tag{8-63}$$

设电网电压矢量在 αβ 坐标系下的表达式为 $\boldsymbol{E}_{\beta\alpha}=(e_\beta,\ e_\alpha)^T$，则根据虚拟磁链定义可得

$$\boldsymbol{E}_{\beta\alpha}=\frac{\mathrm{d}\boldsymbol{\Psi}_{\beta\alpha}}{\mathrm{d}t}\tag{8-64}$$

再由 $\boldsymbol{X}_{\beta\alpha}=\boldsymbol{T}(\theta)\boldsymbol{X}_{\mathrm{qd}}$，则式（8-64）可变换 dq 坐标系下的关系式，即

$$T(\theta)\boldsymbol{E}_{\mathrm{qd}}=\frac{\mathrm{d}[T(\theta)\boldsymbol{\Psi}_{\mathrm{qd}}]}{\mathrm{d}t}=\frac{\mathrm{d}T(\theta)}{\mathrm{d}t}\boldsymbol{\Psi}_{\mathrm{qd}}+T(\theta)\frac{\mathrm{d}\boldsymbol{\Psi}_{\mathrm{qd}}}{\mathrm{d}t}\tag{8-65}$$

其中

$$\boldsymbol{E}_{\mathrm{qd}}=(e_\mathrm{q},\ e_\mathrm{d})^T;\ \boldsymbol{\Psi}_{\mathrm{qd}}=(\boldsymbol{\Psi}_\mathrm{q},\ \boldsymbol{\Psi}_\mathrm{d})^T$$

考虑到 $\dfrac{\mathrm{d}[T(\theta)]}{\mathrm{d}t}=T(\theta)\begin{pmatrix}0 & \omega_0 \\ -\omega_0 & 0\end{pmatrix}$，并将其代入式（8-65）整理可得

$$\begin{pmatrix}e_\mathrm{q}\\e_\mathrm{d}\end{pmatrix}=\begin{pmatrix}\dfrac{\mathrm{d}\boldsymbol{\Psi}_\mathrm{q}}{\mathrm{d}t}\\[2mm]\dfrac{\mathrm{d}\boldsymbol{\Psi}_\mathrm{d}}{\mathrm{d}t}\end{pmatrix}+\begin{pmatrix}0 & \omega_0\\-\omega_0 & 0\end{pmatrix}\begin{pmatrix}\boldsymbol{\Psi}_\mathrm{q}\\\boldsymbol{\Psi}_\mathrm{d}\end{pmatrix}\tag{8-66}$$

式中：ω_0 为同步旋转 dq 坐标系的旋转角频率，即电网基波角频率。

如图 8-36 所示，在 dq 坐标系中，当虚拟磁链以 d 轴定向时，若假定并网逆变器运行于单位功率因数，则有 $\boldsymbol{\Psi}_\mathrm{d}=|\boldsymbol{\Psi}|=\boldsymbol{\Psi}_\mathrm{m}$，$\boldsymbol{\Psi}_\mathrm{q}=0$。此时，式（8-66）可化简为

$$\begin{cases}e_\mathrm{q}=\omega\boldsymbol{\Psi}_\mathrm{d}\\[2mm]e_\mathrm{d}=\dfrac{\mathrm{d}\boldsymbol{\Psi}_\mathrm{d}}{\mathrm{d}t}\end{cases}\tag{8-67}$$

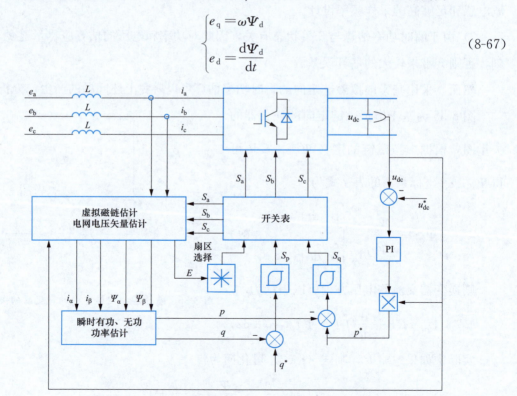

图 8-36　基于无电网电压传感器 VF-DPC 的控制结构

代入同步坐标系下的瞬时功率表达式可得

$$\begin{cases} p = \dfrac{\mathrm{d}\boldsymbol{\Psi}_{\mathrm{d}}}{\mathrm{d}t}i_{\mathrm{d}} + \omega\boldsymbol{\Psi}_{\mathrm{d}}i_{\mathrm{q}} \\[2mm] q = -\dfrac{\mathrm{d}\boldsymbol{\Psi}_{\mathrm{d}}}{\mathrm{d}t}i_{\mathrm{q}} + \omega\boldsymbol{\Psi}_{\mathrm{d}}i_{\mathrm{d}} \end{cases} \tag{8-68}$$

对于三相平衡系统，有 $E_{\mathrm{d}} = \mathrm{d}\boldsymbol{\Psi}_{\mathrm{d}}/\mathrm{d}t = 0$，则式（8-68）可化简为

$$\begin{cases} p = \omega\boldsymbol{\Psi}_{\mathrm{d}}i_{\mathrm{q}} \\[2mm] q = \omega\boldsymbol{\Psi}_{\mathrm{d}}i_{\mathrm{d}} \end{cases} \tag{8-69}$$

然而，为了避免到旋转坐标系的坐标变换，DPC 控制策略中的瞬时功率估算通常在两相静止 αβ 坐标系下进行，将电网电压矢量 $\boldsymbol{E}$ 的表达式改写成

$$\boldsymbol{E} = \frac{\mathrm{d}\boldsymbol{\Psi}}{\mathrm{d}t} = \frac{\mathrm{d}(\boldsymbol{\Psi}_{\mathrm{m}}\mathrm{e}^{\mathrm{j}\omega t})}{\mathrm{d}t} = \frac{\mathrm{d}\boldsymbol{\Psi}_{\mathrm{m}}}{\mathrm{d}t}\mathrm{e}^{\mathrm{j}\omega t} + \mathrm{j}\omega\boldsymbol{\Psi}_{\mathrm{m}}\mathrm{e}^{\mathrm{j}\omega t} = \frac{\mathrm{d}\boldsymbol{\Psi}_{\mathrm{m}}}{\mathrm{d}t}\mathrm{e}^{\mathrm{j}\omega t} + \mathrm{j}\omega\boldsymbol{\Psi} \tag{8-70}$$

式中：$\boldsymbol{\Psi}_{\mathrm{m}}$ 为虚拟磁链矢量 $\boldsymbol{\Psi}$ 的幅值。

由式（8-70）可得电网电压矢量 $\boldsymbol{E}$ 在 αβ 坐标系下的表达式为

$$\boldsymbol{E} = \frac{\mathrm{d}\boldsymbol{\Psi}_{\mathrm{m}}}{\mathrm{d}t}\bigg|_{\alpha} + \mathrm{j}\frac{\mathrm{d}\boldsymbol{\Psi}_{\mathrm{m}}}{\mathrm{d}t}\bigg|_{\beta} + \mathrm{j}\omega(\boldsymbol{\Psi}_{\alpha} + \mathrm{j}\boldsymbol{\Psi}_{\beta}) \tag{8-71}$$

再利用复功率矢量 $\boldsymbol{S} = \boldsymbol{E}\boldsymbol{I}^{*}$ 的关系，则有

$$\boldsymbol{S} = \boldsymbol{E}\boldsymbol{I}^{*} = \left\{ \frac{\mathrm{d}\boldsymbol{\Psi}_{\mathrm{m}}}{\mathrm{d}t}\bigg|_{\alpha} + \mathrm{j}\frac{\mathrm{d}\boldsymbol{\Psi}_{\mathrm{m}}}{\mathrm{d}t}\bigg|_{\beta} + \mathrm{j}\omega(\boldsymbol{\Psi}_{\alpha} + \mathrm{j}\boldsymbol{\Psi}_{\beta}) \right\}(i_{\alpha} + \mathrm{j}i_{\beta}) \tag{8-72}$$

则有

$$\begin{cases} p = \dfrac{\mathrm{d}\boldsymbol{\Psi}_{\mathrm{m}}}{\mathrm{d}t}\bigg|_{\alpha}i_{\alpha} + \dfrac{\mathrm{d}\boldsymbol{\Psi}_{\mathrm{m}}}{\mathrm{d}t}\bigg|_{\beta}i_{\beta} + \omega(\boldsymbol{\Psi}_{\alpha}i_{\beta} - \boldsymbol{\Psi}_{\beta}i_{\alpha}) \\[3mm] q = -\dfrac{\mathrm{d}\boldsymbol{\Psi}_{\mathrm{m}}}{\mathrm{d}t}\bigg|_{\alpha}i_{\beta} + \dfrac{\mathrm{d}\boldsymbol{\Psi}_{\mathrm{m}}}{\mathrm{d}t}\bigg|_{\beta}i_{\alpha} + \omega(\boldsymbol{\Psi}_{\alpha}i_{\alpha} + \boldsymbol{\Psi}_{\beta}i_{\beta}) \end{cases} \tag{8-73}$$

对于三相平衡系统，由于磁链幅值的变化率为零，即 $\mathrm{d}\boldsymbol{\Psi}_{\mathrm{m}}/\mathrm{d}t = 0$，则（8-73）所示的瞬时功率表达式可化简为

$$\begin{cases} p = \omega(\boldsymbol{\Psi}_{\alpha}i_{\beta} - \boldsymbol{\Psi}_{\beta}i_{\alpha}) \\[2mm] q = \omega(\boldsymbol{\Psi}_{\alpha}i_{\alpha} + \boldsymbol{\Psi}_{\beta}i_{\beta}) \end{cases} \tag{8-74}$$

（2）基于无电网电压传感器 VF-DPC 的控制结构。基于无电网电压传感器 VF-DPC 的控制结构如图 8-36 所示。

显然，与图 8-31 的 V-DPC 控制类似，只是图 8-36 中的 VF-DPC 控制采用了基于虚拟磁链定向的瞬时功率估计方案。以下就图 8-36 中几个关键环节阐述如下：

1）虚拟磁链的估算。在 αβ 坐标系中，虚拟磁链 $\boldsymbol{\Psi}_{\alpha\beta}$ 的 α、β 轴的分量可表示为

$$\begin{cases} \Psi_\alpha = \int \left(u_\alpha - L\,\dfrac{\mathrm{d}i_\alpha}{\mathrm{d}t} \right) \mathrm{d}t \\[3mm] \Psi_\beta = \int \left(u_\beta - L\,\dfrac{\mathrm{d}i_\beta}{\mathrm{d}t} \right) \mathrm{d}t \end{cases} \tag{8-75}$$

式中：u_α、u_β 为并网逆变器输出电压矢量 α、β 轴的分量。

显然，u_α、u_β 可由并网逆变器的直流侧电压 u_{dc} 和相应开关函数 S_a、S_b、S_c 调制而成，即

$$\begin{cases} u_\alpha = \dfrac{2}{3} u_{dc} \left[S_a - \dfrac{1}{2}(S_b + S_c) \right] \\[3mm] u_\beta = \dfrac{1}{\sqrt{3}} u_{dc}(S_b - S_c) \end{cases} \tag{8-76}$$

将式（8-76）代入式（8-75）即可求得并网逆变器虚拟磁链 $\Psi_{\alpha\beta}$ 的 α、β 轴的分量。虽然 u_α、u_β 与逆变器的开关状态有关，且式（8-75）中含有微分项，但是磁链的电压积分特性则相当于一个低通滤波器，可以有效滤除电压谐波以及电流纹波对磁链观测的影响。因此采用虚拟磁链的矢量定向比采用电网电压的矢量定向具有更高的定向准确性。

2）瞬态功率估算与功率控制。将检测得到的输出电流 i_a、i_b 和估算出的虚拟磁链 Ψ_α、Ψ_β 输入瞬态功率估算单元，并由式（8-73）对并网逆变器的输出瞬时有功和无功功率进行估算。直流侧电压外环的 PI 调节器输出作为瞬时有功功率的参考值 p^*，而瞬时无功功率的参考值 q^* 则根据是否需要无功补偿而直接给定，例如要实现单位功率因数控制时，则设定 $q^* = 0$ 即可。

3）滞环控制器。将瞬时有功、无功参考值 p^*、q^* 与瞬时有功、无功功率的估算值进行比较，其偏差送入滞环控制器，滞环控制器的输出结果为

$$S_p = 1 \begin{cases} \Delta p > H_p \\ -H_p < \Delta p < H_p \ \text{且} \ \mathrm{d}\Delta p / \mathrm{d}t < 0 \end{cases} \tag{8-77}$$

$$S_p = 0 \begin{cases} \Delta p < -H_p \\ -H_p < \Delta p < H_p \ \text{且} \ \mathrm{d}\Delta p / \mathrm{d}t > 0 \end{cases} \tag{8-78}$$

$$S_q = 1 \begin{cases} \Delta q > H_q \\ -H_q < \Delta q < H_q \ \text{且} \ \mathrm{d}\Delta p / \mathrm{d}t < 0 \end{cases} \tag{8-79}$$

$$S_q = 0 \begin{cases} \Delta q < -H_q \\ -H_q < \Delta q < H_q \ \text{且} \ \mathrm{d}\Delta p / \mathrm{d}t > 0 \end{cases} \tag{8-80}$$

其中，H_q 和 H_p 是滞环宽度，并且 $\Delta q = q^* - q$；$\Delta p = p^* - p$。

4）VF-DPC 开关状态表。与 V-DPC 开关状态表类似，磁链的位置区间被划分为 12

个区间，相邻的两个开关矢量之间被平均分成两个区间，以区间 A 表示其中靠近矢量 U_A 的区间，而区间 B 表示靠近矢量 U_B 的区间。其中：U_A、U_B 表示相邻的两个开关矢量，且当 $U_A=U_2$ 时，$U_B=U_1$；当 $U_A=U_1$ 时，$U_B=U_6$；以此类推。

由滞环比较器输出结果 S_p、S_q，以及磁链矢量位置 $\gamma=\arctan(\Psi_\alpha/\Psi_\beta)$ 所确定的所处区间信息，通过查表即可获得所需的桥臂输出电压矢量对应的开关状态。

表 8-2   VF-DPC 开关表

S_p	S_q	区间 A	区间 B
0	1	U_B	U_0
	0	U_0	
1	1	U_B	
	0	U_A	

$U_A=U_1$（100），U_2（110），U_3（010），U_4（011），U_5（001），U_6（101）

$U_B=U_6$（101），U_1（100），U_2（110），U_3（010），U_4（011），U_5（001）

$U_0=U_0$（000），U_7（111）

基于滞环控制的 VF-DPC 具有以下优点：

1）简单和无噪声、鲁棒性好的瞬时功率估算；

2）与传统 DPC 相比可以采用较低的采样频率；

3）无电流控制环；

4）高动态性能解耦的有功、无功控制。

然而，基于滞环控制的 VF-DPC 主要的不足在于：逆变器的开关频率不固定，并且一般需要高速的处理器和 A/D 采样转换器。

参 考 文 献

［1］（澳）霍姆斯（D. Grahame Holmes），（美）利波（Thomas A. Lipo）．周克亮，译．电力电子变换器 PWM 技术原理与实践 ［M］．北京：人民邮电出版社，2010.

［2］张兴，张崇巍．PWM 整流器及其控制 ［M］．北京：机械工业出版社，2012.

［3］蒋栋．电力电子变换器的先进脉宽调制技术 ［M］．北京：机械工业出版社，2018.

［4］王兆安，刘进军，王跃，等．谐波抑制和无功功率补偿 ［M］．3 版．北京：机械工业出版社，2015.

［5］汤广福．基于电压源换流器的高压直流输电技术 ［M］．北京：中国电力出版社，2010.

［6］徐政，肖晃庆，张哲任，等．柔性直流输电系统 ［M］．北京：机械工业出版社，2016.

［7］梅生伟，李建林，朱建全，等．储能技术 ［M］．北京：机械工业出版社，2022.

［8］陈亚爱，梁新宇，周京华．双向 DC-DC 变换器拓扑结构综述 ［J］．电气自动化，2017，39（6）：1-6.

［9］（韩）崔秉周（Byungcho Choi）．雷鑑铭，汪少卿，译．脉宽调制 DC-DC 功率变换：电路、动态特性与控制设计 ［M］．北京：机械工业出版社，2018.

［10］（法）赛迪克·巴查（Seddik Bacha）等．袁敞，等，译．电力电子变换器的建模和控制 ［M］．北京：机械工业出版社，2017.

［11］徐德鸿，陈治明，李永东，等．现代电力电子学 ［M］．北京：机械工业出版社，2013.

［12］Eric Monmasson．冬雷，译．电力电子变换器：PWM 策略与电流控制技术 ［M］．北京：机械工业出版社，2013.

［13］林渭勋．现代电力电子技术 ［M］．北京：机械工业出版社，2006.

［14］严仰光．双向直流变换器 ［M］．江苏：江苏科学技术出版社，2004.